本书由南京水利科学研究院出版基金资助

植物根系固土护坡机理与生态岸坡稳定性研究

张桂荣　姜宝莹　陈海宽　贾　璐　◎著
谢亚军　李欣然　陈中原　石　川

河海大学出版社
HOHAI UNIVERSITY PRESS
·南京·

图书在版编目(CIP)数据

植物根系固土护坡机理与生态岸坡稳定性研究 / 张桂荣等著. -- 南京：河海大学出版社，2025.6.
ISBN 978-7-5630-9606-0

Ⅰ. TV223;Q944.54

中国国家版本馆 CIP 数据核字第 2025X7F594 号

书　　名	植物根系固土护坡机理与生态岸坡稳定性研究	
书　　号	ISBN 978-7-5630-9606-0	
责任编辑	成　微	
封面设计	徐娟娟	
特约校对	朱　麻	
出版发行	河海大学出版社	
地　　址	南京市西康路 1 号(邮编:210098)	
电　　话	(025)83737852(总编室)　(025)83787769(编辑室)	
	(025)83722833(营销部)	
经　　销	江苏省新华发行集团有限公司	
排　　版	南京布克文化发展有限公司	
印　　刷	广东虎彩云印刷有限公司	
开　　本	710 毫米×1000 毫米　1/16	
印　　张	14	
字　　数	270 千字	
版　　次	2025 年 6 月第 1 版	
印　　次	2025 年 6 月第 1 次印刷	
定　　价	98.00 元	

前言
PREFACE

在我国水利生态保护修复工程中,植物发挥着重要作用,包括水土保持、水质提升、生态修复、减轻洪涝灾害和防风固沙等。植物生长发育易受遗传因素、环境因素的共同作用,导致植物与土体的相互作用非常复杂,植物固土护坡作用效果出现阶段性、可塑性和多样性等特点。从植物根系与土体的相互作用角度出发,将受时空效应等影响的植物根系物理力学性质与土体工程特性相结合进行研究,有助于直观反映植物根系固土护坡作用效果。另外,利用植物加固河湖岸坡,因其加固效果易受水流冲刷、降雨、季节变化等影响,故常与三维土工网垫、土工格室、生态袋等土工护坡材料联合作用,此种土工-生态联合防护结构能显著提高河湖岸坡的安全稳定性。

生态文明建设是中华民族长久发展的根本,党的十八大做出"大力推进生态文明建设"的战略决策,十九大提出"加快生态文明体制改革,建设美丽中国",二十大更是提出"坚持绿水青山就是金山银山的理念,坚持山水林田湖草沙一体化保护和系统治理,全方位、全地域、全过程加强生态环境保护"。为响应国家生态文明建设号召,水利部持续将水生态环境保护和修复等作为工作重点。建设河湖生态岸线、实施河湖岸线的生态保护和修复是我国水生态工程建设的必然选择,河湖岸坡的生态保护和修复技术亦是水利部门大力推进的水生态文明建设的关键技术之一。

本书以水生态文明建设为前提,总结了作者及研究团队近十年在河湖岸坡生态防护领域的研究成果,并得到了国家自然科学基金(U2240221、U2340227、51979174)和洪泽湖堤防滨岸带生态建设关键技术科研课题(HASL-GZ-202204007-001)的资助。

本书具有较强的针对性,其他同类书籍多侧重于边坡生态防护作用效果研究,而本书针对植物根系固土护坡机理和河湖生态岸坡稳定性开展了系统的理论、试验和工程应用研究工作，所涉及的内容包括典型护坡植物根系物理力学性质、多因素影响下根系土的抗剪强度及其计算方法、植物根系对降雨作用的响应、降雨和水流冲刷作用下生态岸坡和土工-生态结构联合防护岸坡的物理力学性质变化规律、岸坡的植物搭配原则和土工-生态结构设计方法、土工-生态结构护岸作用机理、考虑植物根系水文和水力性质变化规律的岸坡稳定性分析方法等，为植物护坡技术实施以及河湖岸坡生态保护和修复提供了理论基础和技术方法。

本书各章节编写人员如下：第1章，张桂荣、姜宝莹、李欣然；第2章，姜宝莹、罗紫婧、张桂荣；第3章，张桂荣、姜宝莹、罗紫婧、陈海宽；第4章，姜宝莹、吴冰、张桂荣、贾璐；第5章，谭瑞琪、李欣然、谢亚军、陈中原、石川；第6章，张桂荣、姜宝莹、李欣然、吴冰、贾璐。全书由姜宝莹、李欣然、石川统稿，张桂荣、陈海宽审稿。

植物根系固土护坡机理和生态岸坡稳定性研究涉及岩土力学、水力学、泥沙动力学、植物学和材料学等多学科的交叉，加之作者理论水平和经验有限，本书不足之处在所难免，衷心希望读者批评指正。

作者

2024 年 12 月

目录

CONTENTS

第1章 绪论 ··· 001
  1.1 典型护坡植物及其配置研究进展 ······················· 002
    1.1.1 乔木护坡植物 ······································ 002
    1.1.2 灌木护坡植物 ······································ 002
    1.1.3 草本护坡植物 ······································ 003
    1.1.4 护坡植物配置 ······································ 003
  1.2 植物根系物理力学性质研究进展 ······················· 004
    1.2.1 植物根系物理性质 ······························· 004
    1.2.2 植物根系力学性质 ······························· 008
  1.3 植物根系固土机理研究进展 ····························· 009
    1.3.1 植物根系固土的锚固理论 ···················· 010
    1.3.2 植物根系固土的加筋理论 ···················· 010
    1.3.3 根系土强度理论研究模型 ···················· 012
    1.3.4 植物边坡稳定性分析 ··························· 014
  1.4 生态岸坡抗冲性能研究进展 ····························· 015
    1.4.1 抗降雨冲刷性能研究进展 ···················· 015
    1.4.2 抗水流冲刷性能研究进展 ···················· 019
  参考文献 ·· 023

第2章 典型护坡植物根系物理力学性质 ················· 039
  2.1 护坡植物的选取及配置 ·································· 039
  2.2 植物室内种植试验 ······································· 040
    2.2.1 种植条件 ·· 041

  2.2.2 种植用土及其装填 ·· 042
  2.2.3 种植方案 ·· 044
  2.2.4 草本植物养护 ··· 044
  2.2.5 草本植物生长情况 ······································· 045
  2.2.6 草本植物根系物理性质 ································ 048
  2.2.7 草本植物根系力学性质 ································ 051
 2.3 植物现场种植试验 ·· 053
  2.3.1 草本植物种植方案 ······································ 053
  2.3.2 种植场地、种植方式及种植用土 ·················· 054
  2.3.3 植物根系物理性质 ······································ 055
  2.3.4 草本植物根系力学性质 ································ 071
 2.4 本章小结 ·· 072
 参考文献 ··· 072

第3章 护坡植物根-土复合体强度计算方法 ················ 073
 3.1 根-土复合体室内直剪试验 ······································ 073
  3.1.1 试验步骤 ·· 073
  3.1.2 试验方案 ·· 074
  3.1.3 试验结果 ·· 075
 3.2 现场直剪试验 ··· 079
  3.2.1 试验装置 ·· 079
  3.2.2 操作步骤 ·· 079
  3.2.3 试验方案 ·· 081
  3.2.4 试验结果 ·· 082
 3.3 根系土抗剪强度经典计算模型 ································ 087
  3.3.1 Wu 模型 ··· 087
  3.3.2 纤维束模型 ··· 088
  3.3.3 根束增强模型 ··· 088
  3.3.4 根-土复合体的数值模型 ······························ 089
 3.4 典型草本植物根系土的优化 Wu 模型 ······················ 090
  3.4.1 Wu 模型预测值与实测值比较 ······················ 090
  3.4.2 修正 k 值 ·· 091
  3.4.3 优化后 Wu 模型验证 ··································· 092

3.4.4　Wu 模型适用性讨论 …………………………………… 092
3.5　考虑种植密度及深度的根系土黏聚力增量计算方法 …………… 093
　　3.5.1　实施方式 …………………………………………………… 094
　　3.5.2　典型草本植物根系土的黏聚力增量计算模型 …………… 095
3.6　本章小结 …………………………………………………………… 098
参考文献 …………………………………………………………………… 098

第 4 章　降雨作用下生态岸坡抗侵蚀性能试验 …………………… 101
4.1　降雨作用下砂土岸坡变形过程试验研究 ………………………… 101
　　4.1.1　物理模型试验装置及材料 ………………………………… 101
　　4.1.2　监测及数据采集系统 ……………………………………… 104
　　4.1.3　均匀型降雨物理模型试验 ………………………………… 107
　　4.1.4　前锋型降雨物理模型试验 ………………………………… 135
4.2　降雨作用下植生岸坡变形过程试验研究 ………………………… 141
　　4.2.1　方案设计 …………………………………………………… 141
　　4.2.2　试验现象分析 ……………………………………………… 142
　　4.2.3　植生岸坡侵蚀破坏监测结果分析 ………………………… 143
　　4.2.4　植生岸坡侵蚀破坏模式分析 ……………………………… 145
4.3　根系土及砂土水力性质关系表达式 ……………………………… 145
4.4　本章小结 …………………………………………………………… 148
参考文献 …………………………………………………………………… 149

第 5 章　河流冲刷作用下生态岸坡抗冲性能试验 ………………… 150
5.1　试验装置 …………………………………………………………… 150
5.2　监测设备 …………………………………………………………… 150
5.3　试验材料 …………………………………………………………… 153
5.4　试验方案 …………………………………………………………… 154
　　5.4.1　试验段布置 ………………………………………………… 154
　　5.4.2　岸坡坡度的选择 …………………………………………… 155
　　5.4.3　河流冲刷流速的设置 ……………………………………… 155
　　5.4.4　试验步骤 …………………………………………………… 157
5.5　岸坡抗冲特性研究预试验 ………………………………………… 158
　　5.5.1　土质岸坡抗冲特性试验结果及分析 ……………………… 159

        5.5.2 纯植被护岸结构抗冲特性试验结果及分析 …………………… 161
        5.5.3 预冲刷试验总结 …………………………………………… 163
    5.6 土质岸坡抗冲特性研究试验结果及分析 ………………………… 164
        5.6.1 变形破坏规律 ……………………………………………… 164
        5.6.2 冲蚀量变化规律 …………………………………………… 166
    5.7 纯植被防护岸坡抗冲特性研究试验结果及分析 …………………… 168
        5.7.1 变形破坏规律 ……………………………………………… 168
        5.7.2 冲蚀量变化规律 …………………………………………… 170
        5.7.3 相同冲刷流速条件下的冲刷试验与结果分析 ……………… 171
    5.8 三维土工网垫加筋生态岸坡抗冲特性研究 ……………………… 173
        5.8.1 护坡原理及抗冲特性 ……………………………………… 173
        5.8.2 试验材料 …………………………………………………… 175
        5.8.3 试验方案 …………………………………………………… 176
        5.8.4 试验步骤 …………………………………………………… 176
        5.8.5 试验分析 …………………………………………………… 177
    5.9 本章小结 …………………………………………………………… 182
    参考文献 ………………………………………………………………… 183

第6章 降雨作用下生态岸坡稳定性研究 …………………………… 184

    6.1 降雨作用下砂土岸坡变形过程研究 ……………………………… 184
        6.1.1 有限元模型建立 …………………………………………… 184
        6.1.2 有限元模型分析结果 ……………………………………… 186
    6.2 降雨作用下土工-生态结构联合防护岸坡稳定性分析 …………… 196
        6.2.1 有限元模型建立 …………………………………………… 196
        6.2.2 有限元模型分析结果 ……………………………………… 199
        6.2.3 土工-生态结构联合护坡机理分析 ………………………… 205
    6.3 降雨作用下岸坡稳定性计算模型 ………………………………… 209
        6.3.1 岸坡稳定性分析模型 ……………………………………… 209
        6.3.2 前锋型降雨下岸坡稳定性计算参数 ………………………… 210
        6.3.3 前锋型降雨下岸坡稳定安全系数与深度的关系 …………… 212
        6.3.4 前锋型降雨下岸坡稳定安全系数与时间的关系 …………… 213
    6.4 本章小结 …………………………………………………………… 215
    参考文献 ………………………………………………………………… 215

第1章

绪论

我国河流、湖泊分布广泛,水系网络发达。流域面积 50 km² 及以上河流有 45 203 条,流域面积 100 km² 及以上河流 22 909 条,流域面积 1 000 km² 及以上河流 2 221 条;常年水面面积 1 km² 及以上湖泊 2 865 个,水面总面积 7.80 万 km²(不含跨国界湖泊境外面积)[1]。

河湖岸线是指占用一定范围水域和陆域空间的水土结合的空间,作为河湖生态系统的重要组成部分,岸线是河湖生态保护与修复的重要对象和内容,其利用涉及水、路、港、产、城和生物、湿地、环境等多方面[2]。生态岸线是指在生态保护上具有重要意义、对维持岸线可持续利用具有重要功能的岸线,如具有水源涵养、湿地生态系统维护、生物多样性保护等重要生态功能的岸线以及重要河势节点岸线、冲淤变化频繁的岸线。生态岸线建设与保护对于对促进区域经济社会可持续发展,保障防洪安全、供水安全、发展航运以及保护水生态环境等方面都具有十分重要的作用。

岸坡防护工程建设是河湖防洪、河势控制、河湖治理开发与岸线利用的基础工程。随着人们对生态环境要求的提高,岸坡防护工程设计除应考虑结构安全、稳定和耐久性等技术要求外,还要兼顾改善河流周边生态环境和城市景观的需求。传统的护坡形式如浆砌石、现浇混凝土、预制混凝土板等硬质化结构违背了生态环境保护和可持续发展的理念,亟待引入生态岸坡建设技术[3]。

生态型岸坡建设是河湖滨岸带生态修复的重要条件。在生态型护岸工程中,主要措施之一是在河湖岸坡上合理引入植被,包括草本植物及木本植物等。利用植被加固河道岸坡的方法自古有之,近几十年在欧洲、北美洲、亚洲等地河湖生态修复工程中被广泛应用,成为稳定边坡、控制侵蚀和修复生境的重要工程手段。植被的作用主要体现在改善河道岸坡栖息地、改善人居生活环境和质量、降低河湖岸坡造价,以及植物根系、对岸坡的稳定作用等方面。

生态护坡技术,尤其是植被根系固土机理和生态加筋护坡技术是近年来国家大力发展的新兴技术之一。现阶段,植物或者植物与工程措施相结合的护坡技术得到了大量的工程应用,但理论研究相对滞后。大量根系土的试验研究表明,植物根系的抗拉力及抗剪力对固土、抗滑和护坡起到了有效作用,但目前研究多集中于乔灌木等根系较为粗壮的植物,针对草本植物根系固土护坡机理的研究较为缺乏。因此,本书深入开展典型草本植物根系的加固机理研究,可为岸坡生态护岸设计与防护效果评价提供技术支撑。这对促进河湖滨岸带生态修复、提升河湖生态环境等具有重要推动作用。

1.1　典型护坡植物及其配置研究进展

1.1.1　乔木护坡植物

Ghestem 等[4]以种植了 10 个月的蓖麻、麻风树、盐麸木为研究对象,挖掘根系测量其根系参数,并对含根土体进行直接剪切试验,结果表明根的形态特征,例如密度、分支、长度、体积、倾角和方向,都会显著影响含根土体的力学性能。Andreoli 等[5]以灰桤木等乔木为研究对象,通过测量其根系的力学特性及分布形态,研究根系对土壤黏聚力的影响,结果表明在砾石基底上生长的树木根系的抗拉强度低于在细粒土壤中生长的根系,但其对提高土壤整体强度的效果更好。

1.1.2　灌木护坡植物

Su 等[6]为进一步了解黄土高原退耕还林还草后沙蒿的根系分布和力学特性的空间变异特征,开展了退耕还林还草后沙蒿根系强度研究,结果表明在 0.3 m 深的土层中,沙蒿的根系参数占 80% 以上,且沙蒿主要能稳定黄土高原粉壤土地区的边坡。Hu 等[7]研究了五种天然灌木的力学性质,测量了根系的单根抗拉强度、不含根系土体和五种含根系土体的抗剪强度值,结果表明藜麦的单根抗拉强度最大,其次是柠条锦鸡儿、黄花木霸王、白刺和枸杞。Hu 等[8]通过 X 射线计算机断层扫描技术分析了 50 cm 深土壤剖面内的大孔数、大孔率和大孔当量直径,以量化分析在种植灌木小叶锦鸡儿后,灌木冠层下和相邻的空间草丛中的土壤结构变化,结果表明灌木冠层下的土壤具有较大的大孔隙度,并且其孔隙比相邻草丛中的更深、更长。

1.1.3 草本护坡植物

Ettbeb 等[9]测量了所选狼尾草属种 $P.\ pedicellatum$(PPd)和 $P.\ polystachion$(PPl)的根系抗拉力,以及其根-土复合体的抗剪强度值,结果表明根系直径对抗拉力有显著影响,PPl 的抗拉强度要高于 PPd。余晓华等[10]选用多年生黑麦草、高羊茅、紫花苜蓿等 23 种草本植物,将其种植于新建的高等级公路边坡上,以研究适宜我国西南中亚热带风化紫色砂岩地区边坡的护坡草种。Ye 等[11]认为草本植物根系对增强土体抗剪强度具有重要作用,并以百喜草为研究对象,研究其根系分布方式及力学性能对根-土复合体抗剪强度的影响,结果表明超过 70% 的被测根系分布在表层 0～20 cm 深的土层,复合体的稳定性与根系特征显著相关。王恒星等[12]以常用于公路边坡生态防护技术的 3 种典型草本植物(狗尾草、牛筋草、结缕草)根系为研究对象,对不同植物根系在不同次数冻融作用后的根-土复合体进行了拉拔试验以及直剪试验,发现结缕草根系与土体之间的摩擦效应最强,加筋效果最好;狗尾草的根系与土体之间的摩擦效应最差,但狗尾草根系抗冻性较好。

1.1.4 护坡植物配置

在进行护坡植物的配置时应当因地制宜地选择植物种类,在达到固土护坡效果的基础上,兼顾保护环境、防止水土流失和防风固沙的目的。实际工程中,常将植物护坡技术与土工措施相结合,既做到了生态防护,又保证了景观美化,实现经济、生态和社会效益相结合[13]。深根系植物的根系深入土层,可以对土体起到锚固作用,而草本植物等浅根系植物的根系就像一张细密的网,与土颗粒紧密缠绕在一起,形成根-土复合体,起到加筋的作用。进行护坡植物的配置时可考虑将深根系与浅根系植物混播,可以加深固土的深度,扩大固土范围,有效提高固土护坡的效果。护坡植物配置的发展,经历了由最初的草本单播到多个草本混播,再到乔、灌、草混播,最后发展到乔、灌、草、藤、花共同配置的立体防护。主要可分为:单一草地(草坪)系列、混合草地(草坪)系列、矮生灌木系列、草灌系列、缀花草坪以及乔灌系列。

韩德梁等[14]通过试验研究了生存在岩土边坡环境中的百喜草、白三叶、高羊茅、紫花苜蓿、黑麦草、狗牙根等 9 种牧草的生长状况及其对边坡土体抗水流冲刷效果的影响,得出最优混播组合以及该组合下各草种的最优播种密度。其中黑麦草表现出生长速度快、近地处分枝多、能迅速成坪等特点,可以作为先锋植物与白三叶一起混播,还可以加入高羊茅作为伴生种。郑煜基等[15]采用黑麦草+狗牙根+灌木(木豆、山毛豆、罗顿豆、银合欢、多花木蓝、紫穗槐、车桑子)的草灌品种组合,研究草灌混播在边坡绿化防护中的应用,结果表明,进行草灌混播可以有效避免植物在秋冬季或旱季期间出现的大面积枯黄现象,有望实现边坡的四季常绿;草本植物建植速度快,可迅速覆盖坡面,草本植物与灌木配合使用,草本植物的存在可有效保护灌木种子不被雨水冲刷,同时为灌木的生长提供良好的温湿环境。陈旋等[16]在南水北调中线工程南阳段干渠防护林植物配置中采用乔灌结合的模式,森林景观效应明显,树木品种达40多种,丰富了物种资源。

综上所述,乔木、灌木和草木均可用作护坡植物,植物根系有助于提高土体的抗剪强度,但使土壤孔隙数量增多、体积增大。在选择河流岸坡的护坡植物时,应根据植物的生长特性、根系特征和生长需求来进行合理搭配,还应参照当地河流特性、环境因素、灾害发生特征等遴选护坡植被,确保各类植物在岸坡防护作用中的互补性,形成多层次、多维度的防护效果,既能防止水土流失,又有助于坡面生态系统的可持续发展。

1.2 植物根系物理力学性质研究进展

1.2.1 植物根系物理性质

1. 草本植物根系物理力学性质指标

草本植物根系的物理性质指标通常为根长、根径和根数等。其中,根系物理性质的基本指标为根长、根径、根数和根深,其余指标均可由上述基本指标计算获得,如根表面积可由根深和根径计算获取。常用草本植物根系的力学性质指标包括拉伸模量、抗拉强度和弯曲模量等,详见表1.1。

表1.1 常用草本植物根系物理性质和力学性质指标及其定义

物理性质		力学性质	
指标	定义	指标	定义
根长	根系的总长度	拉伸模量	根系抵抗拉伸变形的能力
根径	根系的宽度或直径		
根数	植物体所有根的数量	抗拉强度	根系抵抗拉伸破坏的能力
根深	植物根系向下生长的深度		
根表面积	根系表面的总面积	弯曲模量	根系抵抗弯曲变形的能力
根体积	根系所占体积		
根总长度	植物所有根的长度之和	抗弯强度	根系抵抗弯曲破坏的能力
根毛密度	单位长度或单位面积内植物上根毛的数量		

2. 根系物理性质

(1) 植物根系物理性质研究方法

常用根系物理性质研究方法包括破坏性探测法、水培法、凝胶培养法、微根管法、X 射线断层扫描法(XCT)、核磁共振成像(MRI)和三维数字化法[17]等(图1.1)。

(a) 破坏性探测法

(b) 水培法

(c) 凝胶培养法

(d) 微根管法

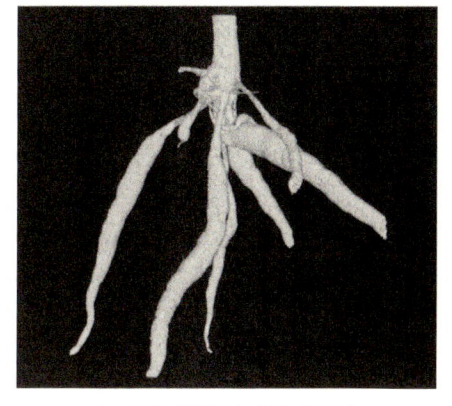

(e) X 射线断层扫描法(XCT)

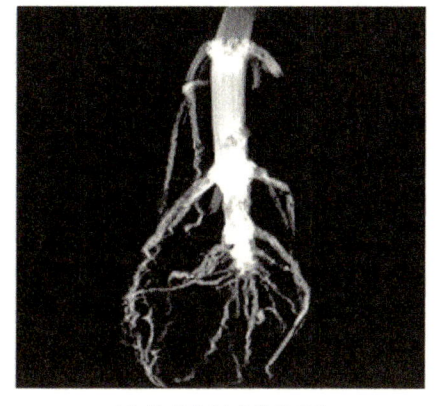

(f) 核磁共振成像(MRI)

(g) 三维数字化法

图 1.1　常用根系物理性质研究方法

　　破坏性探测法,如挖出植物根系,有利于获取其轴向长度、根径和分支等特征,分析生长位置、地貌和生长龄期等对上述植物根系物理性质的影响[18-20]。Collet 等[20]提出了上述物理性质变化规律的表达式。Heyward[21]挖出长叶松根系,并绘制出其根系形态。Henderson 等[22,23]挖出西加云杉,根据根系的分支情况将西加云杉分成 6 级,分别测量了根径、根长、根系分支情况和根系角度,并用多种概率密度函数拟合分析了上述根系的物理性质。王法宏等[24]挖出了种植时间为 5 d 和 20 d 的大豆根系,记录其主根长度、一级侧根和二级侧根条数,继而采用 Logistic 方程拟合主根长度和各级侧根条数与种植时间的关系。Fan 等[25]挖出构树根系,测量其根长和根径,继而用幂函数回归分析了构树根长和根径的关系。

　　其他探测方法亦常用于根系物理性质研究。李勇等[26]应用大型挖掘剖面壁法和冲洗法测试了人工刺槐林根系的密度和含根量,发现根系密度和含根量随深度的增加而减小,然后采用幂函数回归分析了根系密度与土体深度的关系。张吴平等[27]采用温室土栽培法,获取了小麦苗根系结构的比根长等参数。周本智等[28]采用微根管法获取了竹林根系的质量、长度和体积等,继而分析了上述根系物理性质随深度变化的规律。吴道铭等[29]将 6 个月的黄梁木实生苗移植至赤红壤的活动式根箱中,分析其根系物理性质随生长龄期和深度变化的规律,指出黄梁木实生苗在短时间移植后能够发育出大量须根,其较发达根系网络位于 15~45 cm 深度。王贞升[30]研究了不同降雨强度下,早熟禾根系的生长情况,发现降雨强度为 10~25 mm/d 时,早熟禾根长、根表面积和根径等明显增大。刘凯等[31]应用微根管技术分析了毛白杨根系结构,并采用大律法、K 均值聚类算法和模糊 C 均值聚类法,获取了毛白杨的根系结构参数。

　　(2) 根系结构

　　根系结构易受根系吸收的各类营养元素、吸水能力、土体深度和土体酸碱性等的影响,比如干旱和复水情况影响植物根系的生长,渍涝影响植物根系的颜色和主根的发育,土中微生物影响根系的分支情况[32,33]。Yen[34]和 Li 等[35]将根系结构分成 H 型、R 型、VH 型、V 型、M 型和 W 型。不同结构根系的特点详见表 1.2。

表 1.2　不同结构根系的特点

根系构型	特点
H 型	水平根系较多,且根系顶端存在分支
R 型	倾斜根系较多,且根径随深度增大而减小,分支范围缩减
VH 型	存在主根,且主根较长,根系顶端埋深较大,且具有大量的水平根系
V 型	主根既细又长,根系顶端埋深较大,倾斜根系较少
M 型	呈现于多数草本植物中,根系分支较多、分布较密集且方向不定
W 型	主根的埋深较小,存在较多倾斜根,易与其他同类植物形成共生根

3. 不同影响因素对根系物理性质的影响

植物种类、深度、生长龄期等均能影响植物根系的物理性质。Ma 等[36]测试了紫花苜蓿的根系干密度和根长密度,指出当根径大于 1.4 mm 时,紫花苜蓿的根长密度随根系干密度的增加而线性增大。Danjon 等[37,38]测量了无梗花栎、松树和橡树根系的根径和根长等,并采用 AMAPmod 软件建立了根径超过 2 mm 的根系三维模型。芦美等[39]分析了不同种植模式下马铃薯根系的生长特征,发现间作有利于增大马铃薯的根径、根长和根表面积等。李金波等[40]分析了边坡上苗期植物根系物理性质与植物种类的关系,发现欧李的垂直根系和总根系数量多于胡枝子、沙打旺和紫穗槐等。吴永兵等[41]分析了雪茄烟根系物理性质与垄高的关系,认为在高垄中雪茄烟根系的根径和根长更大。

4. 根系物理性质之间的相互关系

李云鹏等[42]测量了沙打旺、狗尾草、高羊茅、白三叶和紫花苜蓿的根径、根长、根系数量和根系分支,并总结了上述指标与深度的关系。Marin 等[43]观测了砂土和黏土中不同长度青稞须根在相等播种时间后其根系物理性质的变化规律,指出播种在砂土中的青稞须根根长随根系数量的增加而增大。Abdi 等[44]在桤木、枫树和铁木相对侧开挖一定深度的沟渠,现场量测了 3 种树木的根径和根深,记录了 3 种树木的根系数量,并分析了 3 种树木根系数量随根径和根系深度变化的规律。张兴玲等[45]观测记录了不同种类草本植物的平均须根数、平均根长和平均根径,并总结了上述物理性质指标随生长龄期变化的规律。Arnone 等[46]研究了西班牙锦鸡儿和栗树的根系数量和根系面积随深度变化的规律。

1.2.2 植物根系力学性质

大量试验结果说明根系抗拉强度均随着根系直径的增大而减小,且多表现为幂函数关系,但不同植物的根系具有不同的参数值,这还与根系的其他特征,如纤维素含量、含水率等有关。根系对土壤具有加筋作用,但并不等于真正的钢筋。根系属于活性材料,可以通过生长发育在土壤中伸展蔓延,草本植物须根较多,还能在土体中形成细密的根系网,对土体起到握裹作用。在根系与土壤的界面形成有机-无机复合体后,可以进行水分输送和物质传递,形成土壤-植物-大气连续体。因此,今后有必要加强对植物根系材料的力学性质和根-土复合体形成机理的研究,更重要的是从根-土复合体的微观机理出发,揭示根系增强土体强度的本质。

植物根系抗拉强度的常用测试仪器为万能材料试验机和简易弹簧测力计,其可用于获取根系的抗拉力和抗拉强度。根系的最大抗拉力通常随根径的增大而增大,但根系抗拉强度随根径的增大而减小,根系抗拉力、抗拉强度与根径的关系可用幂函数表示[47,48]。

植物种类、根系生长情况等易影响根系力学性质。李会科等[49]认为当根径相同时,干根抗拉强度＞带土根系抗拉强度＞湿根抗拉强度。毛伶俐等[50]发现单位体积土体内根系含量小于6%时,根系强度增大;当根系含量为6%~8%时,根系强度变化较小。芦苇根系抗拉强度一般为13~175 MPa[51]。楼璐等[52]用万能材料试验机测试了根径和根长相同的根系的抗拉强度、抗压强度和抗弯强度,同时记录了植物根系在不同等级风害作用下的弹性模量和屈服强度,认为根系弹性模量和屈服强度随风害等级的增大而减小。崔天民等[53]分析了平茬对沙棘根系抗拉强度和抗拉力的影响,发现未平茬的沙棘根系的抗拉强度和抗拉力更高。

生长龄期、植物生长环境等亦会影响植物根系的力学性质。包含等[54]用拉伸试验测试了不同生长龄期高羊茅根系的抗拉力、极限延伸率、抗拉强度和弹性模量,指出上述指标易随生长龄期的增加而增大。杨果林等[55]测试了不同生长龄期的夹竹桃根系的抗拉力和抗拉强度,发现其随着夹竹桃根系根径的增大而减小。Mao等[56]研究了12种草本植物根系的抗拉强度和根系极限拉应变随根径变化的规律,认为根系抗拉强度随着根径的增加而减小,极限拉应变随着根径的增加先快速增大,后缓慢增大。付江涛等[57]、赵吉美等[58]测试了边坡不同位置处异针茅和阿诺早熟禾及早熟禾的抗拉力和抗拉强度,指出植物根系的抗拉强度和抗拉力易受边坡位置影响,中部边坡上的早熟禾根系的抗拉强度更高。

蒋坤云等[59]测试了直径约为 3 mm、5 mm 和 7 mm 的白桦、蒙古栎和榆树根系的抗拉强度，发现根系抗拉强度随根径的增大而减小，并分别用幂函数和多元线性函数拟合了抗拉强度与直径的关系。朱海丽等[60]统计了柠条锦鸡儿、四翅滨藜、白刺、霸王和北方枸杞根系的平均抗拉强度、平均抗剪强度和平均根径，发现 5 种植物的单根抗拉强度随根径的增大而减小，根系在受拉条件下呈弹塑性变化。田佳等[61]测试了沙柳和花棒的平均最大拉力、抗拉强度、弹性模量和抗拔力，发现二者的最大拉力与根径呈幂函数增大关系，而抗拉强度、弹性模量与根径呈幂函数减小关系，且花棒的抗拔力高于沙柳。张培豪等[62]测试了高寒草甸单根和群根的抗拉强度，发现草甸的单根抗拉强度与根径呈幂函数关系，群根抗拉力和抗拉强度与草甸根数呈线性函数关系。Su 等[63]测试了雪松根系的弹性模量，发现其弹性模量与根系半径呈指数关系。

植物根系的物理力学性质研究能够为环境工程、水利工程等多个领域提供重要的理论和数据支撑。植物根系的物理力学性质指标较多且受生长环境、植物种类、种植密度、生长龄期和生长深度等控制。因此，植物根系的物理力学性质指标监测工作通常在特定的时间和空间下完成。植物根系物理性质指标可通过相关表达式与其力学性质指标相互关联，以简化上述指标的表征。已有的国内外研究更多考虑单一影响因素下根系物理力学性质的变化规律，较少综合考虑上述因素对根系物理力学性质的影响，更未考虑根系物理性质与根系结构的关系。

1.3 植物根系固土机理研究进展

研究表明，植物根系对土体的加固作用主要表现在两个方面：一是乔灌木等深根系植物的主根或粗根深入土层，从而对边坡岩土体起到锚固作用；二是草本植物等的须根或细根对浅表层土坡的加筋作用。由此形成了植物根系加固土体的力学机理的两个理论：加筋理论与锚固理论。Capilleri 等[64]、Bull 等[65]认为植被覆盖层的存在可通过植物蒸腾作用对土壤孔隙水产生吸力，且植物根系还能有效提高土体的力学性能，进而提高边坡的稳定性。张俊云等[66]从力学与水文学两方面出发，分析植被固土机理及其有效减少岸坡浅表层土体受水流侵蚀的机理，认为其护坡原理可简单地总结为"深根锚固、浅根加筋、降低孔压（孔隙水压力）、削弱溅蚀、控制径流"。姜志强等[67]简单将根系划分为具备一定天然强度优势与活力的深粗根和可视为带预应力的三维加筋材料的浅细根，其中深粗根可穿过坡体浅层的松散风化带，深入到深处坚硬的土层，从而对整个边坡土体起到锚固作用。

1.3.1 植物根系固土的锚固理论

研究表明,浅层的根际土层可通过垂直根系的锚固作用锚定到深层土体上,从而达到提高土体稳定性的作用。Andreoli 等[68]通过现场挖掘结合图像分析的方法测量植物根系的直径及强度,发现根系通过改善根-土复合体的胶结性能,将土体的抗剪强度提高了 5~30 kPa,从而提高了边坡的安全系数。王可钧等[69]认为护坡植物根系的固坡效应与根径、长度以及在土体中的分布方式显著相关,植物根系要想发挥桩与锚杆的作用,首先根系的穿扎能力要强,要具备穿透岩层薄弱处的能力,最好是可以扎根于岩层裂缝之中。Goodman 等[70]综合考虑根系的分布形态和力学性能,结合试验与模型的方法进行根系的锚固试验,确定了锚固的两个主要组成部分:主根的抗弯性和近侧土壤的抗压性,测试表明,破坏时的主根弯曲力矩约占锚固力矩的 40%,而土壤抗力约占 60%。朱力等[71]将根系简化成以主根为轴向、侧根为分支的全长黏结型"锚杆",再根据计算主根及各侧根与周边土体的摩擦加筋作用的累加来分析其锚固效应,并从微观入手建立了垂直根-岩土相互作用力学模型。

1.3.2 植物根系固土的加筋理论

根系固土的加筋理论认为:植物根系的弹性模量远大于土体,弹性模量之间的差距使得根-土复合体在共同变形的过程中产生相对滑动,进而在根系与土体的接触面上产生摩擦阻力,从而根系抗拉强度开始发挥作用。同时,根系之间的土体由于受到侧向约束力的作用,根-土复合体的刚度也得到提升,故根系与土体之间的相对滑动是根系增强土体强度的关键所在。目前,主要有两种理论揭示了加筋作用下的根-土复合体的力学特性变化机理,分别为准黏聚力原理和摩擦加筋原理[72]。

1. 准黏聚力原理

草本植物根系在土中的分布呈现出自地表向下分布密度逐渐减小、根系直径逐渐细弱的规律。在根系盘结范围内,根系牢牢包裹土体,可将含根土体看作根-土复合材料。准黏聚力原理认为:根系与土体的相互作用包括根系的抗拉力、根系与土体之间的摩擦阻力,以及土体本身的抗剪能力,它们的存在可以显著提高根-土复合体的抗剪强度[73]。把土体中存在的植物根系看作加筋纤维,由于根系在土中的分布是三维且随机的,故可看作三维加筋。根系的存在为土体增加了附加"黏聚力"Δc,一方面,它将原土体的抗剪强度增加了 Δc,另一方面,它通过限制土体的侧向膨胀而将 σ_3 增大到 $\sigma'_3(\sigma_3+\Delta\sigma_3)$,在 σ_1 不变的情况下使最大剪应力减小,这两种效应有效提高了边坡土体的承载力(图1.2)。

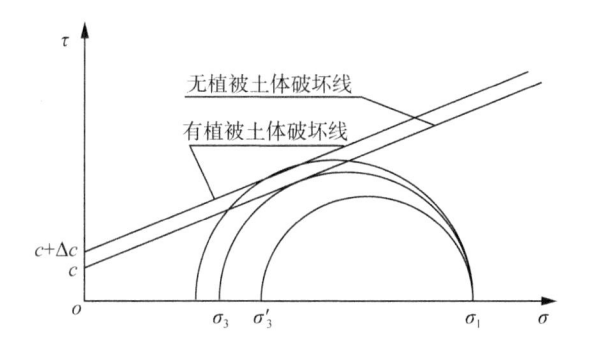

σ_1—最大主应力;σ_3—无植被土体最小主应力;σ'_3—有植被土体最小主应力,即$\sigma_3+\Delta\sigma_3$。

图 1.2　有无植被土体的应力圆

周锡九等[74]通过理论及实测数据分析发现:草本植物根系在土层浅表面纵横交错,呈网状分布,故植草护坡具有明显的浅层加筋效应,特别是自坡面到50 cm深土层内的加筋效应最为显著;含根土体的黏聚力较不含根土体显著提高,但内摩擦角变化较小,其黏聚力c_r可称为根系加筋的"似黏聚力"。宋维峰等[75]基于加筋原理来解释和分析林木根系的加筋原理,并通过室内三轴试验对准黏聚力原理进行了试验验证,得出了加根黄土和素黄土的应力应变关系和应力差强度包线图,对其应力圆进行了分析,推导了加根土的"似黏聚力"。由室内三轴试验、直剪试验及现场钻孔剪切试验结果可知,草根加筋的效果主要表现为增加了土体黏聚力,但对内摩擦角影响不大。同时,学者们还研究了含根量以及土体含水率对根-土复合体强度的影响,认为存在一个最佳含根量及界限含水率,使得加筋土强度最大[72,76-79]。

2. 摩擦加筋原理

Niu等[80]认为根系可以有效提高土体抗剪强度的关键因素之一是根系与土体之间存在静摩擦力。Yan等[81]分别研究了木本植物的侧根系、草本植物根系与岩土体之间相互作用的关系,进而建立了摩擦型根-土力学作用模型,并以云南松的侧根系为研究对象,进行现场试验,以验证该模型的准确性。按照阿蒙顿-库伦(Amontons-Coulomb)摩擦理论,当植物根系处于受拉状态时,排列得参差不齐的土颗粒也会对根系产生约束及啮合作用,从而使得根系牢牢锁定住其周围的土颗粒,有效提高根系与周围土体之间的摩擦阻力作用。土颗粒之间的啮合、摩擦作用以及根系与根系周围土体的相互钳制作用可以有效增强坡面土体抗剪强度,进而提高岸坡的整体稳定性[82]。可知,当根系具有足够大的抗拉强度、土体本身的摩擦阻力足够高时,根-土复合体有利于保证岸坡的稳定性(图1.3)。

在根土复合体中取微小片段 dl,假设土体受到外界的侧向力作用,那么在该微小片段上产生的拉力为 d$T=T_1-T_2$,压住根系的法向应力为 σ,略去根系重量和微元体土体重量,设土体与根之间的摩擦系数为 f、根系直径为 b、dF 为土颗粒与根系在该微元段上产生的总摩擦力,则有 d$F=2\sigma fb \cdot$dl。只要根系与土之间存在的摩擦阻力足够大,即 d$F>$dT,则根系不会被拉动,即不会与土体发生相对错动,如图1.4所示。若土中根系也具有足够大的抗拉强度,则可以保证根-土复合体的整体稳定性,根系也不会被拔出或拉断。

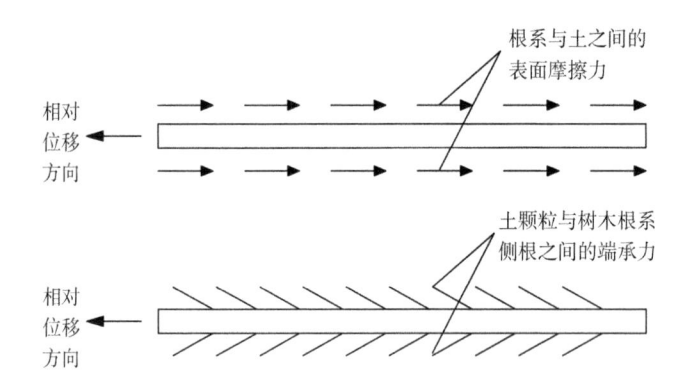

图1.3　根系与土之间的摩擦力

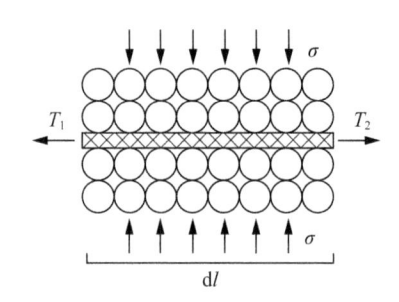

图1.4　摩擦加筋原理

1.3.3　根系土强度理论研究模型

根系土的强度理论仍需要逐步完善。由于不同土体的颗粒组成差异较大,国家现行规范根据土体颗粒的大小,将土体分为砾石、砂土和粉土等。随着土体粒径的不断增大,土体的性质由黏性逐渐转变为无黏性。由土体强度理论可知,黏性土因其较小的颗粒粒径及颗粒间较强的相互作用力，通常认为其具有黏聚力和内摩擦角；反之，无黏性土只具有内摩擦角，其黏聚力值普遍取为0。然而，植物根系改变了两种土体的性质。根系对土体的改变取决于根系在土体中的生长状态、分泌的胶凝物质及其对土体结构的改变等。根系对土体力学性质的改变主要体现在轻微地改变土体的内摩擦角、增大黏性土和无黏性土的黏聚力[83]。然而，植物种类、种植密度和生长龄期等均能够影响根系土强度，需选择适宜的理论分析上述因素的影响。有效的抗剪强度理论有助于揭示植物根系的固土作用，评估植物根系对边坡应力场和渗流场等的影响，从而提出较好的水土保持及荒漠化防治的绿色方案。

经典理论模型常用于分析根系土抗剪强度。Danjon等[84]采用AMAPmod软件分析了白橡树根系的三维形态，并采用W&W模型[85,86]计算了根系提供的附加黏聚力。李云鹏等[42]、Adbi等[44]根据根径测量结果计算了根系面积比RAR，并应用W&W模型[85,86]计算了根系土的抗剪强度。夏鑫等[87]基于W&W模型[85,86]，分析了根系数量、根系尺寸和根-土黏结强度对根系土抗剪强度的影响，提出了根系土抗剪强度极限值的计算方法。付江涛等[88]应用经典概率密度分布函数分别拟合了根系土的黏聚力、内摩擦角、含根量、根径和含水率，总结了上述5个指标的最优拟合函数及其参数，发现含水量和含根量易影响根系土的黏聚力，但不易影响内摩擦角，根径对根系土黏聚力的影响较小。

除经典理论模型外，其余理论模型亦用于分析根系土强度，比如根系与土体的摩擦力、根系土弹性模量等。Osman等[89]指出根系与土体的摩擦力可由根系体积或根系数量、根系抗拉强度和根径估算。Fan[90]基于根系形态、根系的抗拉强度和根系在剪切过程中的变形特征，提出根系土抗剪强度增量的计算方法。闫海燕[91]将根系土作为复合材料，应用矩阵分析模型分析了某路段含根土体纵向弹性模量、横向弹性模量、纵横向泊松比和纵横向剪切模量与含根率的关系。

及金楠[92]采用有限单元法（Finite Element Method，FEM）分析了根系形态对土体抗倾覆能力的影响，发现中浅层侧根对土体抗倾覆能力的影响程度约为35%~40%。任柯[93]应用FEM模拟了不同生长龄期黑麦草根系土的直剪过程，并用室内试验结果验证了该模型分析结果。杨璞[94]应用非理想周期性复合材料胞元极限荷载计算方法建立了根土材料代表性胞元模型，并用该模型验证了含根体积比为0.5%和1%的根系土的三轴压缩试验结果。Xu等[95]用FLAC3D软件分析了黑麦草根系土和裸土在直剪试验下的应力应变关系，发现根系土抗剪强度比裸土抗剪强度高35.08%。

1.3.4 植物边坡稳定性分析

杜钦等[96]总结了植物边坡稳定性评价指标,分别为根系土抗剪强度、土壤侵蚀度、边坡安全系数、根系抗拉强度、土壤团聚体稳定性、根量密度、根系面积比、根长密度、根重密度及复合指标。然而,植物边坡稳定性分析还需选择适宜的方法,常用的植物边坡稳定性分析方法通常为极限平衡法(Limit Equilibrium Method,LEM)和FEM。

Wu[97,98]基于LEM和根系土强度理论模型提出了植物边坡稳定性分析方法。Greenwood等[99]根据植物边坡的物理力学性质、水力特性和水的渗流作用,推导了植物边坡的稳定性分析表达式。肖盛燮等[100]推导了含根系岩土边坡抗滑力表达式,发现根系与岩土体的相互作用有助于边坡保持稳定。杨永红[101]分析了东川砾石土地区植物边坡的稳定性,获取了植物对边坡土体的影响,发现植物能够截留降雨、减少土体中的含水量、固结缠绕土体、锚固土体。

坡度、植物形态等均会影响边坡的稳定性。Osano[102]用LEM分析了边坡坡度对稳定性的影响,并用幂函数表示了坡度与稳定性系数的关系。Preti等[103]结合Coppin[104]提出的无限植物边坡的稳定性分析方法、植物根系的分布形态以及根系的力学性质,分析了植物边坡稳定性系数随根系深度变化的规律。Naghdi等[105]采用剖面开槽法分析了桤木根系形态特征,测试了桤木根系的抗拉强度,并采用W&W模型计算了根系土抗剪强度,最后用Slip4Ex程序分析了该植物边坡的稳定性。Chirico等[106]假设植物根系的吸水模型为一维的水动力模型,基于根系物理力学性质,分析了植物边坡的稳定性。

FEM常用于分析植物物理力学性质对边坡稳定性的影响。邓卫东等[107]发现达到一定数量的木本植物根系能够用于加固边坡。植物根系具有较强的力学加固作用[108],小根径根系和植物根系的初始方向对边坡稳定性影响较大[109],植物边坡稳定性随单位土体内根系面积的增加先增大后减小;根系土的稳定性随坡度的增加而降低[110];在拉拔力作用下,最有利于加固边坡的根系偏移角度为15°[111]。Gao等[112]认为根系深度超过50 cm的红黏土植物边坡的稳定性更强。徐华等[113]、梁燊等[114]分析了生长龄期对植物边坡稳定性的影响,发现随着生长龄期的增加,边坡剪切带的塑性区主要由剪切体边缘逐渐向根系周围发展,能够加固边坡的植物根系逐渐增多。

FEM亦可分析坡度、植物根系生长状态等对植物边坡稳定性的影响。坡度对稳定性的影响较小,而坡高正相反;坡顶植物有利于加固0.5 m深度内的边坡土体,坡脚植物有利于加固1.0 m或1.5 m深度内的边坡土体;植物根系有利于保证浅层边坡的稳定,但还需关注根系形状对边坡稳定性的影响[115]。罗智芳等[116]采用边坡安全系数分析植物根系的固土效果,认为深度较大的根系适宜加固坡脚,深度较小的根系适宜加固厚度为 70 cm 的土层。Krisans 等[117]研究了腐烂根系对土体稳定性的影响,指出根系腐烂后,植物的抗弯能力下降,难以承受风荷载等横向荷载,易导致边坡失稳。Zhou 等[118]采用强度折减法分析了植物边坡和裸土边坡的稳定性系数,指出植物边坡的稳定性系数更高。Deljouei 等[119]比较了欧洲鹅耳枥和欧洲山毛榉根系对边坡稳定性的影响,发现欧洲鹅耳枥根系多于欧洲山毛榉,且欧洲鹅耳枥根系更能保证边坡的稳定性。

植物根系固土研究对我国水土保持、生态修复和环境保护至关重要。植物根系固土效果与植物根系物理力学性质相关,亦受生长环境、植物种类、种植密度、生长龄期和生长深度等影响,但多因素影响下植物根系固土机理研究尚不多见。当前,根系土抗剪强度计算模型多以根系土剪切面中根系面积比、剪切面内植物根束抗拉强度为基础,较少考虑其他物理力学性质指标,亦未考虑应用植物种类、种植密度、生长龄期和生长深度等因素来修正根系土抗剪强度的力学模型。

1.4 生态岸坡抗冲性能研究进展

1.4.1 抗降雨冲刷性能研究进展

不同植物对相同降雨作用的响应各不相同。相同植物对不同降雨作用的响应亦存有较大差异。植物种类、种植密度和生长龄期等通常能够决定植物对降雨作用的响应。

1. 相同降雨作用下不同植物根系及根系土的响应

在种植密度、生长龄期完全相同的条件下,若该种植物根径较小,植物根系能够吸收水分,拦截水分的运动,改变水在土中的运动形式,但当降雨量过大时,土体的移动易导致植物根系断裂;若该种类植物根系普遍粗壮,其易在与土体的交界面处形成优先渗流通道,增大土体的渗透系数[120]。

在植物种类、生长龄期完全相同的条件下,高种植密度植物根系易增多土体的优先流、渗流路径,扩大土体浸润面积等。如在任意深度范围内,种植间距为 10 cm 的香根草根系生物数量约是种植间距为 50 cm 时数量的 1.7 倍,种植间距为 10 cm 的香根草根系在降雨作用下的浸润面积和优先流分别是种植间距为 50 cm 时的 1.55 倍和 1.76 倍,且土中渗流路径随香根草种植间距的减小而增大[121]。

在植物种类、种植密度完全相同的条件下,植物根径易随生长龄期的增加而增大,同时部分根径因植物萎蔫而减小;根系生物数量的增加能够提高降雨作用下土体抵抗侵蚀的能力,提高土体的基质吸力,但根系的生长或衰老都易增加土中的孔隙数量、增大孔隙直径,提高土体的导水能力,破坏降雨作用下土体的渗流稳定性[122]。

2. 不同降雨作用下相同植物根系及根系土的响应

降雨作用的差异一般体现在降雨历时和降雨强度的变化。当降雨历时完全相同时,在高强度降雨作用下,大直径的木本植物根系增大了土体浸润面积,增加了土体中的优先流和渗流路径,扩大了边坡的滑动面;当降雨强度完全相同时,随着降雨历时的增加,木本植物根系的吸力减小,土体孔隙水压力增大、裂缝增多,浸润面积、优先流和渗流路径的变化规律与上述情况相似[121]。

3. 室内降雨试验在植物对降雨作用的响应分析中的应用

室内降雨试验有助于建立土体沉淀量与降雨强度、径流系数和坡比之间的关系,观察地表径流的开始时间和植物的作用,获取土体侵蚀率、地表径流量和沉淀堆积量,分析土体滑动面与孔隙水压力之间的关系等[122]。利用室内降雨试验,Kim 等[123]研究了地形对边坡渗流稳定性的影响,发现坡顶处的地下水流易使侧向土体饱和,引发渗流侵蚀和掏蚀,从而破坏边坡。Abrantes 等[124]证实了铺设稻草有利于减少土壤损失。Wei 等[125]揭示了生物炭与土体溅蚀的关系。包含等[126]证明了坡面平整度和初始含水率是降雨作用下影响表层和深层土体含水率的关键因素。陈洪凯等[127]观察了散体滑坡过程,认为在 9.32 mm/h 的降雨作用下,边坡失稳开始时间为降雨后的 1~3 d。李毅等[128]发现植草有利于降低边坡流速。

Likitlersuang 等[129]用离心试验测试了降雨作用下裸土边坡和香根草边坡的变化规律,发现香根草有助于减小降雨入渗率、减缓地下水位变化速率、提高土体抗剪强度,继而用 LEM 和 FEM 分别模拟了该离心试验,分析了该边坡孔隙水压力的变化规律。宋享桦等[130]应用室内暴雨植被护坡实验装置测试了 120 mm/h 降雨下,含草本植物根系边坡的变形过程,发现草本植物根系边坡的整体滑移发生于坑内积水达到边坡高度的 0.42 倍时。沈庆双[131]测试了降雨作用下植物边坡的位移情况,认为植物能够减小雨水的冲击作用,从而减小植物边坡的下沉量。

室内降雨试验有利于研究边坡的变形过程。左自波[132]认为砂性土的破坏模式为多级后退式破坏。陈伟等[133]指出在降雨作用下逐渐减小的土体有效应力及指向坡外的渗透力是引发黄土边坡滑动的主要原因。周杨等[134]认为黄土边坡的滑动开始于坡趾,继而向后逐级发展。朱建东等[135]分析了连续降雨和间断降雨作用下黄土边坡的边坡变形过程;在连续降雨作用下,边坡大变形区主要位于边坡前端;在间断降雨作用下,边坡大变形区主要位于边坡中段至前端。

4. 降雨作用下植物对边坡渗流场和力场变化规律的影响

植物对降雨作用的响应主要体现于边坡渗流场和力场的变化规律中,渗流场和力场相互作用,增加了植物边坡稳定性分析的复杂性。

1) 降雨作用下植物对边坡渗流场的影响

植物对降雨作用下边坡渗流场的影响为:①抑制径流、减少土体损失;②截留雨水、抵抗土体侵蚀;③降低土体孔隙水压力、提高土体入渗率。Zhou 等[136]证实了黑麦草在 1.5 mm/min 降雨作用下的防护效果,指出黑麦草根系能够有效抑制地表径流、降低土体的侵蚀率,但土体入渗率随根系表面积密度的增加而增大。

(1) 植物抑制径流、减少土体损失

在植物抑制径流、减少土体损失方面,李勇等[26]通过机械湿筛法测定了刺槐林地土体的水稳性团粒含量,还计算了林地土体的结构系数和分散系数,发现该林地土体中的水稳性团粒含量高于裸土,但该林地土体与裸土的分散系数和结构系数几乎相等,表明该林地土体抗侵蚀率提高的主要原因为刺槐根系提高了土体的抗冲性能。李勇等[137]还研究了在不同降雨强度下相同生长龄期的油松对土体抗冲性的影响,并以冲刷后根系土质量和裸土质量的差值表示土体抗冲性能的增强效应,发现该质量差值与根径不大于 1 mm 的须根个数呈幂函数关系。Ghidey 等[138]考虑了腐烂根系对土体抗侵蚀能力的影响,指出土体中细沟间的侵蚀参数随腐烂根系生物量和长度的增加而减小。牛皓等[139]分析了植物边坡坡面侵蚀量与植被覆盖率的关系,认为坡面侵蚀量与植被覆盖率呈指数负相关关系。张迪等[140]应用冲刷水槽法测定了狗牙根根系土的抗冲性增强值和根系土的抗冲刷系数,用静水抗崩解装置法测定了狗牙根根系体的抗侵蚀系数和根系土的崩解速率,指出狗牙根根系土的抗冲刷和抗侵蚀能力易随消落带高度发生变化;根系土的生物量与其抗侵蚀和抗冲刷能力呈正相关关系。

(2) 植物截留雨水、抵抗土体侵蚀

在植物截留雨水、抵抗土体侵蚀方面,Gash 等[141]认为降雨过程可分成林冠加湿、林冠饱和及降雨后的干燥阶段,植物的雨水截留量可以根据上述阶段分段计算。Merriam[142]用降水量表示植物截留量。巩合德等[143]认为截留量与降雨量呈线性或幂函数关系。党宏忠等[144]认为降雨量和林分郁闭度更适宜用于分析植物截留量。于璐[145]选用质量表示截留量,其测试了降雨作用下早熟禾、结缕草和高羊茅的截留能力,发现其叶片截留水量与叶片的干质量成正比,且截留水量均大于自身质量。王华[146]分析了降雨作用下植物边坡的侵蚀机理和坡面侵蚀的临界坡度,结果表明雨滴溅蚀随着植被增加而减弱,但面蚀随着雨强增加而增强,植物边坡的临界坡度与区域环境有关,但多数临界坡度值处于特定区间。园林植物亦对降雨有截留作用,植物叶片间空隙越小,植物对雨水截留作用越强且截留量随降雨量增加而增加[147]。

(3) 植物降低土体孔隙水压力、提高土体入渗率

在植物降低土体孔隙水压力、提高土体入渗率方面,李任敏等[148]分析了植物种类对土体总孔隙率、毛管孔隙率和非毛管孔隙率等的影响,指出土体改善深度易随植物种类发生变化。吴淑杰等[149]研究了土水势与植物根系渗透势的关系,发现土水势随土体含水量的增加而增大;当土水势大于植物根系渗透势时,植物根系可吸收水分。Ng C W W 等[150]采用植物边坡降雨试验,分析了根系土的水文性质和水力性质,指出根系土的入渗率、孔隙水压力随降雨历时的增加而减小。Ghestem 等[151]认为向植物边坡坡肩生长的根系能够减缓土中水的流动,有利于降低土体的孔隙水压力。唐正光[152]用原位渗透试验分析了土体渗透系数随时间的变化,指出土体渗透系数随时间的增加而减小。张英虎等[153]应用野外染色示踪和室内分析法,研究了根径与土壤优先流的关系,发现土体优先流主要由根径小于 1 mm 的根系控制。Wu 等[154]提出了非饱和根系土的水力耦合模型,并将其应用于 FEM 中,指出边坡的浸润线易随坡角及降雨强度的增大而降低。

2) 降雨作用下植物对边坡力场的影响

植物对降雨作用下边坡力场的影响归因于降雨作用下植物对土体强度和边坡稳定性的影响,常用分析方法可分为物理试验和数学模型。

(1) 降雨作用下土体强度分析

Montgomery 等[155]总结了在大暴雨后含根土体的黏聚力增量变化,指出含根土体的黏聚力增量随深度的增大先增大后减小。郭璐[156]采用 30 mm/min 降雨冲刷试验测试了坡度为 30°的纯马兰黄土坡和含植物的马兰黄土坡中土体的强度,发现冲刷前后根系土含水率和抗剪强度均高于裸土。Liu 等[157]用现场直剪试验分析了降雨前后根系土抗剪强度的变化规律,认为根系土抗剪强度减小程度易随径流系数和土体侵蚀程度发生变化。李华坦等[158]采用室内直剪试验分析了降雨作用下植物边坡土体抗剪强度的变化规律,指出降雨作用下表层根系土的黏聚力下降,但随着深度的增加,根系土的黏聚力变化趋于稳定。Wang 等[159]分析了降雨作用下裸土边坡中饱和裸土的抗剪强度,以及植物边坡中饱和根系土的抗剪强度,发现相较于饱和裸土,饱和根系土黏聚力约增长了

35%，内摩擦角约增长了12.92%。

(2) 降雨作用下植物边坡的稳定性分析

FEM可用于分析降雨作用下植物根系力学性质对稳定性的影响。根系黏聚力主要影响边坡沉降变形[160]，处于应力集中区的植物根系加固效果较弱[161]。Moni等[162]用Mohr-Coulomb屈服准则和Drucker-Prager屈服准则分别模拟了根系土的弹塑性特征，并将其应用于FEM中，发现两种屈服准则均可用于分析降雨作用下植物边坡的滑动面，且分析结果差异较小。Ng等[163]发现植物根系的吸水作用可由根系土水力作用表示，继而结合FEM分析了降雨作用下植物对边坡土体的加固效果，指出在千年一遇的降雨强度下，植物根系对边坡的水力加固作用将消失。

其他理论模型也可用于分析降雨作用下植物边坡的稳定性。Wang等[159]用无限边坡模型和一维渗流模型分析了根系结构对边坡稳定性的影响，发现R型和H型根系能更好地加固边坡。Li等[164]用GeoStudio软件建立了植物边坡模型，并计算了3种降雨模式下植物边坡的稳定性系数，发觉植物根系在不同降雨模式下均能提高裸土边坡的安全系数。Chen等[165]用COMSOL软件建立了暴雨下木本、灌木和草本植物边坡的数值分析模型，指出木本植物更有利于保证土质边坡的稳定性。Feng等[166]基于LEM提出了不同群根结构的植物边坡稳定性系数分析方法，发现指数型群根结构更适宜在降雨作用下保证边坡的稳定性。Wu等[154]基于Greenwood等[99]提出的植物边坡稳定性系数计算方法，提出了新的稳定性系数计算模型，并与FEM分析结果进行比较，发现新方法的计算结果与FEM分析结果基本相同。

1.4.2 抗水流冲刷性能研究进展

1. 纯植物防护岸坡抗河流冲刷稳定性研究及影响因素

河流冲刷一般发生在河流形成过程中，增加了河流展宽，使得岸坡有效坡度增大、下滑力增加、阻滑力减小，岸坡稳定性降低，坡体崩塌的可能性增加。天然形成的河道，其形状蜿蜒崎岖，平面形态可分为直道和弯道。对于直道模型，坡脚处的剪切应力较大。因此，顺直河道的岸坡冲刷主要发生在岸坡的中下部或坡脚，极大地影响了岸坡稳定性[167]。并且河流冲刷通过渗流影响岸坡稳定性，加速岸坡失稳过程[168]。坡内的渗流作用既能加速土体软化[169]，又影响起动切应力，即渗流力越大，起动切应力越小[170]，岸坡更容易发生失稳。而河流冲刷作用使堤岸的渗透流速有所提高，并使岸坡坡脚沿水流方向的水平位移明显增加[171]，加速了岸坡的破坏。

植被护岸技术提高了土质岸坡抗冲刷能力和固土能力[167]：一是植被根系固土作用提高了河岸土体的附加黏聚力，增大了岸坡抗剪强度；二是植被防护岸坡结构增加糙率和消浪减蚀的作用共同提高了岸坡的抗冲刷能力[172]。目前，对植被防护岸坡的抗冲稳定性研究主要包括水动力特性研究和抗冲特性研究。

1) 水动力特性研究

Nepf 等[173]通过试验提出含植被水流可分为两个区域，即植被上方的垂向水流交换区与植被内部的纵向水流交换区，垂向水流交换区中的垂向交换维系动量平衡；植被顶部流速突变并产生切应力，出现较为明显的紊动。Velasco 等[174]用柔软塑料模拟了天然植被模型，通过试验测得完全淹没条件下水体垂向流速分布，并获得植被垂向偏离高度与水体流速场之间的关系，发现植被顶部区域的水流紊动剪切扩散非常剧烈。

除了植被类型对水动力特征的影响外，不同类型的生态护岸结构水动力特征也可能存在较大差异[175]。当前，大多数对传统生态护岸结构的抗冲特性研究仍然停留在定性分析上，缺乏对水流阻力特性与切应力精细分布特征的深入研究。

2) 抗冲特性研究

(1) 增加糙率：对于河道中水流的侧向冲刷，岸坡植被能够增大河岸的糙率，减弱水流冲刷。陈志康等[172]研究表明植被防护结构对河岸发挥着护挡作用，使近岸主流方向的平均流速由大于横向和垂向流速一个数量级逐渐变为同一数量级，进而增强了岸坡土体的抗冲效应，抑制了河岸崩塌的发生[176,177]。

(2) 消浪减蚀：波浪冲刷可引起河流岸坡失稳崩塌，植被生态护坡结构可显著提高岸坡稳定性。一方面，根茎消减波浪能量、改变水流速度和方向，削弱波浪入射及回流[178]，降低波浪对岸坡带土体的直接作用力[179]，减少泥沙流失。另一方面，根系与岸坡土体形成稳定的根-土复合体，提高了岸坡抗拉抗剪强度，降低了水流切应力对岸坡的扰动和破坏[180]。在生态护岸工程中，建议通过调整植被的种植密度、宽度、高度，综合考虑波浪浪高等要素[181]，以提高岸坡抗冲效应。

长期以来，对于水流冲刷条件下的岸坡稳定研究大多未考虑防护结构作用。余文畴等[182]针对长江河道失稳破坏机理中的河床边界条件以及来水来沙边界条件对河道失稳破坏的影响进行了研究，并开展了物理模型试验，分析了二元结构河道失稳破坏的机理。对于传统护岸稳定性及其水毁过程也已开展了许多研究。

植被防护岸坡与传统护岸相比存在典型的柔性特征，其水毁过程与水流结构、冲刷特性的耦合机制与传统护岸结构存在着差异。然而,当前对于植被防护岸坡的水毁破坏机理和过程研究较少,该部分内容的研究空白亟待填补。

土体的抗剪强度、黏土颗粒含量、固结压力等都会影响土质岸坡的抗冲性[168-171]。纯植被防护岸坡抗河流冲刷机理与固土机理相类似,河岸抗冲特性强弱与根表面积密度、根长密度大小成指数递增关系[172],即根系发达、根系面积比率大的植被固土护岸作用大且范围广[183],抗冲效果显著。目前,对于植被防护岸坡加筋机理和抗冲效应的影响因素等问题研究较少,需要对其进行深入的研究。

2. 生态加筋护坡结构抗冲特性研究

近年来随着生态护岸结构在实际工程中使用需求的增加,在一些工程实践和理论研究中开始关注生态防护条件下的岸坡稳定性。费晓昕等[184]研究了弯道护岸水流特征及岸坡(枯水位以下)水毁破坏,归纳总结了抛石护岸需要维护时的块石防护层特征。徐敏[185]采用概化水槽试验,研究了不同水动力强度以及不同挟沙饱和度对护岸工程损毁的影响。张壮等[186]研究了高速明渠水流条件下高性能加筋草皮侵蚀过程,讨论了流量和生态加筋网结构对侵蚀过程的影响,分析了流速、流量和侵蚀量之间的关系。

1) 土工合成材料抗冲特性比较分析

在长时间降雨和高速河流的冲刷作用下,纯植被护坡存在草皮侧向连续性不足[187]、护坡结构易发生失稳破坏等问题。现阶段较多采用植被与土工合成材料相结合的生态加筋护坡结构来改善以上问题。

常见的土工合成材料有土工格室、土工格栅和三维土工网垫等。通过综合分析表1.3得出结论:相对于土工格室和土工格栅,三维土工网垫与植被结合的生态护坡技术经济成本低、抗冲效果佳。因此,本书重点讨论三维土工网垫加筋护岸结构抗冲效应研究进展。

表1.3 土工合成材料与植被结合的生态护岸技术比较

土工合成材料	使用范围	与植被结合后加筋作用和抗冲效果	经济成本
土工格室[188-190]	在软地基加固、坡度较缓的岸坡防护、挡土墙等方面得以应用	可提高土质岸坡抗冲蚀能力,并随着时间的推移,效果越来越明显。另一方面,格室的格子越小,效果越好	工艺简单、施工快,成本40~60元/m²
土工格栅[191-195]	在大型支挡结构、坡度较缓岸坡、路堤中得以应用	土工格栅对岸坡的加筋效果十分明显,在膨胀土地区应用对于提高抗冲效果具有明显的可靠性	工艺简单、施工快,成本30~50元/m²

续表

土工合成材料	使用范围	与植被结合后加筋作用和抗冲效果	经济成本
三维土工网垫[193-196]	在路堤、岸坡防护等方面大量应用,对坡度无限制要求	有效抗风化及水流冲蚀,显著提高纯植被防护结构的抗剪强度,抗冲流速可达 2 m/s	工艺简单、施工快,成本较低,约 11~30 元/m²

2) 三维土工网垫加筋草皮抗冲效应

对于坡面冲刷,赵云等[194]通过室内模型试验,对比分析了纯草皮和三维土工网垫加筋草皮的冲刷效果,证明三维土工网垫能有效提高草皮的抗冲刷能力,且其防护优势随着流速的增大愈加显著[184]。王艳[197]、王广月等[198,199]利用室内水槽模型试验,研究了不同流量、不同坡度和不同植被覆盖率条件下三维土工网防护坡面的流水动力学特性。肖成志等[196,200]采用不同降雨强度以及室内外岸坡模型正交试验法,发现种植密度对三维土工网垫植草护坡的加筋效果影响最大,土质、坡度次之,网垫类型的影响最小;指出土工网垫与种植草皮相结合的坡脚流速比纯植被防护的情况要低,说明其加筋方式可有效抑制径流对岸坡的冲刷。

对于河流冲刷,三维土工网垫植草护岸结构既发挥了植被根系加筋固土的作用,又通过覆盖防护作用限制了网下大于网眼尺寸土块的起动,有效解决了纯植被侧向连续性不足的问题。相较于天然草皮,三维加筋材料的草皮的糙率也大大提高[201],使得同水力冲刷条件下冲刷能耗降低。

3) 三维土工网垫新型结构的研究

随着高强度材料的使用和制造工艺的发展,现可通过改善三维土工网垫结构或采用新材料提高其加筋效果。一是采用高强度尼龙长丝基质制成的土工织物,制作成具有95%以上开放空间的三维(3D)结构的高性能草皮增强垫(High Performance Turf Reinforcement Mat,HPTRM)。根系和HPTRM之间的互锁可以增强根系对高水流水力侵蚀产生的水力升力和剪切力的抵抗性能,大大提高HPTRM冲刷破坏的临界速度和土体抗冲效应[202]。二是改变结构,如Pan等[203]、胡玉植等[195]提出了一种结合了土工格栅与三维加筋生态网的新型HPTRM结构,试验结果表明,该技术应对波浪溢流产生的高速水流冲刷的能力较以往加筋方式有显著改善。

在水流、波浪和风力等外部环境因素的影响下,岸坡常面临冲刷和侵蚀问题。生态岸坡建设有助于增强岸坡的抗侵蚀性能,提高岸坡的稳定性。当前生态岸坡抗降雨冲刷性能研究多是基于降雨强度不变的条件,缺少生态岸坡在不同雨型降雨作用下变形过程的研究,但降雨特征是实时变化的,且目前的理论模型尚不能准确阐述植物根系水文、水力作用对生态岸坡稳定性的影响。生态护岸结构与传统护岸相比存在典型的柔性特征，现有的研究主要针对传统护岸结构的破坏过程，缺乏河流冲刷作用下纯植被防护岸坡、典型生态加筋岸坡等生态柔性岸坡的抗冲性能与变形失稳过程研究。

参考文献

［1］ 中华人民共和国水利部，中华人民共和国国家统计局.第一次全国水利普查公报［M］.北京：中国水利水电出版社，2013.

［2］ 朱党生，张建永，王晓红，等.关于河湖生态环境复苏的思考和对策［J］.中国水利，2022(7)：32-35.

［3］ 姚璐，朱震东，王璐.水利工程岸坡生态防护新技术的应用与展望［J］.水利技术监督，2020(5)：227-229.

［4］ Ghestem M, Veylon G, Bernard A, et al. Influence of plant root system morphology and architectural traits on soil shear resistance［J］. Plant and Soil, 2014, 377(1-2)：43-61.

［5］ Andreoli A, Chiaradia E A, Cislaghi A, et al. Roots reinforcement by riparian trees in restored rivers［J］. Geomorphology, 2020, 370：107389.

［6］ Su X M, Zhou Z C, Liu J E, et al. Estimating slope stability by the root reinforcement mechanism of Artemisia sacrorum on the Loess Plateau of China［J］. Ecological Modelling, 2021, 444(2)：109473.

［7］ Hu X S, Brierley G, Zhu H L, et al. An exploratory analysis of vegetation strategies to reduce shallow landslide activity on loess hillslopes, Northeast Qinghai-Tibet Plateau, China［J］. Journal of Mountain Science, 2013, 10(4)：668-686.

［8］ Hu X, Li Z C, Li X Y, et al. Influence of shrub encroachment on CT-measured soil macropore characteristics in the Inner Mongolia grassland of northern China［J］. Soil and Tillage Research, 2015, 150：1-9.

［9］ Ettbeb A E, Rahman Z A, Wan M, et al. Root tensile resistance of selected pennisetum species and shear strength of root-permeated soil［J］. Applied and Environmental Soil Science, 2020(6)：1-9.

[10] 余晓华，江玉林，刘一.应用层次分析法研究公路边坡草种适应性［J］.草业科学，2002，19(6)：43-48.

[11] Ye C, Guo Z L, Li Z X, et al. The effect of Bahiagrass roots on soil ero-

sion resistance of Aquults in subtropical China[J]. Geomorphology, 2017, 285(15): 82-93.

[12] 王恒星,杨林.冻融作用下草本植物根系加固土体试验研究[J].冰川冻土, 2018,40(4):792-801.

[13] 贾志清,卢琦,陈永富,等.南水北调中线工程总干渠沿线植物护坡模式与技术[J].林业科学,2004,40(4):94-98.

[14] 韩德梁,王发其,何胜江,等.几种优良草种在高速公路护坡工程中的应用[J].安徽农业科学,2008(13):5432-5435.

[15] 郑煜基,卓慕宁,李定强,等.草灌混播在边坡绿化防护中的应用[J].生态环境,2007,16(1):149-151.

[16] 陈旋,金世海.南水北调中线工程南阳段干渠防护林造林模式实践与探索[J].中国水土保持,2014(12):27-29.

[17] 汪洋,周明耀,赵瑞龙,等.城镇河道生态护坡技术的研究现状与展望[J].中国水土保持科学,2005,3(1):88-92.

[18] Coutts M P. Development of the structural root system of Sitka spruce [J]. Forestry: An International Journal of Forest Research, 1983, 56(1): 1-16.

[19] Quine C P, Burnand A C, Coutts M P, et al. Effects of mounds and stumps on the root architecture of Sitka spruce on a peaty gley restocking site[J]. Forestry: An International Journal of Forest Research, 1991, 64(4): 385-401.

[20] Collet C, Löf M, Pagès L. Root system development of oak seedlings analysed using an architectural model. Effects of competition with grass [J]. Plant and Soil, 2006, 279(1): 367-383.

[21] Heyward F. The root system of longleaf pine on the deep sands of western Florida[J]. Ecology, 1933, 14(2): 136-148.

[22] Henderson R, Ford E D, Renshaw E, et al. Morphology of the structural root system of Sitka spruce 1. Analysis and quantitative description[J]. Forestry: An International Journal of Forest Research, 1983, 56(2): 121-135.

[23] Henderson R, Ford E D, Renshaw E. Morphology of the structural root system of Sitka spruce 2. Computer simulation of rooting patterns[J]. Forestry: An International Journal of Forest Research, 1983, 56(2): 137-153.

[24] 王法宏,郑丕尧,王树安,等.大豆不同抗旱性品种根系性状的比较研究Ⅰ、

形态特征及解剖组织结构[J].中国油料,1989(1):34-39.

[25] Fan C C, Lu J Z, Chen H H. The pullout resistance of plant roots in the field at different soil water conditions and root geometries[J]. Catena, 2021, 207: 105593.

[26] 李勇,武淑霞,夏侯国风.紫色土区刺槐林根系对土壤结构的稳定作用[J].土壤侵蚀与水土保持学报,1998(2):2-8.

[27] 张吴平,郭焱,李保国.小麦苗期根系三维生长动态模型的建立与应用[J].中国农业科学,2006,39(11):2261-2269.

[28] 周本智,傅懋毅.粗放经营毛竹林鞭系和根系结构研究[J].林业科学研究,2008(2):217-221.

[29] 吴道铭,张书源,董晓全,等.根箱法原位分析黄梁木幼苗移栽后的根系生长[J].中南林业科技大学学报,2020,40(7):9-17.

[30] 王贞升,李彦雪,于成龙,等.不同模拟降水量下草地早熟禾根系形态与解剖结构的动态变化[J].草业学报,2020,29(10):70-80.

[31] 刘凯,李文彬,赵玥,等.基于微根管图像的根系形态特征快速提取技术[J].中国水土保持科学,2021,19(4):129-136.

[32] Freschet G T, Roumet C, Comas L H, et al. Root traits as drivers of plant and ecosystem functioning: Current understanding, pitfalls and future research needs[J]. New Phytologist, 2021, 232(3): 1123-1158.

[33] Gonin M, Salas-González I, Gopaulchan D, et al. Plant microbiota controls an alternative root branching regulatory mechanism in plants[J]. Proceedings of the National Academy of Sciences, 2023, 120(15): e2301054120.

[34] Yen C P. Tree root patterns and erosion control[C]// Proceedings of the International Workshop on Soil Erosion and its Countermeasures. Bangkok: Soil and Water Conservation Society of Thailand, 1987: 92-111.

[35] Li Y P, Wang Y Q, Ma C, et al. Influence of the spatial layout of plant roots on slope stability[J]. Ecological Engineering, 2016, 91: 477-486.

[36] Ma J, Li Z, Sun B, et al. Mechanism and modeling of different plant root effects on soil detachment rate[J]. Catena, 2022, 212: 106109.

[37] Danjon F, Sinoquet H, Godin C, et al. Characterisation of structural tree root architecture using 3D digitising and AMAPmod software[J]. Plant and Soil, 1999, 211(2): 241-258.

[38] Danjon F, Fourcaud T, Bert D. Root architecture and wind-firmness of

mature Pinus pinaster[J]. New Phytologist, 2005, 168(2): 387-400.

[39] 芦美,王婷,范茂攀,等.间作对马铃薯根系及坡耕地红壤结构稳定性的影响[J].水土保持研究,2023,30(2):67-73.

[40] 李金波,伍红燕,赵斌,等.模拟边坡条件下常见护坡植物苗期根系构型特征[J].生态学报,2023,43(24):10131-10141.

[41] 吴永兵,袁华恩,张瑛,等.不同垄高下雪茄烟根组织结构及根系与地上部生长动态变化[J].作物杂志,2024(3):148-155.

[42] 李云鹏,陈建业,陈学平,等.五种护坡草本植物根系固土效果研究[J].中国水土保持,2021(1):41-45+5.

[43] Marin M, Feeney D S, Brown L K, et al. Significance of root hairs for plant performance under contrasting field conditions and water deficit[J]. Annals of Botany, 2021, 128(1): 1-16.

[44] Abdi E, Deljouei A. Seasonal and spatial variability of root reinforcement in three pioneer species of the Hyrcanian forest[J]. Austrian Journal of Forest Science, 2019, 136(3): 175-198.

[45] 张兴玲,胡夏嵩,李国荣,等.寒旱环境草本植物根系护坡的时间尺度效应[J].水文地质工程地质,2009,36(4):117-120.

[46] Arnone E, Caracciolo D, Noto L V, et al. Modeling the hydrological and mechanical effect of roots on shallow landslides[J]. Water Resources Research, 2016, 52(11): 8590-8612.

[47] Tosi M. Root tensile strength relationships and their slope stability implications of three shrub species in the Northern Apennines (Italy)[J]. Geomorphology, 2007, 87(4): 268-283.

[48] Abdi E. Root tensile force and resistance of several tree and shrub species of Hyrcanian forest, Iran[J]. Croatian Journal of Forest Engineering, 2018, 39(2): 255-270.

[49] 李会科,王忠林,贺秀贤.地埂花椒林根系分布及力学强度测定[J].水土保持研究,2000(1):38-41.

[50] 毛伶俐,章光,焦文宇,等.马尼拉草根系力学特性初步分析[J].科协论坛(下半月),2007(7):36-37.

[51] 邓珊珊,夏军强,宗全利,等.下荆江典型河段芦苇根系特性及其对二元结构河岸稳定的影响[J].泥沙研究,2020,45(5):13-19.

[52] 楼璐,何云核.宁波主要园林树种木材物理力学性质及抗风能力评价[J].

安徽农业科学,2021,49(12):116-120.

[53] 崔天民,格日乐,毅勃勒,等.沙棘根系固土力学特性对其平茬复壮的响应[J].华中农业大学学报,2024,43(1):108-114.

[54] 包含,敖新林,高月升,等.黄土边坡典型护坡植被的根系加固力学效应演化分析[J].中国公路学报,2024,37(6):98-110.

[55] 杨果林,李亚龙,林宇亮,等.夹竹桃根系拉拔力学试验及计算模型研究[J].中南大学学报(自然科学版),2023,54(6):2085-2099.

[56] Mao Z, Roumet C, Rossi L M W, et al. Intra- and inter-specific variation in root mechanical traits for twelve herbaceous plants and their link with the root economics space[J]. Oikos, 2023, 2023(1): e09032.

[57] 付江涛,赵吉美,刘昌义,等.坡位对优势植物分布与根系力学特性影响[J].草地学报,2023,31(7):2020-2030.

[58] 赵吉美,胡夏嵩,付江涛,等.黄河上游巨型滑坡区植被分布及其根系力学强度特征[J].草业学报,2024,33(1):33-49.

[59] 蒋坤云,陈丽华,盖小刚,等.华北护坡阔叶树种根系抗拉性能与其微观结构的关系[J].农业工程学报,2013,29(3):115-123.

[60] 朱海丽,胡夏嵩,毛小青,等.护坡植物根系力学特性与其解剖结构关系[J].农业工程学报,2009,25(5):40-46.

[61] 田佳,曹兵,及金楠,等.防风固沙灌木花棒沙柳根系生物力学特性[J].农业工程学报,2014,30(23):192-198.

[62] 张培豪,卢海静,胡夏嵩,等.青藏公路五道梁-沱沱河段高寒草甸根系力学效应研究[J].草地学报,2023,31(9):2805-2813.

[63] Su L, Hu B, Xie Q, et al. Experimental and theoretical study of mechanical properties of root-soil interface for slope protection[J]. Journal of Mountain Science, 2020, 17(11): 2784-2795.

[64] Capilleri P P, Cuomo M, Motta E, et al. Experimental investigation of root tensile strength for slope stabilization[J]. Indian Geotechnical Journal, 2019, 49(6): 687-697.

[65] Bull D, Smethurst J, Sinclair I, et al. Mechanisms of root-reinforcement in soils: an experimental methodology using 4D X-ray computed tomography and digital volume correlation[J]. Proceedings of The Royal Society, 2020, 476(2237): 20190838.

[66] 张俊云,周德培,李绍才.高速公路岩石边坡绿化方法探讨[J].岩石力学与

工程学报,2002,2002(9):1400-1403.
[67] 姜志强,孙树林.堤防工程生态固坡浅析[J].岩石力学与工程学报,2004(12):2133-2136.
[68] Andreoli A, Bischetti G B, Chiaradia E, et al. The roots of river restoration: Role of vegetation recover in bed stabilization[C]// Proceedings of the 37th IAHR World Congress, Kuala Lumpur, Malaysia, August 13-18, 2017: 243-252.
[69] 王可钧,李焯芬.植物固坡的力学简析[J].岩石力学与工程学报,1998(6):687-691.
[70] Goodman A M, Crook M J, Ennos A R. Anchorage mechanics of the tap root system of winter-sown oilseed rape (*Brassica napus* L.)[J]. Annals of Botany, 2001, 87(3): 397-404.
[71] 朱力,吴展,袁郑棋.生态植被护坡作用机理研究[J].土工基础,2009,23(1):46-49.
[72] 王元战,刘旭菲,张智凯,等.含根量对原状与重塑草根加筋土强度影响的试验研究[J].岩土工程学报,2015,37(8):1405-1410.
[73] 郑力.植物根系的加筋与锚固作用对边坡稳定性的影响[D].重庆:西南大学,2018.
[74] 周锡九,赵晓峰.坡面植草防护的浅层加固作用[J].北方交通大学学报,1995(2):143-146.
[75] 宋维峰,陈丽华,刘秀萍.林木根系的加筋作用试验研究[J].水土保持研究,2008(2):99-102+106.
[76] 陈昌富,刘怀星,李亚平.草根加筋土的室内三轴试验研究[J].岩土力学,2007(10):2041-2045.
[77] 王晓春,王远明,张桂荣,等.粉砂土岸坡三维加筋生态护坡结构力学效应研究[J].岩土工程学报,2018,40(S2):91-95.
[78] 胡夏嵩,李国荣,朱海丽,等.寒旱环境灌木植物根-土相互作用及其护坡力学效应[J].岩石力学与工程学报,2009,28(3):613-620.
[79] 张锋,凌贤长,吴李泉,等.植被须根护坡力学效应的三轴试验研究[J].岩石力学与工程学报,2010,29(S2):3979-3985.
[80] Niu J T, Liu Z Y, Jin C, et al. Physical and numerical simulation of materials processing[M]. Switzerland: Trans Tech Publications Inc, 2008.
[81] Yan Z, Song Y, Jiang P, et al. Preliminary study on interaction between

plant frictional root and rock-soil mass[J]. Science China Technological Sciences, 2010, 53(7): 1938-1942.

[82] 付江涛,李光莹,虎啸天,等. 植物固土护坡效应的研究现状及发展趋势[J]. 工程地质学报,2014,22(6):1135-1146.

[83] 曾红艳,吴美苏,周成,等. 根系与植筋带固土护坡的力学机理试验研究[J]. 岩土工程学报,2020,42(S2):151-156.

[84] Danjon F, Barker D H, Drexhage M, et al. Using three-dimensional plant root architecture in models of shallow-slope stability[J]. Annals of Botany, 2008, 101(8): 1281-1293.

[85] Wu T H. Investigations of landslides on Prince of Wales Island: geotechnical engineering report[J]. Civil Engineering Department Ohio State University, Columbus, Ohio, USA, 1976.

[86] Waldron L J. The shear resistance of root-permeated homogeneous and stratified soil[J]. Soil Science Society of America Journal, 1977, 41(5): 843-849.

[87] 夏鑫,姜元俊,苏立君,等. 基于界面黏结的含根土抗剪强度极限值估算模型[J]. 岩土力学,2021,42(8):2173-2184.

[88] 付江涛,余冬梅,李晓康,等. 柴达木盆地盐湖区盐生植物根-土复合体物理力学性质指标概率统计分析[J]. 岩石力学与工程学报,2020,39(8):1696-1709.

[89] Osman N, Abdullah M N, Abdullah C H. Pull-out and tensile strength properties of two selected tropical trees[J]. Sains Malaysiana, 2011, 40(6): 577-585.

[90] Fan C C. A displacement-based model for estimating the shear resistance of root-permeated soils[J]. Plant and Soil, 2012, 355(1): 103-119.

[91] 闫海燕. 香根草根土复合体力学性能研究[D]. 重庆:重庆交通大学,2013.

[92] 及金楠. 基于根土相互作用机理的根锚固作用研究[D]. 北京:北京林业大学,2007.

[93] 任柯. 草本根系固土的力学机制及对土质边坡浅表层稳定性影响的研究[D]. 成都:西南交通大学,2018.

[94] 杨璞. 根土复合体极限载荷的数值计算方法和实验研究[D]. 北京:清华大学,2008.

[95] Xu H, Wang X Y, Liu C N, et al. A 3D root system morphological and

mechanical model based on L-Systems and its application to estimate the shear strength of root-soil composites[J]. Soil and Tillage Research, 2012, 212: 105074.

[96] 杜钦,杨淑慧,任文玲,等.植物根系固岸抗蚀作用研究进展[J].生态学杂志,2010,29(5):1014-1020.

[97] Wu T H, McKinnell lll W P, Swanston D N. Strength of tree roots and landslides on Prince of Wales Island, Alaska[J]. Canadian Geotechnical Journal, 1979, 16(1): 19-33.

[98] Wu T H. Root reinforcement of soil: review of analytical models, test results, and applications to design[J]. Canadian Geotechnical Journal, 2013, 50(3): 259-274.

[99] Greenwood J R, Norris J E, Wint J. Assessing the contribution of vegetation to slope stability[J]. Proceedings of the Institution of Civil Engineers-Geotechnical Engineering, 2004, 157(4): 199-207.

[100] 肖盛燮,周辉,凌天清.边坡防护工程中植物根系的加固机制与能力分析[J].岩石力学与工程学报,2006(S1):2670-2674.

[101] 杨永红.东川砾石土地区植被固土护坡机理研究[D].成都:西南交通大学,2006.

[102] Osano S N. The effects of vegetation roots on stability of slopes[D]. Nairobi: University of Nairobi, 2012.

[103] Preti F, Dani A, Laio F. Root profile assessment by means of hydrological, pedological and above-ground vegetation information for bio-engineering purposes[J]. Ecological Engineering, 2010, 36(3): 305-316.

[104] Coppin N J. Use of vegetation in civil engineering[M]. Butterworths: Ciria, 1990.

[105] Naghdi R, Maleki S, Abdi E, et al. Assessing the effect of Alnus roots on hillslope stability in order to use in soil bioengineering[J]. Journal of Forest Science, 2013, 59(11): 417-423.

[106] Chirico G B, Borga M, Tarolli P, et al. Role of vegetation on slope stability under transient unsaturated conditions[J]. Procedia Environmental Sciences, 2013, 19: 932-941.

[107] 邓卫东,周群华,严秋荣.植物根系固坡作用的试验与计算[J].中国公路学报,2007(5):7-12.

[108] Peng L, Shengzu K, Wenwei Z, et al. Numerical simulation on single perpendicular root reinforcement mechanism in slope stability[C]// 2011 International Conference on Electric Technology and Civil Engineering (ICETCE), IEEE, 2011: 508-511.

[109] Stokes A, Atger C, Bengough A G, et al. Desirable plant root traits for protecting natural and engineered slopes against landslides[J]. Plant and Soil, 2009, 324: 1-30.

[110] Tiwari R C, Bhandary N P, Yatabe R, et al. New numerical scheme in the finite-element method for evaluating the root-reinforcement effect on soil slope stability[J]. Geotechnique, 2013, 63(2): 129-139.

[111] Khalilnejad A, Ali F H, Hashim R, et al. Finite-element simulation for contribution of matric suction and friction angle to stress distribution during pulling-out process[J]. International Journal of Geomechanics, 2013, 13(5): 527-532.

[112] Gao Q F, Zeng L, Shi Z N. Effects of desiccation cracks and vegetation on the shallow stability of a red clay cut slope under rainfall infiltration [J]. Computers and Geotechnics, 2021, 140: 104436.

[113] 徐华, 袁海莉, 王歆宇, 等. 根系形态和层次结构对根土复合体力学特性影响研究[J]. 岩土工程学报, 2022, 44(5): 926-935.

[114] 梁燊, 刘亚斌, 石川, 等. 黄土区不同龄期灌木柠条锦鸡儿根系的分布特征及其固土护坡效果[J]. 农业工程学报, 2023, 39(15): 114-124.

[115] 赵志明, 吴光, 王喜华. 工程边坡绿色防护机制研究[J]. 岩石力学与工程学报, 2006(2): 299-305.

[116] 罗智芳, 周佳, 蒋康, 等. 红壤地区工程创面植被根系加固作用的数值模拟分析[J]. 湖南交通科技, 2023, 49(3): 7-11.

[117] Krisans O, Matisons R, Rust S, et al. Presence of root rot reduces stability of Norway spruce (Picea abies): Results of static pulling tests in Latvia[J]. Forests, 2020, 11(4): 416.

[118] Zhou X, Fu D, Wan J, et al. The shear strength of root-soil composites in different growth periods and their effects on slope stability[J]. Applied Sciences, 2023, 13(19): 11116.

[119] Deljouei A, Cislaghi A, Abdi E, et al. Implications of hornbeam and beech root systems on slope stability: From field and laboratory meas-

urements to modelling methods[J]. Plant and Soil, 2023, 483(1-2): 547-572.

[120] 马东华. 降雨作用下灌木植被护坡的水文效应模型试验研究[D]. 成都:西南交通大学,2020.

[121] 于师,李珍玉,王梦珂,等. 不同种植间距对香根草植物边坡优先流发育特征的影响[J]. 水土保持通报,2022,42(3):49-56.

[122] 候帅. 草本植物根系复合土物理力学性能及浅层黄土边坡渗流稳定性研究[D]. 西安:长安大学,2020.

[123] Kim M S, Onda Y, Uchida T, et al. Effect of seepage on shallow landslides in consideration of changes in topography: case study including an experimental sandy slope with artificial rainfall[J]. Catena, 2018, 161: 50-62.

[124] Abrantes J R C B, Prats S A, Keizer J J, et al. Effectiveness of the application of rice straw mulching strips in reducing runoff and soil loss: Laboratory soil flume experiments under simulated rainfall[J]. Soil and Tillage Research, 2018, 180: 238-249.

[125] Wei L, Li F, Cai D, et al. Investigating the effect of biochar application on raindrop-driven soil erosion under laboratory rainfall experiments[J]. Geoderma, 2023, 430: 116291.

[126] 包含,侯立柱,刘江涛,等. 室内模拟降雨条件下土壤水分入渗及再分布试验[J]. 农业工程学报,2011,27(7):70-75.

[127] 陈洪凯,唐红梅. 散体滑坡室内启动模型试验[J]. 山地学报,2002(1):112-115.

[128] 李毅,邵明安. 草地覆盖坡面流水动力参数的室内降雨试验[J]. 农业工程学报,2008,133(10):1-5.

[129] Likitlersuang S, Takahashi A, Eab K H. Modeling of root-reinforced soil slope under rainfall condition[J]. Engineering Journal, 2017, 21(3): 123-132.

[130] 宋享桦,谭勇,张生杰. 暴雨气候下砂土边坡植被护坡模型试验研究[J]. 哈尔滨工业大学学报,2021,53(5):123-133.

[131] 沈庆双. 草本植物加固边坡的试验探究[D]. 北京:中国地质大学(北京),2018.

[132] 左自波. 降雨诱发堆积体滑坡室内模型试验研究[D]. 上海:上海交通大

学,2013.

[133] 陈伟,骆亚生,武彩萍.人工降雨作用下黄土岸坡的室内模型试验研究[J].中国农村水利水电,2013,367(5):100-104.

[134] 周杨,刘果果,白兰英,等.降雨诱发黄土边坡失稳室内试验研究[J].武汉大学学报(工学版),2016,49(6):838-843.

[135] 朱建东,吴礼舟,李绍红,等.2种雨型的黄土坡面侵蚀室内试验[J].水土保持学报,2019,33(6):92-98.

[136] Zhou Z C, Shangguan Z P. The effects of ryegrass roots and shoots on loess erosion under simulated rainfall[J]. Catena, 2007, 70(3): 350-355.

[137] 李勇,吴钦孝,朱显谟,等.黄土高原植物根系提高土壤抗冲性能的研究——Ⅰ.油松人工林根系对土壤抗冲性的增强效应[J].水土保持学报,1990(1):1-5+10.

[138] Ghidey F, Alberts E E. Plant root effects on soil erodibility, splash detachment, soil strength, and aggregate stability[J]. Transactions of the ASAE, 1997, 40(1): 129-135.

[139] 牛皓,高建恩,杨世伟,等.地肤根系的力学性质及对道路侵蚀的影响[J].人民长江,2009,40(11):65-67.

[140] 张迪,戴方喜.狗牙根群落土壤—根系系统的结构及其抗冲刷与抗侵蚀性能的空间变化[J].水土保持通报,2015,35(1):34-36.

[141] Gash J H C, Lloyd C R, Lachaud G. Estimating sparse forest rainfall interception with an analytical model[J]. Journal of Hydrology, 1995, 170(1-4): 79-86.

[142] Merriam R A. A note on the interception loss equation[J]. Journal of Geophysical Research, 1960, 65(11): 3850-3851.

[143] 巩合德,王开运,杨万勤,等.川西亚高山原始云杉林内降雨分配研究[J].林业科学,2005,41(1):198-201.

[144] 党宏忠,周泽福,赵雨森.青海云杉林冠截留特征研究[J].水土保持学报,2005,19(4):60-64.

[145] 于璐.草坪草降雨截留的生态水文效应研究[D].北京:北京林业大学,2013.

[146] 王华.植被护坡根系固土及坡面侵蚀机理研究[D].成都:西南交通大学,2010.

[147] 孙向阳,王根绪,李伟,等.贡嘎山亚高山演替林林冠截留特征与模拟[J].水科学进展,2011,22(1):23-29.

[148] 李任敏,常建国,吕皎,等.太行山主要植被类型根系分布及对土壤结构的影响[J].山西林业科技,1998(1):18-20+24.

[149] 吴淑杰,韩喜林,李淑珍.土壤结构、水分与植物根系对土壤能量状态的影响[J].东北林业大学学报,2003(3):24-26.

[150] Ng C W W, Zhan L T. Comparative study of rainfall infiltration into a bare and a grassed unsaturated expansive soil slope[J]. Soils and Foundations, 2007, 42(2): 207-217.

[151] Ghestem M, Sidle R C, Stokes A. The influence of plant root systems on subsurface flow: implications for slope stability[J]. Bioscience, 2011, 61(11): 869-879.

[152] 唐正光.降雨入渗影响因素与滑坡的研究[D].昆明:昆明理工大学,2013.

[153] 张英虎,牛健植,朱蔚利,等.森林生态系统林木根系对优先流的影响[J].生态学报,2015,35(6):1788-1797.

[154] Wu L, Cheng P, Zhou J, et al. Analytical solution of rainfall infiltration for vegetated slope in unsaturated soils considering hydro-mechanical effects[J]. Catena, 2022, 217: 106472.

[155] Montgomery D R, Schmidt K M, Dietrich W E, et al. Instrumental record of debris flow initiation during natural rainfall: Implications for modeling slope stability[J]. Journal of Geophysical Research: Earth Surface, 2009, 114, F01031.

[156] 郭璐.延安地区蒿属植物护坡力学效应研究[D].西安:长安大学,2016.

[157] Liu Y J, Wang T W, Cai C F, et al. Effects of vegetation on runoff generation, sediment yield and soil shear strength on road-side slopes under a simulation rainfall test in the Three Gorges Reservoir Area, China[J]. Science of the Total Environment, 2014, 485: 93-102.

[158] 李华坦,李国荣,赵玉娇,等.模拟自然降雨条件下植物根系增强边坡土体抗剪强度特征[J].农业工程学报,2016,32(4):142-149.

[159] Wang X, Ma C, Wang Y, et al. Effect of root architecture on rainfall threshold for slope stability: variabilities in saturated hydraulic conductivity and strength of root-soil composite[J]. Landslides, 2020, 17: 1965-1977.

[160] Liang T, Knappett J A, Leung A K, et al. Modelling the seismic performance of root-reinforced slopes using the finite-element method[J]. Geotechnique, 2020, 70(5): 375-391.

[161] 肖本林,罗寿龙,陈军,等. 根系生态护坡的有限元分析[J]. 岩土力学, 2011,32(6):1881-1885.

[162] Moni M, Sazzad M. Stability analysis of slopes with surcharge by LEM and FEM[J]. International Journal of Adcanced Structure and Geotechnical Engineering, 2015, 4(4): 216-225.

[163] Ng C W W, Zhang Q, Ni J, et al. A new three-dimensional theoretical model for analysing the stability of vegetated slopes with different root architectures and planting patterns[J]. Computers and Geotechnics, 2021, 130: 103912.

[164] Li Y, Satyanaga A, Rahardjo H. Characteristics of unsaturated soil slope covered with capillary barrier system and deep-rooted grass under different rainfall patterns[J]. International Soil and Water Conservation Research, 2021, 9(3): 405-418.

[165] Chen B, Shui W, Liu Y, et al. Analysis of slope stability with different vegetation types under the influence of rainfall[J]. Forests, 2023, 14(9): 1865.

[166] Feng S, Liu H W, Ng C W W. Analytical analysis of the mechanical and hydrological effects of vegetation on shallow slope stability[J]. Computers and Geotechnics, 2020, 118: 103335.

[167] Fox G A, Wilson G V, Simon A, et al. Measuring streambank erosion due to ground water seepage: correlation to bank pore water pressure, precipitation and stream stage[J]. Earth Surface Processes and Landforms, 2007, 32(10): 1558-1573.

[168] 谢立全,于玉贞,单宏伟. 水流对渗流的影响实验研究[J]. 水科学进展, 2008(4):525-530.

[169] 沈婷,李国英,张幸农. 水流冲刷过程中河岸崩塌问题研究[J]. 岩土力学, 2005(S1):260-263.

[170] 李林林,张根广,刘佳琪. 河流岸坡渗流稳定性及泥沙起动流速的研究[J]. 泥沙研究,2018,43(1):15-19+43.

[171] 张芳枝,陈晓平. 河流冲刷对堤岸渗流和变形的影响研究[J]. 岩土力学,

2011,32(2):441-447.

[172] 陈志康,宗全利,蔡杭兵.典型荒漠植被根系对塔里木河岸坡冲刷过程影响试验研究[J].长江科学院院报,2022,39(1):56-62+69.

[173] Nepf H M, Vivoni E R. Flow structure in depth-limited, vegetated flow[J]. Journal of Geophysical Research Oceans, 2000, 105(C12): 28547-28557.

[174] Velasco D, Bateman A, Redondo J M, et al. An open channel flow experimental and theoretical study of resistance and turbulent characterization over flexible vegetated linings[J]. Flow, Turbulence and Combustion, 2003, 70: 69-88.

[175] 韩纪坤,赵进勇,孟闻远,等.一种新型竹材生态护岸型式及其稳定性模拟分析[J].水利水电技术,2021,52(1):176-184.

[176] Davis R J, Gregory K J. A new distinct mechanism of river bank erosion in a forested catchment[J]. Journal of Hydrology, 1994, 157(1): 1-11.

[177] Parker G, Shimizu Y, Wilkerson G V, et al. A new framework for modeling the migration of meandering rivers[J]. Earth Surface Processes and Landforms, 2011, 36(1): 70-86.

[178] 崔敏,刘川顺,陈曦濛,等.东港湖岸种植香根草抵抗波浪侵蚀的效应研究[J].武汉大学学报(工学版),2017,50(4):531-535.

[179] 吴迪,冯卫兵,石麒琳.柔性植物消浪及沿程阻流特性试验研究[J].人民黄河,2014,36(12):79-81+84.

[180] Coops H, Geilen N, Verheij H J, et al. Interactions between waves, bank erosion and emergent vegetation: an experimental study in a wave tank[J]. Aquatic Botany, 1996, 53(3): 187-198.

[181] 冯卫兵,汪涛,邓伟.柔性植物消波特性试验研究[J].科学技术与工程,2012,12(26):6687-6690.

[182] 余文畴,岳红艳.长江中下游崩岸机理中的水流泥沙运动条件[J].人民长江,2008,388(3):64-66+95.

[183] 拾兵,陈举,张芝永.植物根系对河道滩坡抗冲性影响的试验[J].水利水电科技进展,2012,32(2):50-53.

[184] 费晓昕,张幸农,应强,等.弯道抛石护岸水流特征及水毁试验研究[J].水运工程,2017,537(12):153-158+178.

[185] 徐敏.水沙条件对护岸工程损毁影响的试验研究[J].水运工程,2021,578

(1):123-128+135.

[186] 张壮,潘毅,陈永平,等.高速明渠流条件下高性能加筋草皮抗侵蚀特性研究[J].水利水运工程学报,2018,172(6):77-83.

[187] 钟春欣,张玮,王树仁.三维植被网加筋草皮坡面土壤侵蚀试验研究[J].河海大学学报(自然科学版),2007,35(3):258-261.

[188] 韩宇琨,卢正,姚海林,等.土工格室加固边坡抗冲刷性研究[J].岩石力学与工程学报,2021,40(S2):3425-3433.

[189] 晏长根,杨晓华,谢永利,等.土工格室对黄土路堤边坡抗冲刷的试验研究[J].岩土力学,2005,26(8):1342-1344+1348.

[190] 刘本同,钱华,何志华,等.我国岩石边坡植被修复技术现状和展望[J].浙江林业科技,2004(3):48-55.

[191] 季大雪,杨庆,栾茂田.加筋均质边坡稳定影响因素的敏感性研究[J].岩土力学,2004(7):1089-1092+1098.

[192] 王志兵,房文娟,杨振琨.土工格栅在漳河灌区膨胀土渠道滑坡中的应用[J].水利规划与设计,2018(7):174-176.

[193] 成子满,潘凤文.三维固土网垫结合植被护坡的施工[J].公路,2002(9):144-146.

[194] 赵云,岑国平,李会恩,等.不同边坡防护形式防冲刷试验研究[J].科学技术与工程,2013,13(20):6015-6019.

[195] 胡玉植,潘毅,陈永平.海堤背水坡加筋草皮抗冲蚀能力试验研究[J].水利水运工程学报,2006(1):51-57.

[196] 肖成志,孙建诚,李雨润,等.三维土工网垫植草护坡防坡面径流冲刷的机制分析[J].岩土力学,2011,32(2):453-458.

[197] 王艳.三维土工网防护坡面流水动力学特性试验研究[D].济南:山东大学,2017.

[198] 王广月,王艳,徐妮.三维土工网防护边坡侵蚀特性的试验研究[J].水土保持研究,2017,24(1):79-83.

[199] 王广月,杜广生,王云,等.三维土工网护坡坡面流水动力学特性试验研究[J].水动力学研究与进展A辑,2015,30(4):406-411.

[200] 肖成志,孙建诚,刘晓朋.三维土工网垫植草护坡效果的影响因素试验研究[J].北京工业大学学报,2011,37(12):1793-1799.

[201] 张玮,钟春欣,应翰海.草皮护坡水力糙率实验研究[J].水科学进展,2007,18(4):483-489.

[202] Li L, Pan Y, Amini F, et al. Erosion resistance of HPTRM strengthened levee from combined wave and surge overtopping[J]. Geotechnical and Geological Engineering, 2014, 32(4): 847-857.

[203] Pan Y, Li L, Amini F, et al. Full-scale HPTRM-strengthened levee testing under combined wave and surge overtopping conditions: Overtopping hydraulics, shear stress, and erosion analysis[J]. Journal of Coastal Research, 2013, 29(1): 182-200.

第 2 章

典型护坡植物根系物理力学性质

植物防护效果以及生态岸坡的稳定性与护坡植物的物理力学性质密切相关，护坡植物的物理力学性质又易受所在环境、植物种类及生长龄期等的影响。因此，本书以长江河道岸坡上典型草本植物根系作为研究对象，分别开展草本植物室内种植试验和现场种植试验，培育典型护坡植物，获取植物根系物理性质，分析植物种类、种植密度、生长龄期、播种方式和深度对植物根系物理性质的影响；开展植物根系拉伸试验，获取植物根系抗拉强度；结合植物根系物理力学性质指标，构建植物根系物理力学性质关系式。

2.1 护坡植物的选取及配置

用于长江河道岸坡防护的植物一般具有耐寒旱性、抗雨水侵蚀性和较好的环境适应性，且多采用草本植物以形成草坪。按植物学分类，可将草坪草分为禾本科及禾本科以外的草坪草；按照气候和适应性可分为暖季（地）型、冷季（地）型草坪。

暖季型草种最适合生长的温度为 25~35℃，在 -5~42℃ 范围内能安全存活，这类草在夏季或温暖地区生长旺盛，主要分布于长江以南以及以北部分地区，例如河南、重庆、四川等地。作为暖季型草坪草种中抗寒性较好的草种，狗牙根和结缕草的某些种类可以在较寒冷地区存活。细叶结缕草、钝叶草、假俭草的抗寒性差，对生存温度有较高的要求，多见于我国的南部地区。结缕草、地毯草、非洲狗尾草、马蔺及弯叶画眉草等喜湿润、肥沃的砂壤土，百喜草、牛鞭草、八宝景天、白羊草等对土壤要求不严，在素砂土、砂坡土中均能正常生长。由于暖季型草种一般都长势旺盛且竞争力强，形成种群之后，其他草种很难在其中生存，故多以单播为主。

冷季型草种长势最好的温度范围为16～25℃,其耐寒性强,但不耐高温,所以在春、秋两季长势可喜,但夏季时生长缓慢乃至休眠,适宜种植于我国黄河以北及南方的高海拔地区。作为冷季型护坡草种的多年生黑麦草、草地早熟禾、细羊茅和高羊茅,都是适宜用于我国北方地区的护坡草种。高羊茅最适宜生长在南北两地的过渡带;草地早熟禾和剪股颖耐寒性较好,在较低的温度下也能生长;高羊茅和多年生黑麦草能较好地适应非极端的低温。多年生黑麦草适宜在肥沃、湿润、排水良好的壤土或黏土上生长,不适于在砂土种植;紫羊茅、剪股颖、草木樨、白三叶等均可在砂质土中正常生长。

上述草本植物多是治理水土流失的理想草本植物,能够提高边坡土体的抗剪强度,阻滞坡面径流,减小地表径流,削弱表层土体的移动[1-3]。因此,为深入了解典型草本护坡植物——白三叶、紫花苜蓿、百喜草、高羊茅、四季青的基本物理力学性质及其加固和防护效果,开展种植试验。

2.2 植物室内种植试验

室内种植试验有利于控制温度、光照等生长环境,提高试验的可重复性和可靠性,节省空间和资源。结合典型草本护坡植物根系特点(表2.1)以及其生根繁育能力,选择单播百喜草和高羊茅,以分析生长龄期对草本植物根系物理性质的影响,混播草种还需结合植物根系加筋和锚固作用,故选择混播百喜草与白三叶、白三叶与紫花苜蓿(图2.1)。

表 2.1 典型草本护坡植物根系特点

植物品种	根系特点
白三叶	主根粗壮,侧根和须根发达,匍匐茎触土生根
紫花苜蓿	根粗壮,深入土层,根茎发达,约60%以上分布在表层0～30 cm的土层中
百喜草	根量多、根系发达,其匍匐茎粗壮且发达,触土生根,繁殖能力强。根系深,穿透力强,对土壤有一定的固着力
高羊茅	高羊茅根系入土深度超过50 cm,集中分布于0～20 cm土层中,根系在土中呈细密的网状分布,根系直径较小

(a) 白三叶　　　　　　　　　　(b) 紫花苜蓿

(c) 百喜草　　　　　　　　　　(d) 高羊茅

图 2.1　室内种植试验用草本植物

2.2.1　种植条件

本次室内种植试验在室外、常温情况下进行。种植试验地点选在南京同位素试验工厂前院,其配备有洒水装置,以保证每个盒子具有一致的光照条件且满足草本植物光照需求(图 2.2)。

图 2.2 种植场地图

与深根系的木本植物对土体起到的锚固作用不同,草本植物的根系大多短、根径小且须根繁多,主要对土体起到三维加筋的作用。研究表明:90%的草本植物根系均分布于边坡地表以下 40 cm 区域,只有 9% 的草本根系分布于地表以下 40~70 cm 区域,在地表下 70 cm 以下几乎没有根系分布。选择的箱子外部尺寸为 $(70.5\times50.5\times44) cm^3$,内部尺寸为 $(64\times44.5\times40.5) cm^3$(图 2.3)。装砂前在泡沫箱底部往上 2 cm 处设置排水孔,并在排水孔上覆盖土工布,以防止砂粒随水流漏出(图 2.4)。同时,需保证每个盒子的养分条件、浇水量、光照条件尽量一致。

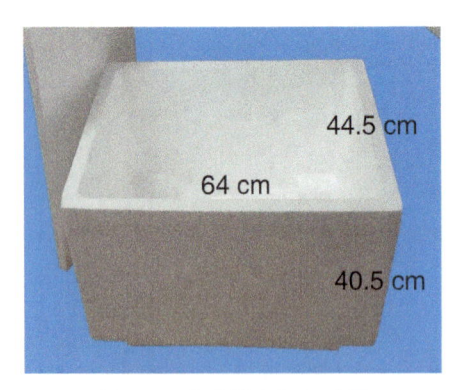

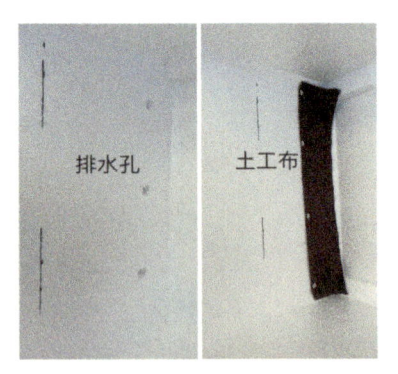

图 2.3 泡沫箱内径尺寸图　　图 2.4 排水孔及土工布设置

2.2.2 种植用土及其装填

试验用土为江苏等地常见的河砂。其粒径分布曲线见图 2.5,土样颗粒粒径在 0.075~0.25 mm 范围内的占 78.2%,根据《土工试验方法标准》(GB/T 50123—2019)可知,属细砂;不均匀系数 $C_u=1.6<5$,表明研究所用细砂颗粒均匀,级配不良。根据击实试验结果,所选砂土的最大干密度为 1.55 g/cm^3,所需

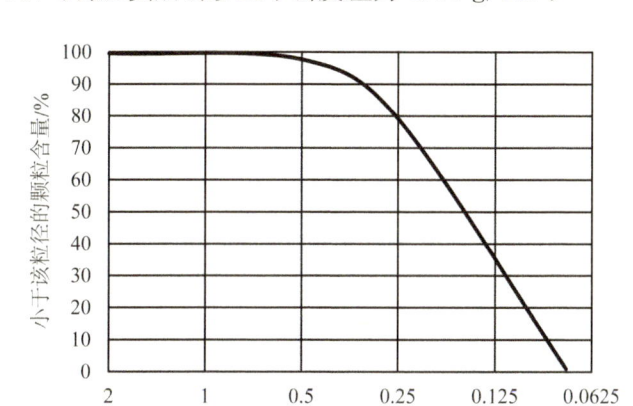

压实度为 88%，可得压实后的砂土干密度应为 1.36 g/cm³。

图 2.5　砂土的粒径分布曲线图

本次试验通过控制质量来保证土体压实度，故将 140 kg 干砂（含水率为 0）分 2 层填进 36 cm 厚度的泡沫箱中，并夯实。装砂前先在泡沫盒内分层划线作为标记，以保证每箱砂土的体积一定，每层装入干砂后，应充分加水密实。随后使用铁板对其进行压实，达到规定体积为止，装砂过程如图 2.6 所示。

(a) 划线分层　　(b) 第一层压实

(c) 加水密实　　(d) 第二层压实

图 2.6　装砂过程图

2.2.3 种植方案

为明确种植密度、生长龄期及混播植物对植物根系的影响,分别设置单播试验组和混播试验组,详见表2.2。

表2.2 室内种植试验方案

植物品种	种植密度/(g·m²)	生长龄期
百喜草	20	3个月
		6个月
		9个月
高羊茅	30	3个月
		6个月
		9个月
白三叶+百喜草	7+10	6个月
紫花苜蓿+白三叶	15+7	6个月

本次试验撒播种子时间为2019年12月6日。受疫情影响,原定于2020年3月中旬的试验无法开展,先于6月3日补种生长期为3个月的草种,再补种一组百喜草(6个月)和高羊茅(6个月)作为备用组。由于2020年7月天气闷热多雨,补种的草种全部发黄枯死,故于8月25日再次补种。补种试验条件同上述,补种试验方案如表2.3所示。

表2.3 补种试验方案

试验组别	植物品种(播种量)/(g/m²)	种植时间
B1	百喜草(20)	3个月
B2	高羊茅(30)	3个月
B3	百喜草(20)	6个月
B4	高羊茅(30)	6个月

2.2.4 草本植物养护

播撒草本植物前,先进行表层松土,浇水保证土体湿润,撒种时尽量保证草本植物种子播撒均匀,且要保证土体覆盖种子。由于在冬季(2019年12月6日)播种,播种后选择白色地膜覆盖泡沫箱(图2.7),其有利于保持泡沫箱中的温度以保证种子发芽,防止雨水冲出砂土中的种子以及砂土中的水分的快速蒸发,在植株长出 3~4 cm 后撤掉地膜。根据天气情况浇水,以保证土体始终处于湿润状态,浇水时要注意水分充足,且要喷洒均匀、全面,浇水时要避免直接将喷头对准土体,以免出现土坑。当地上植株长至可以覆盖整个砂土表面(种植后约 60 d)时,就可进入正常养护阶段,只需按时施肥、浇水,梅雨季节时还需注重病虫害的防治。

(a) 松土

(b) 播撒草种

(c) 覆盖地膜

图 2.7　草本植物培育

2.2.5　草本植物生长情况

白三叶在播种 7 d 后发芽,10 d 后(12 月 16 日)百喜草、高羊茅、紫花苜蓿全部发芽;因播种期间气温较低(冬季),狗牙根直至次年春季(2020 年 4 月底)才发芽。当草本植物发芽 3~4 cm 时撤掉地膜。补种的百喜草和高羊茅由于在夏季播种,故发芽较快,7 d 内(9 月 2 日前)已经全部发芽(图 2.8)。

由于冬季气温较低,且常有冰冻天气出现,故前期植物生长较慢,天气回暖后植物生长加快(图 2.9 和图 2.10)。

(a) 高羊茅 　　　　　　　　　　　(b) 白三叶＋百喜草

(c) 补种的百喜草及高羊茅

图 2.8　草本植物发芽情况

图 2.9　2020 年 3 月 24 日植株较矮 　　　图 2.10　2020 年 5 月 15 日植物生长茂盛

2020 年 4 月中旬白三叶＋紫花苜蓿长势较好,两种草本植物生长状况相近;进入 5 月后紫花苜蓿生长加快,且植株较高和密集,导致白三叶因争夺不到阳光而生长极为缓慢,最终停止生长(图 2.11)。

(a) 2020年4月中旬　　　　　　　　　(b) 2020年5月中旬

图 2.11　白三叶＋紫花苜蓿

白三叶＋百喜草的混播种类长势较好,白三叶先发芽,百喜草随即发芽。白三叶植株较矮且密集,而百喜草植株较高较细,能够较好地生长在一起(图2.12)。

(a) 2020年4月末　　　　　　　　　(b) 2020年5月中旬

图 2.12　白三叶＋百喜草

百喜草为暖季型草本植物,高羊茅为冷季型草本植物。此次种植的百喜草与高羊茅均于2019年12月中旬发芽,由于冬季气温低,所有草种前期生长均很缓慢,至2020年4月气温回升后,生长加快。2020年4月至6月间气候适宜,雨水充沛,生长较为快速。分别于2020年6月20日及2020年11月2日进行施肥,肥料为家庭园艺水溶肥,主要包含氮、钾、磷元素。2020年7月底后,百喜草与高羊茅都出现了不同程度的发黄枯死等现象(图2.13)。

百喜草、高羊茅枯死的原因通常为:①每年6—7月为南京的梅雨季节,此时高温多雨,且种植用的泡沫箱透气性较差,泡沫箱底部存有大量积水,根系的下端长期受到温水浸泡,无法进行呼吸作用;②每年5—6月间南京天气闷热多雨,7—8月间高温干旱天气较多,高羊茅的生长易遭受病菌的侵害,最终出现枯草

(a) 百喜草　　　　　　　　　　　(b) 高羊茅

图 2.13　草本植物枯黄

团;③修剪不当使得植物失去大量叶片,没有足够的叶面积进行光合作用,导致无法生产足够的养分以供应根系,进而导致根系的死亡,最终出现植物枯死现象;④泡沫箱中的砂土肥力不足,氮肥的缺失导致植物生长过慢,且叶色发黄。

2.2.6　草本植物根系物理性质

1. 3 个月龄期

百喜草及高羊茅种植于 2020 年 8 月 25 日,9 月初发芽,将发芽作为根系开始生长的时间,2020 年 12 月中旬取出 3 个月龄期的植物根系记录根系生长情况。

3 个月龄期的百喜草根系最大根长为 40 cm,整体偏长偏细,在 0~30 cm 土层内均有分布,但较为稀疏,集中分布在表层 10 cm 深度的土层内,须根较多。3 个月龄期的百喜草根系根径小,为 0.10~0.40 mm(图 2.14)。

图 2.14　3 个月龄期百喜草

3 个月龄期的高羊茅根系最长达 45 cm,除少数根系深入到土层 30 cm 深处外,根系集中分布于表层 10 cm 深度内。相较于百喜草根系,高羊茅根系须根多且短;根径为 0.20~0.40 mm(图 2.15)。

图 2.15　3 个月龄期高羊茅

2. 6 个月龄期

百喜草及高羊茅种植于 2019 年 12 月 6 日,12 月中旬发芽,2020 年 6 月中旬取出植物根系记录根系生长情况。

6 个月龄期百喜草垂直根系较多,须根较少,根系长度最长达 40 cm,集中分布在土层表层 10 cm 深度内。相较于 3 个月龄期百喜草根系,6 个月龄期百喜草根径略有增长,为 0.20~0.50 mm(图 2.16)。

图 2.16　6 个月龄期百喜草

6个月龄期的高羊茅根系须根较多,在砂土中呈细密的网状分布,根系长度达 30 cm,根系集中分布在土体表层 10 cm 深度内。相较于 3 个月龄期的高羊茅,6 个月龄期根径显著增长,为 0.40～0.70 mm(图 2.17)。

图 2.17 6 个月龄期高羊茅

3. 9 个月龄期

生长时间为 9 个月的百喜草及高羊茅种植于 2019 年 12 月 6 日,12 月中旬发芽,2020 年 9 月中旬取出植物根系记录根系生长情况。

9 个月龄期的百喜草根系根径大于 6 个月龄期,经过测量发现该根径最大达到 0.80 mm,主要分布于 0.50～0.80 mm,须根较 6 个月龄期更发达,且有匍匐茎触土生根。但由于气候原因,7 月底开始百喜草发黄枯死,土层中根系含量大幅度减小,根系密集度低于 6 个月龄期(图 2.18)。

图 2.18 9 个月龄期百喜草

9个月龄期的高羊茅根系密集度及须根发达程度较6个月龄期均大幅度减小,经过测量发现,高羊茅根径集中分布于 0.50~0.70 mm,与6个月龄期时的情况差异较小,且土体内存在大量枯死根系,该枯死根系的根径因脱水而缩小(图 2.19)。

图 2.19　9个月龄期高羊茅

2.2.7　草本植物根系力学性质

1. 草本植物根系拉伸试验

将地上植株长势较好且根系也发达的高羊茅、百喜草植株作为标准植株,用整块挖掘的方法将其取出,将整块含根土体冲洗干净,剪去叶片和根茎,只留下完整根系尽快带回实验室。选取粗细较为均匀的根系,将其裁为长为 15 cm 的单根,用游标卡尺测量根系两端和中间三个位置处的直径,取其平均值作为该试样的直径,并做好编号。试样包含高羊茅单根、百喜草单根各 30 根,以平均直径作为自变量,计算所得的抗拉强度作为因变量绘出变化关系图。

因根系抗拉力与抗拉强度随着根系长度增加而减小,但其减小值较小且相关度较弱。故本书不考虑根系长度对其抗拉力的影响,进行抗拉试验的根系长度为 10 cm。使用微机控制电子万能试验机进行根系的单根拉伸试验(图 2.20),拉拔速率控制为 10 mm/min,标距 10 cm。夹具中间具有橡胶包裹,可防止根系的损坏。试验选择根系断裂位置位于中间处的数据作为有效数据,并按式(2-1)对单根根系抗拉强度进行计算:

$$T = \frac{4F}{\pi D^2} \tag{2-1}$$

式中：T 为单根抗拉强度，MPa；F 为单根极限抗拉力，N；D 为假设根系面呈圆形，根系拉断时的断面直径，mm。

图 2.20　根系拉伸试验

2. 草本植物根系抗拉强度

百喜草、高羊茅根系的单根抗拉强度均与根直径呈非线性的负相关关系，其表达式为 $y=aD^{-b}$。百喜草根系的单根抗拉强度与根系直径的关系式为：$T=7.3053D^{-0.904}$（相关系数 $R^2=0.9086$），单根抗拉强度的范围为 14.56～38.77 MPa，平均抗拉强度为 24.73 MPa；高羊茅根系的单根抗拉强度与根系直径的关系式为：$T=7.6184D^{-0.791}$（$R^2=0.9387$），单根抗拉强度的范围为 9.36～24.64 MPa，平均抗拉强度为 16.96 MPa（图 2.21）。

百喜草根系直径较高羊茅小，但其抗拉强度更大。这种差异主要由植物根系所含的化学成分及内部结构不同造成。Hathsway 等[4]的研究表明，植物根系抗拉力不仅与直径有关，还与综纤维素或纤维素的含量有关。赵丽兵等[5]以紫花苜蓿（<7 mm）和马唐（<1 mm）根系为研究对象，发现抗拉强度和纤维素含量均随根径增大而减小，而抗拉强度则随纤维素含量增加而增大，其为百喜草根系抗拉强度高于高羊茅根系的主要原因。

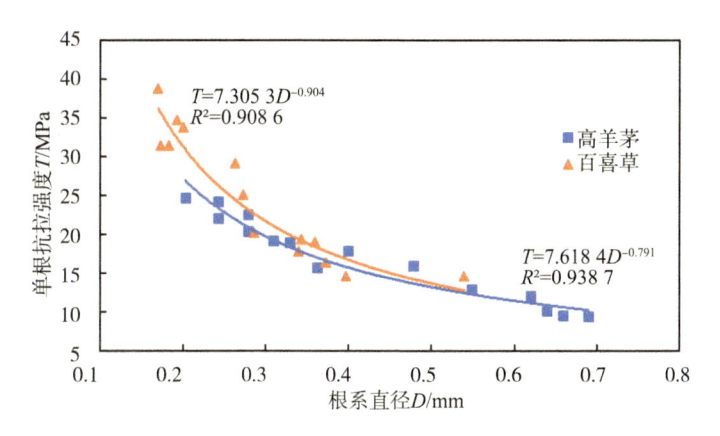

图 2.21　单根抗拉强度与根系直径关系曲线图

2.3　植物现场种植试验

相较于室内种植试验,现场种植试验有利于观察植物在自然条件下的生长情况以及植物与土壤、微生物等的生态互动情况,评估植物对环境的适应性和稳定性。白三叶、四季青、百喜草分布广泛,常用于加固岸坡。为深入了解四季青、百喜草和白三叶的基本物理力学性质,开展现场种植试验。白三叶和百喜草根系特点详见表 2.1。四季青根系特点详见表 2.4。

白三叶具有主根、侧根和发达的须根,其主根有利于土体加筋,其侧根和须根有利于增加土体与根系的摩擦力,故种植试验中选择单独种植白三叶。四季青的抗寒能力强于抗旱能力,百喜草具有良好的耐高温性,且两种植物根系均呈匍匐状。为保证草本植物在岸坡上四季常绿,混合种植四季青和百喜草,以保证岸坡植物常年保持良好的固土防护效果。

表 2.4　四季青根系特点

植物品种	根系特点
(矮生)四季青	匍匐根,主根不发达,呈水平蔓延状,耐寒、耐旱性较强,但不适应强烈干旱和高温环境,适应温度为 5~30℃

2.3.1　草本植物种植方案

为详尽掌握种植密度、生长龄期和混合种植对根系物理力学性质的影响,设计了草本植物种植方案(表 2.5)。四季青的耐寒和耐旱性能均较高,百喜草仅具有较好的耐高温性,在混合种植四季青和百喜草时,保证二者混合播种总量不变的前提下,提高四季青的播种含量。

表 2.5 草本植物种植方案

植物种类	种植密度/(g/m²)	生长龄期
白三叶	10、20、30 和 40	3、6、9 和 12 个月
四季青	10、20、30 和 40	3、6、9 和 12 个月
四季青+百喜草	10+10、12+8、14+6 和 16+4	3、6、9 和 12 个月

2.3.2 种植场地、种植方式及种植用土

现场种植试验场地为南京水利科学研究院当涂试验基地。为保证种植用土的均一性,挖除原土地中体积长 35 m、宽 4.5 m、深 30 cm 的土体,将种植用砂土填至此土地中,并将换填后的土地表面按照 8.75 m×1.5 m 分成 12 个区域(图 2.22)。

图 2.22 种植试验场地及试验用草本植物

常见的植物种植方式为点播、撒播、条播、孤植和丛植等。为保证草本植物播种均匀,采用撒播种子的方式在试验地中种植植物。春季有利于多数草本植物的生长发育,故选择种植时间为 2021 年 3 月 30 日。

种植用砂土为南京长江河道临岸砂土,其粒径分布情况如表 2.6 所示。由《土工试验方法标准》(GB/T 50123—2019)可知,此土体中粒径在 0.25～0.075 mm 范围内土颗粒含量为 70.2%,占比较大,属于细砂。该土体不均匀系数 C_u=2.6<5,表明该细砂颗粒均匀,级配不良。继而,对该砂土开展击实试验,试验结果表明该砂土最大干密度为 1.56 g/cm³,最优含水率为 16.9%。根据《公路路基设计规范》(JTG D30—2015)和《堤防工程设计规范》(GB 50286—2013)中压实度

的相关要求,土体压实度通常为 90%～95%,故控制此砂土的压实度为 90%。此时,该砂土的干密度 ρ_d 为 1.41 g/cm³。本次种植试验所用砂土质量为 66.6 t,共分 3 次填筑,每次填筑深度为 10 cm。

表 2.6 砂土粒径分布情况

颗粒粒径/mm	>0.25	0.25～0.075	0.075～0.005	<0.005
含量/%	1.2	70.2	26.6	2.0

2.3.3 植物根系物理性质

当生长龄期为 3 个月、6 个月、9 个月和 12 个月时,在不扰动土体和草本植物根系的条件下,在植物区随机挖 15 cm×5 cm×30 cm 的沟渠,沟渠数量共计 12 处,每处沟渠中植物种类和种植密度不同。在 15 cm×30 cm 沟渠侧壁随机观测 5 cm 宽度、30 cm 深度内土中植物根系的物理性质,量测此范围内草本植物根系的根径和根长,记录草本植物根系数量及根深,获取白三叶、四季青和四季青+百喜草植物根系的根系数量、根径和根长的变化规律,分析生长龄期、种植密度和土层深度对根系物理性质的影响(图 2.23)。

图 2.23 草本植物根系物理性质指标观测范围

1. 3 个月龄期

(1) 白三叶

10 g/m² 白三叶根系在 5～20 cm 深度内的总根系数量相同,共计 4 根,$D<$

0.15 mm、0.15 mm≤D<0.25 mm 和 0.25 mm≤D<0.35 mm 的白三叶根系数量在 5～15 cm 深度内分别为 2 根、1 根和 1 根。在 10 cm 深度内，30 g/m² 白三叶根系多于其他种植密度；在 20～30 cm 深度内，30 g/m² 白三叶总根系数量随深度的增大而增大。在 5 cm 深度内，20 g/m² 白三叶根系的根径及其对应根系数量与 10 g/m² 白三叶相同。40 g/m² 白三叶在 30 cm 深度内均具有 $D \geqslant$ 0.45 mm 根系，且在 5～15 cm 深度内 0.25 mm≤D<0.35 mm 根系多于其他种植密度（图 2.24）。

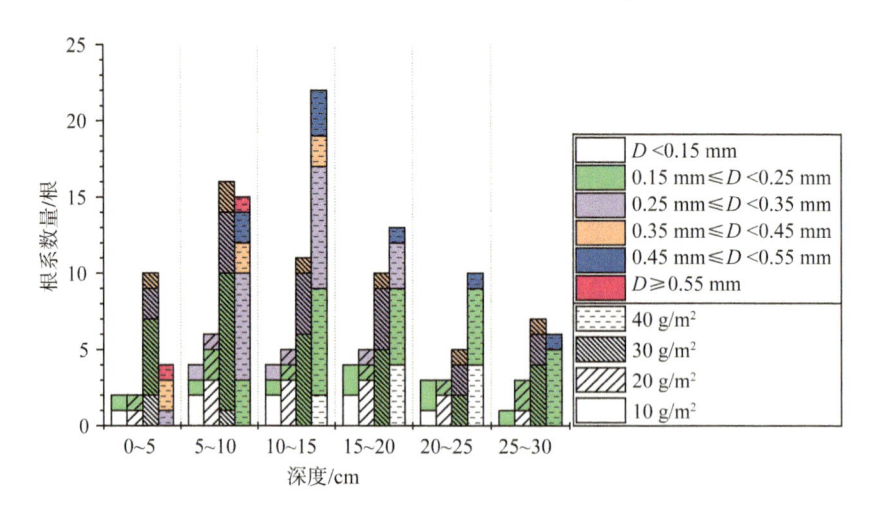

图 2.24 不同深度范围和种植密度下，3 个月龄期白三叶不同根径的根系数量

3 个月龄期的白三叶根系数量随种植密度的增加而增大，20 g/m² 白三叶中 1 cm<L（根长）≤2 cm 的根系比 10 g/m² 白三叶多 3 根，当根长超过 2 cm 时，相同根长分布范围内 10 g/m² 和 20 g/m² 白三叶根系数量几乎相同，30 g/m² 和 40 g/m² 白三叶根系数量约是 10 g/m² 和 20 g/m² 白三叶的 2.5 倍，30 g/m² 和 40 g/m² 白三叶中 1 cm<L≤2 cm 的根系数量相同，均为 10 根。在根长大于 2 cm 的条件下，40 g/m² 白三叶根长分布范围广于 30 g/m² 白三叶，但在根长分布范围相同的条件下，30 g/m² 和 40 g/m² 白三叶的根系数量几乎相等（图 2.25）。

(2) 四季青

10 g/m² 四季青在 5～10 cm 深度内含有 0.25 mm≤D<0.35 mm 和 0.45 mm≤D<0.55 mm 根系。10 cm 深度内 20 g/m² 和 30 g/m² 四季青的根径分布范围及根系数量完全相同。深度超过 15 cm 时，20 g/m² 四季青的根径分布范围随深度的增加逐渐增大，当深度超过 20 cm 时，其总根系数量不变。30 g/m² 和 40 g/m² 四季青在 15～25 cm 深度内总根系数量相等，30 g/m² 四

季青在 15 cm 深度外的根径分布范围不变。40 g/m² 四季青在 5~10 cm 深度内含有 $D<0.45$ mm 内所有根径分布范围的根系,在 20~25 cm 深度内出现 $D\geqslant 0.55$ mm 根系(图 2.26)。

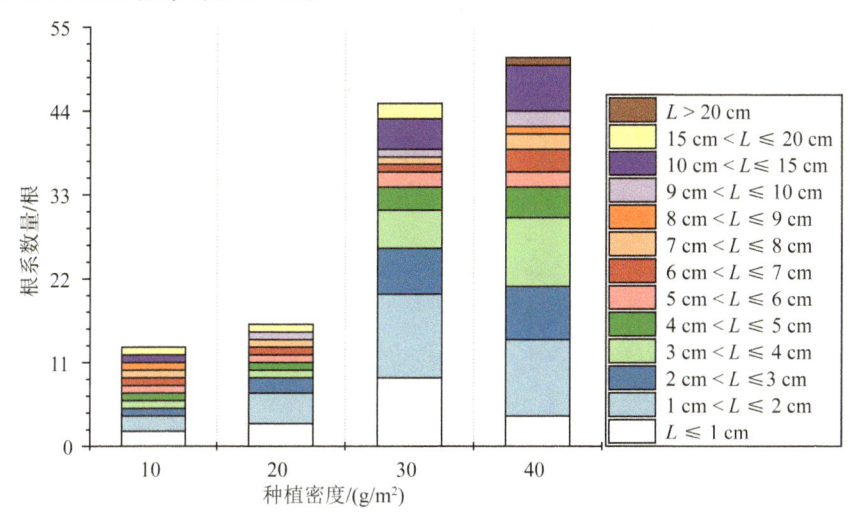

图 2.25 不同种植密度条件下,3 个月龄期白三叶不同根长的根系数量

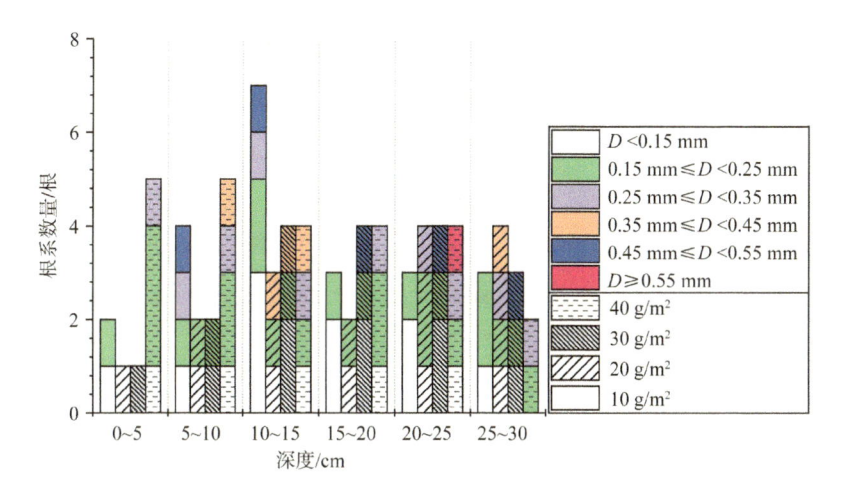

图 2.26 不同深度范围和种植密度下,3 个月龄期四季青不同根径的根系数量

当种植密度小于 30 g/m² 时,四季青总根系数量随种植密度的增大而减小,但 40 g/m² 四季青的总根系数量最大。10 g/m² 和 40 g/m² 四季青具有 $L\leqslant 15$ cm 内所有根长分布范围的根系,且 1 cm$<L\leqslant 3$ cm 和 5 cm$<L\leqslant 9$ cm 的根系数量均为 4 根。20 g/m² 四季青缺少 6 cm$<L\leqslant 7$ cm 根系,但具有 15 cm$<L\leqslant$

20 cm 根系。30 g/m² 四季青缺少 8 cm<L≤9 cm 根系,40 g/m² 四季青中 3 cm<L≤4 cm 和 10 cm<L≤15 cm 根系数量最大(图 2.27)。

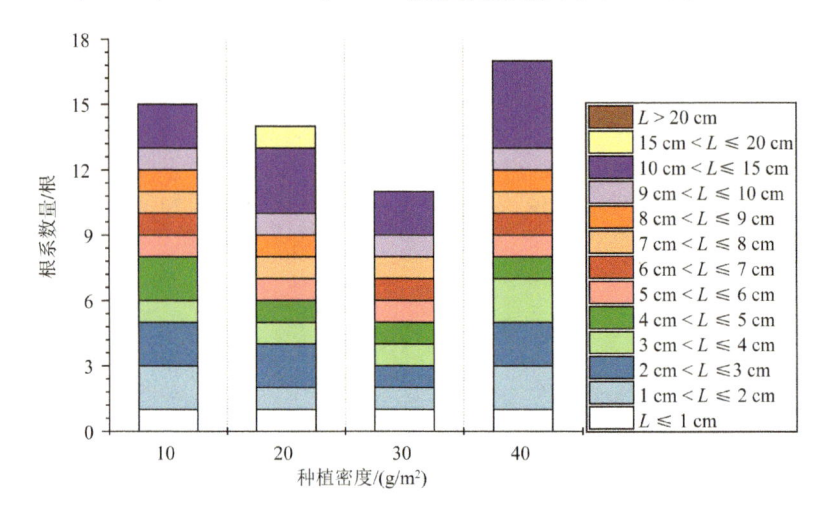

图 2.27 不同种植密度条件下,3 个月龄期四季青不同根长的根系数量

(3) 四季青+百喜草

(10+10)g/m² 四季青+百喜草根系在 15 cm 深度内的根径分布范围不变,根系根径 $D<0.35$ mm;(10+10)g/m² 四季青+百喜草在 20~25 cm 深度内的根径分布范围最大。(12+8)g/m² 四季青+百喜草在 30 cm 深度内均含有 0.35 mm≤$D<0.45$ mm 根系;在 10~15 cm 深度内,其根径分布范围较大,但缺少 0.45 mm≤$D<0.55$ mm 根系。(14+6)g/m² 四季青+百喜草在 5~10 cm 深度内含有 $D≥0.55$ mm 根系,在 10 cm 深度外其根径范围缩小。(16+4)g/m² 四季青+百喜草在 20 cm 深度外的根系数量最小(图 2.28)。

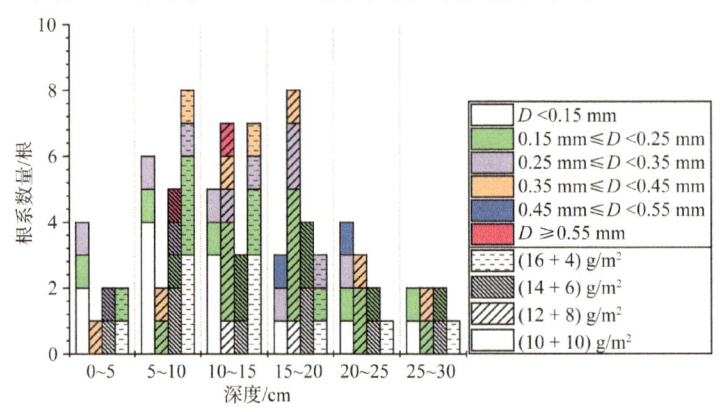

图 2.28 不同深度范围和种植密度下,3 个月龄期四季青+百喜草不同根径的根系数量

四季青+百喜草根系数量随种植密度变化较小,其 2 cm<L≤10 cm 根系数量不随种植密度发生变化。(10+10)g/m² 四季青+百喜草的根长分布范围较广,包含 3 根 15 cm<L≤20 cm 和 2 根 L>20 cm 根系;(14+6)g/m² 四季青+百喜草中 15 cm<L≤20 cm 根系数量与(10+10)g/m² 四季青+百喜草相同,但不含有 L>20 cm 根系。(16+4)g/m² 四季青+百喜草不含有 15 cm<L≤20 cm 根系,但其 L>20 cm 根系数量与(10+10)g/m² 四季青+百喜草相同。(12+8)g/m² 四季青+百喜草中 1 cm<L≤2 cm 根系最多,为 3 根(图 2.29)。

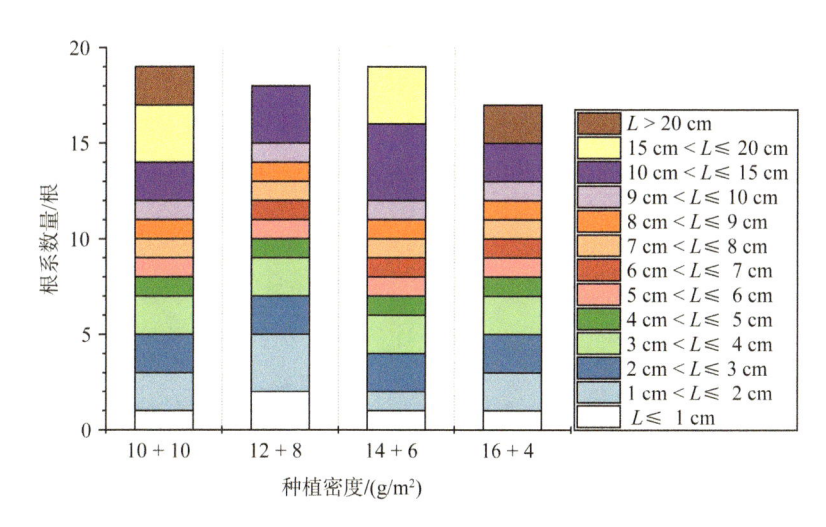

图 2.29 不同种植密度条件下,3 个月龄期四季青+百喜草不同根长的根系数量

2. 6 个月龄期

(1) 白三叶

6 个月龄期时,白三叶在 30 cm 深度内均未出现 D≥0.45 mm 根系,仅 10 g/m² 白三叶具有 D<0.15 mm 根系,0.15 mm≤D<0.25 mm 根系数量最大;在 5 cm 深度内,白三叶总根系数量随种植密度的增加而减小;在 5～15 cm 深度内,种植密度不大于 30 g/m² 的白三叶总根系数量随种植密度的增加而减小。当种植密度不小于 30 g/m² 时,白三叶根系数量随深度变化较小,40 g/m² 白三叶总根系数量多于其他种植密度的白三叶,其在 10～15 cm 深度内根系数量达到最大值 15 根(图 2.30)。

当生长龄期为 6 个月时,白三叶根系数量随种植密度的增加而减小,其与 3 个月龄期时白三叶根系数量与种植密度的关系恰巧相反。10 g/m² 白三叶总根系数量约比 40 g/m² 白三叶多近 2 倍;白三叶的根长分布范围随种植密度的增加而缩小。当 L≤7 cm 时,10 g/m² 白三叶的根系数量最大,10 g/m² 和 20 g/m²

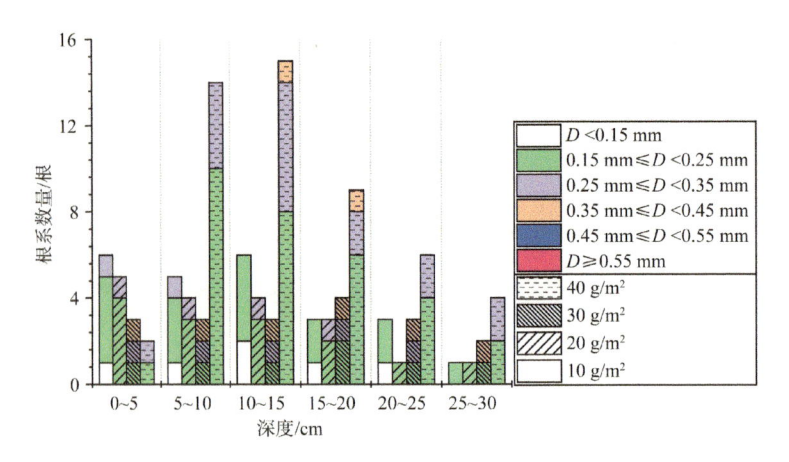

图 2.30　不同深度范围和种植密度下,6 个月龄期白三叶不同根径的根系数量

白三叶根系的最大根长不大于 20 cm,20 g/m² 白三叶中 15 cm<L≤20 cm 的根系数量最大。30 g/m² 和 40 g/m² 白三叶根系的最大根长均超过 20 cm,除不含 4 cm<L≤5 cm 根系外,L≤6 cm 中任意根长分布范围内,白三叶根系数量几乎相等(图 2.31)。

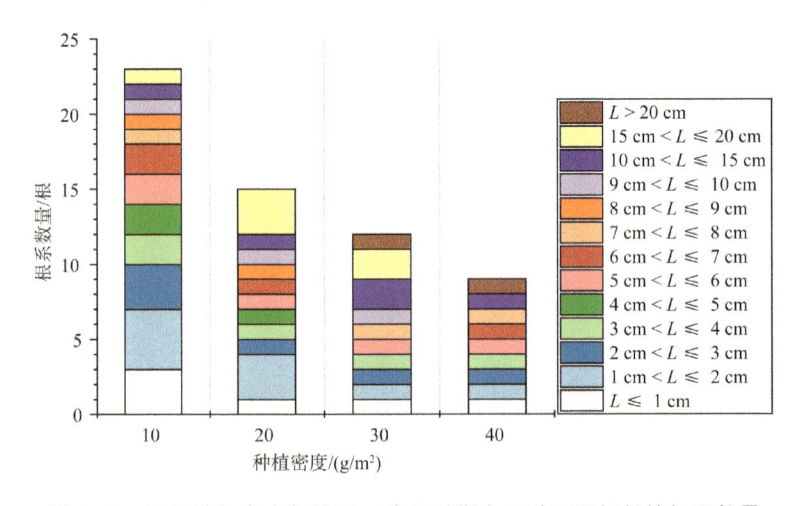

图 2.31　不同种植密度条件下,6 个月龄期白三叶不同根长的根系数量

(2) 四季青

6 个月龄期的四季青总根系数量与 3 个月龄期的四季青相近,但根径分布范围更广。10 g/m² 四季青在 5 cm 深度内含有 0.25 mm≤D<0.45 mm 及 D≥0.55 mm 根系,在 0~20 cm 深度内,随深度的增加,D<0.25 mm 根系数量增

大。20 g/m² 四季青的根径分布范围随深度的增加而先扩大后缩小，在 5～10 cm 深度内，其 $D \geqslant 0.55$ mm 根系数量多于其他种植密度。30 g/m² 四季青根系在 5 cm 深度内的根径分布范围及根系数量与 20 g/m² 四季青相同。40 g/m² 四季青在 5～25 cm 深度内具有 $0.45 \text{ mm} \leqslant D < 0.55$ mm 根系（图 2.32）。

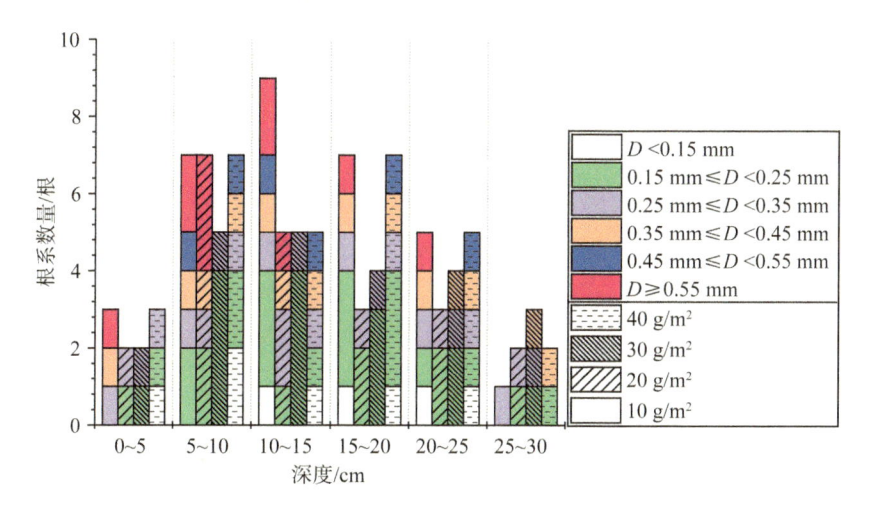

图 2.32　不同深度范围和种植密度下，6 个月龄期四季青不同根径的根系数量

四季青中 5 cm$<L\leqslant$10 cm 根系数量不随种植密度发生变化。与 3 个月龄期的四季青相比，30 g/m² 四季青根系数量明显增大；10 g/m² 四季青总根系数量最大，为 21 根，30 g/m² 和 40 g/m² 四季青总根系数量相等。10 g/m²、20 g/cm²、30 g/m² 和 40 g/m² 四季青均具有全部根长范围的根系，其 5 cm$<L\leqslant$10 cm 根系数量完全相同，为 5 根，30 g/m² 和 40 g/m² 四季青中 $L\leqslant$3 cm 的根系数量相同；20 g/m² 四季青缺少 4 cm$<L\leqslant$5 cm 根系，而 15 cm$<L\leqslant$20 cm 根系数量最大（图 2.33）。

（3）四季青+百喜草

在 5 cm 深度内及 10～20 cm 深度内，四季青+百喜草的根系数量随四季青种植密度的增加先减小后增大，其中(10+10)g/m² 四季青+百喜草根系数量最大。(10+10)g/m² 四季青+百喜草在 20 cm 深度内的根径 $D<0.55$ mm。(12+8)g/m² 四季青+百喜草的根径分布范围随着深度的增加而缩小。(14+6)g/m² 四季青+百喜草在 5 cm 深度内和 10～20 cm 深度内的总根系数量最小。(16+4)g/m² 四季青+百喜草根系在 5～20 cm 深度内的根径分布范围相同，总根系数量约为 5 根（图 2.34）。

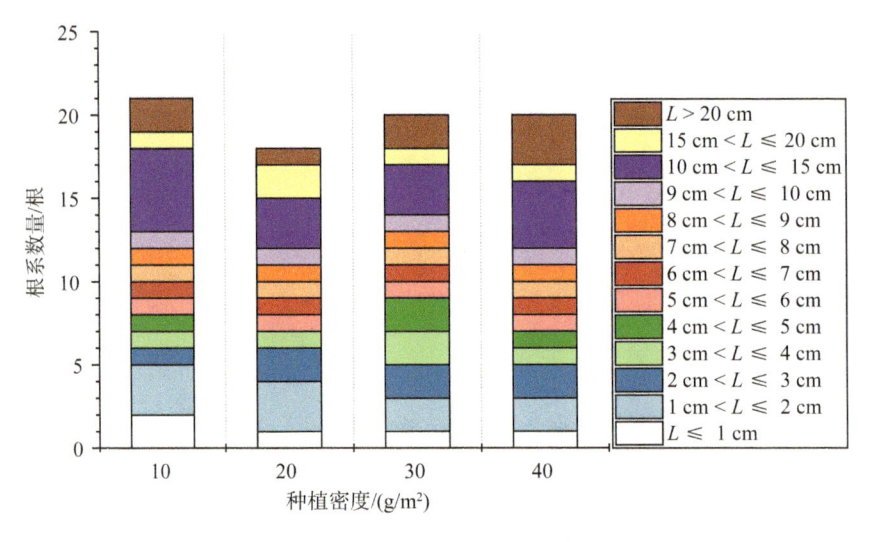

图 2.33 不同种植密度条件下,6 个月龄期四季青不同根长的根系数量

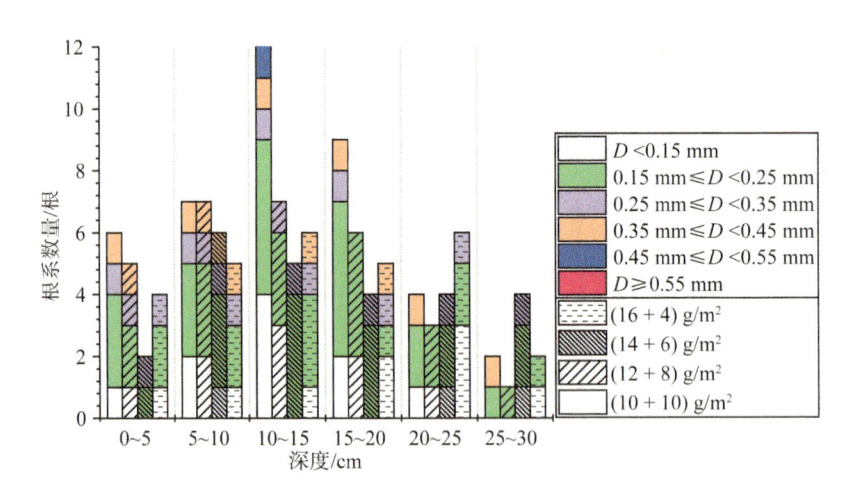

图 2.34 不同深度范围和种植密度下,6 个月龄期四季青+百喜草不同根径的根系数量

当生长龄期为 6 个月时,四季青+百喜草的根系数量随四季青含量的增加而减少;(12+8)g/m² 和 (14+6)g/m² 四季青+百喜草中 $L \leqslant 10$ cm 及 15 cm $< L \leqslant 20$ cm 的根系数量相同,但 (12+8)g/m² 四季青+百喜草中 10 cm $< L \leqslant$ 15 cm 根系数量比 (14+6)g/m² 多 1 根。(10+10)g/m² 四季青+百喜草既含有 $L \leqslant 20$ cm 内所有根长分布范围内的根,又含有 $L >$ 20 cm 根系。(16+4)g/m² 四季青+百喜草的根长分布范围为 1 cm $< L \leqslant$ 15 cm,其 4 cm $< L \leqslant$ 5 cm 和 6 cm $< L \leqslant$ 15 cm 根系数量与 (14+6)g/m² 四季青+百喜草相同(图 2.35)。

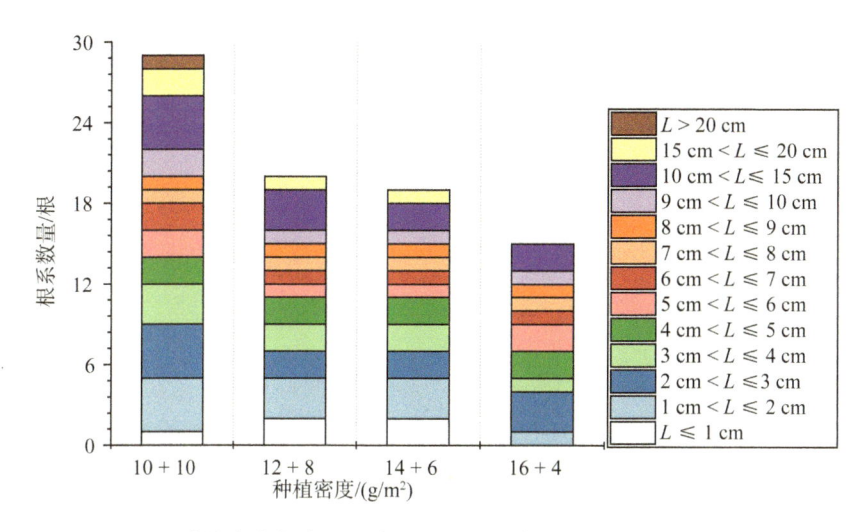

图 2.35　不同种植密度条件下,6 个月龄期四季青+百喜草不同根长的根系数量

3. 9 个月龄期
(1) 白三叶

30 cm 深度内 20 g/m² 白三叶总根系数量最大。在 5 cm 深度内和 20 cm 深度外,$D<0.15$ mm 的白三叶根系数量不随种植密度发生变化;在 5~20 cm 深度内,$D<0.15$ mm 白三叶根系数量随种植密度的增加先增大后减小,在种植密度为 20 g/m² 时达到最大值。10 g/m² 和 20 g/m² 白三叶总根系数量分别在 5~10 cm 和 10~15 cm 深度内达到最大值 14 根,10 g/m² 白三叶具有 $D\geqslant 0.55$ mm 根系,其出现于 5~30 cm 深度内。在 30 cm 深度内,30 g/m² 和 40 g/m² 白三叶根系数量相近,但 30 g/m² 白三叶根径分布范围大于 40 g/m² 白三叶(图 2.36)。

10 g/m²、20 g/m²、30 g/m² 和 40 g/m² 白三叶总根系数量分别为 28 根、38 根、18 根和 12 根,其 $L\leqslant 1$ cm 的根系数量均为 1 根;10 g/m² 白三叶不含长于 20 cm 的根系,10 g/m² 白三叶的根长分布范围与 20 g/m² 白三叶相同,但在所有根长范围内 10 g/m² 白三叶的根系数量均不大于 20 g/m² 白三叶。30 g/m² 的白三叶根长分布范围以及 6 cm$<L\leqslant$10 cm 根系数量与 20 g/m² 白三叶相同,30 g/m² 白三叶中 5 cm$<L\leqslant$7 cm 的根系较少。40 g/m² 白三叶缺少 $L>$ 15 cm 的根系,其 6 cm$<L\leqslant$10 cm 的根系数量亦与 20 g/m² 白三叶相同(图 2.37)。

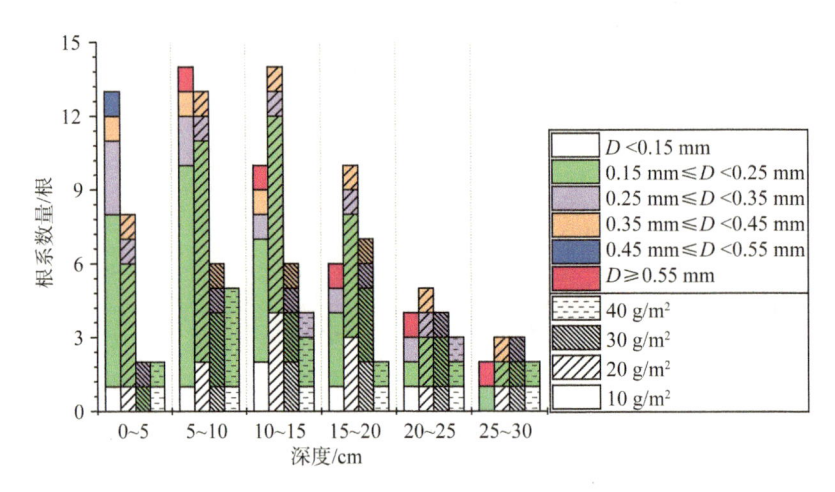

图 2.36 不同深度范围和种植密度下,9 个月龄期白三叶不同根径的根系数量

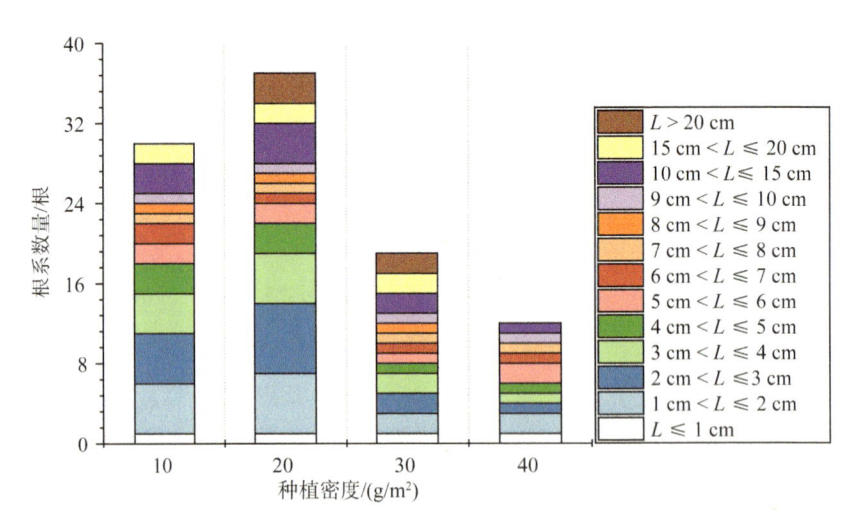

图 2.37 不同种植密度条件下,9 个月龄期白三叶不同根长的根系数量

(2) 四季青

9 个月龄期的四季青根系中 0.15 mm≤D<0.25 mm 根系远多于 3 个月和 6 个月龄期的四季青根系;当深度相同时,四季青根系数量通常随种植密度的增加先增大后减小。在 5~10 cm 深度内,10 g/m² 四季青总根系数量约是 5 cm 深内四季青的 2 倍。在 10~15 cm 深度内,20 g/m² 四季青含有 0.35 mm≤D<0.45 mm 和 D≥0.55 mm 根系。当深度超过 15 cm 时,30 g/m² 四季青总根系数量最大。40 g/m² 四季青的根径分布范围几乎不随深度发生变化,其根径均小于 0.35 mm(图 2.38)。

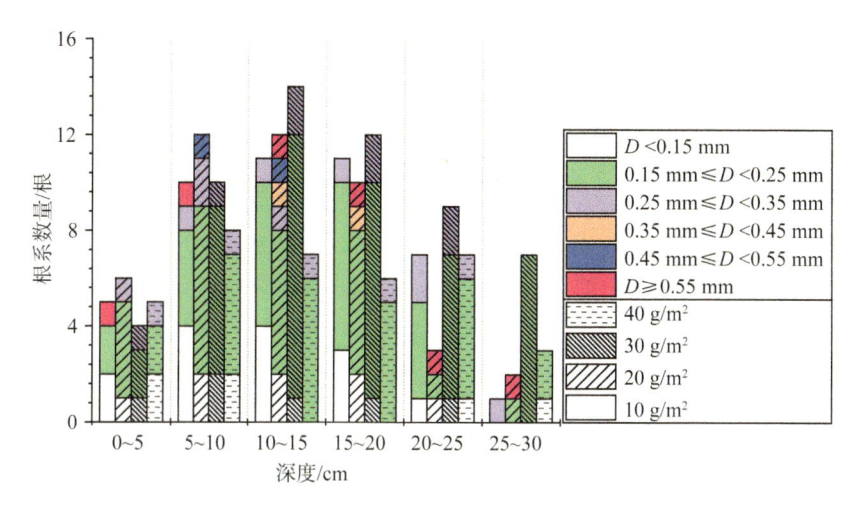

图 2.38　不同深度范围和种植密度下,9 个月龄期四季青不同根径的根系数量

当生长龄期为 9 个月时,四季青根系数量与种植密度的关系与生长龄期为 3 个月时恰巧相反,但 30 g/m² 和 40 g/m² 四季青的根长分布范围与 3 个月龄期的四季青相同,均未出现 $L>15$ cm 根系,其 $L\leqslant 6$ cm 的根系数量大于 3 个月龄期的四季青。10 g/m² 四季青具有除 $L\leqslant 1$ cm 外全部根长范围内的根系,其 $4\ \text{cm}<L\leqslant 5\ \text{cm}$ 的根系数量与 20 g/m² 和 40 g/m² 四季青相同,为 3 根;其 $15\ \text{cm}<L\leqslant 20\ \text{cm}$ 的根系数量为最大。20 g/m² 四季青缺少 $9\ \text{cm}<L\leqslant 10\ \text{cm}$ 和 $L>20\ \text{cm}$ 根系,$10\ \text{cm}<L\leqslant 15\ \text{cm}$ 的根系数量与 10 g/m² 四季青相等(图 2.39)。

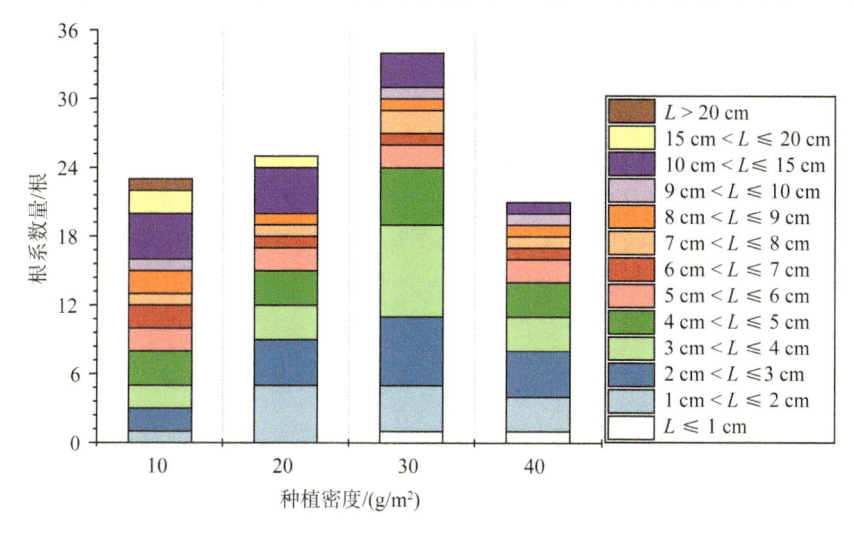

图 2.39　不同种植密度条件下,9 个月龄期四季青不同根长的根系数量

(3) 四季青+百喜草

$(10+10)\mathrm{g/m^2}$、$(12+8)\mathrm{g/m^2}$ 及 $(14+6)\mathrm{g/m^2}$ 四季青+百喜草的总根系数量受深度的影响较小。在 10 cm 深度内，$(12+8)\mathrm{g/m^2}$ 四季青+百喜草的根径分布范围未发生变化。在 10~15 cm 深度内，$(10+10)\mathrm{g/m^2}$、$(12+8)\mathrm{g/m^2}$ 及 $(14+6)\mathrm{g/m^2}$ 四季青+百喜草根径分布范围和总根系数量随着四季青种植密度的增大而减少。当深度大于 20 cm 时，$(10+10)\mathrm{g/m^2}$ 和 $(14+6)\mathrm{g/m^2}$ 四季青+百喜草的根径分布范围改变，但 $(12+8)\mathrm{g/m^2}$ 四季青+百喜草的根径分布范围不变。$(16+4)\mathrm{g/m^2}$ 四季青+百喜草的根径分布范围基本不随深度发生变化，但总根系数量随深度的变化较大（图 2.40）。

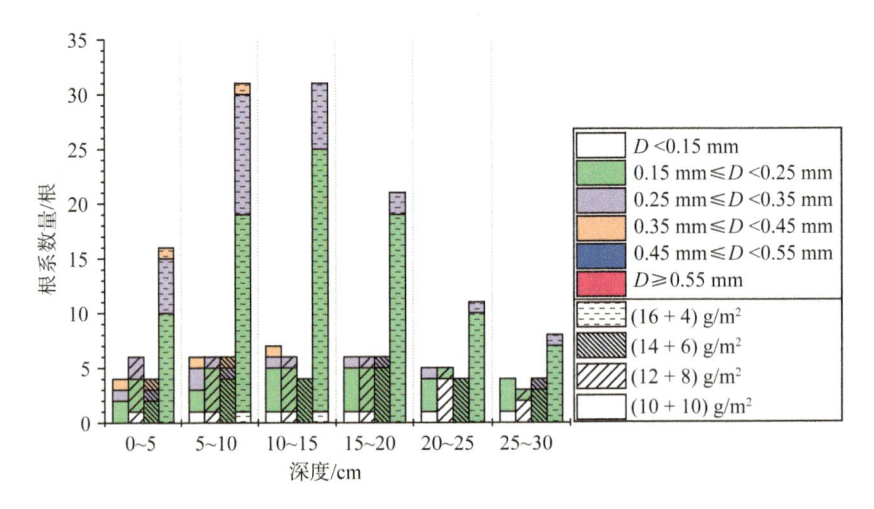

图 2.40　不同深度范围和种植密度下，9 个月龄期四季青+百喜草不同根径的根系数量

在生长龄期为 9 个月时，$(10+10)\mathrm{g/m^2}$、$(12+8)\mathrm{g/m^2}$ 和 $(14+6)\mathrm{g/m^2}$ 四季青+百喜草总根系数量约为 21 根，$(12+8)\mathrm{g/m^2}$ 和 $(14+6)\mathrm{g/m^2}$ 四季青+百喜草含有 15 cm$<L\leqslant$20 cm 根系。除 $L\leqslant$1 cm 和 6 cm$<L\leqslant$8 cm 根系，$(14+6)\mathrm{g/m^2}$ 四季青+百喜草的根系数量为最小。$(16+4)\mathrm{g/m^2}$ 四季青+百喜草的总根系数量约是其他种植密度四季青+百喜草根系数量的 3.5 倍，其 1 cm$<L\leqslant$6 cm 的根系数量至少为 $(14+6)\mathrm{g/m^2}$ 四季青+百喜草相同根长范围根系数量的 3 倍（图 2.41）。

4. 12 个月龄期

（1）白三叶

10 $\mathrm{g/m^2}$ 白三叶总根系数量最大，共计 105 根。在 5 cm 深度内，白三叶根系数量随种植密度的增加，先增大后减小，其中 30 $\mathrm{g/m^2}$ 白三叶根系数量最大；

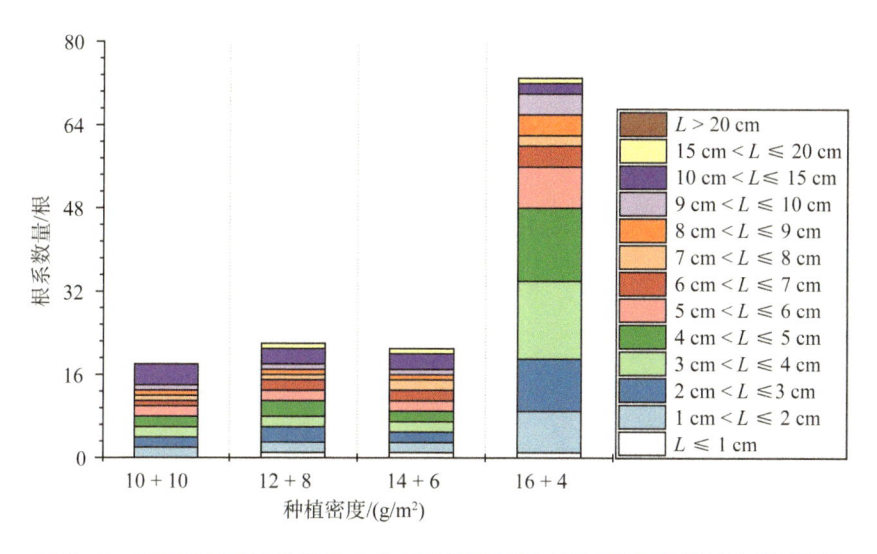

图 2.41　不同种植密度条件下,9 个月龄期四季青+百喜草不同根长的根系数量

在 5~15 cm 深度内,10 g/m² 白三叶中 0.15 mm≤D<0.25 mm 根系最多,其根系数量在 5~10 cm 深度和 10~15 cm 深度内分别为 24 和 23 根;在 10~20 cm 深度内,20 g/m²、30 g/m² 和 40 g/m² 白三叶总根系数量相近;当深度超过 20 cm 时,30 g/m² 和 40 g/m² 白三叶总根系数量较大,40 g/m² 白三叶具有 0.45 mm≤D<0.55 mm 根系(图 2.42)。

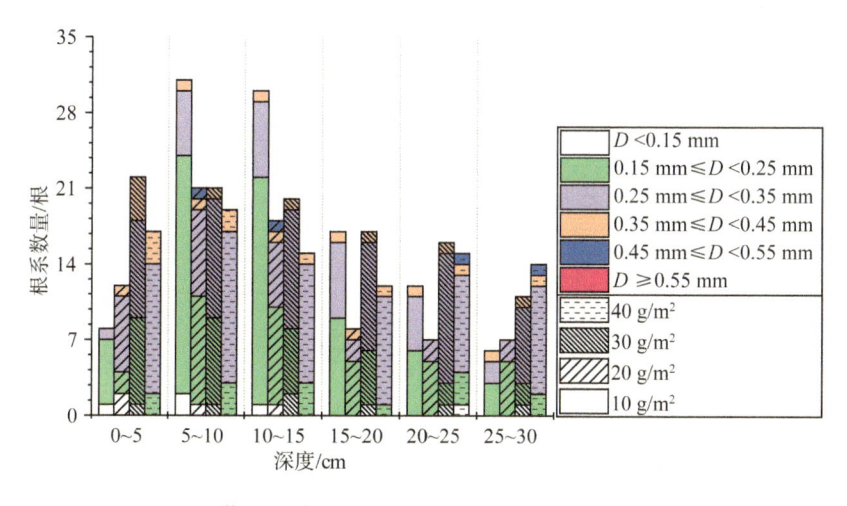

图 2.42　不同深度范围和种植密度下,12 个月龄期白三叶不同根径的根系数量

当生长龄期为 12 个月时,种植密度对白三叶根系数量的影响较小,白三叶的根长分布范围易随种植密度发生变化,但 10~40 g/m² 白三叶均含有 L≤

9 cm 根系,其中 3 cm<L≤4 cm 白三叶根系数量基本不随种植密度发生变化。10 g/m² 白三叶中 L≤4 cm 根系数量大于 20 g/m² 白三叶,其 2 cm<L≤3 cm 根系数量较大,为 16 根。30 g/m² 白三叶根系的根长分布范围最广,其含有 L>15 cm 根系。40 g/m² 白三叶根系中 L>6 cm 根系数量明显多于 10 g/m² 和 30 g/m² 白三叶根系,且不含有 L>15 cm 根系(图 2.43)。

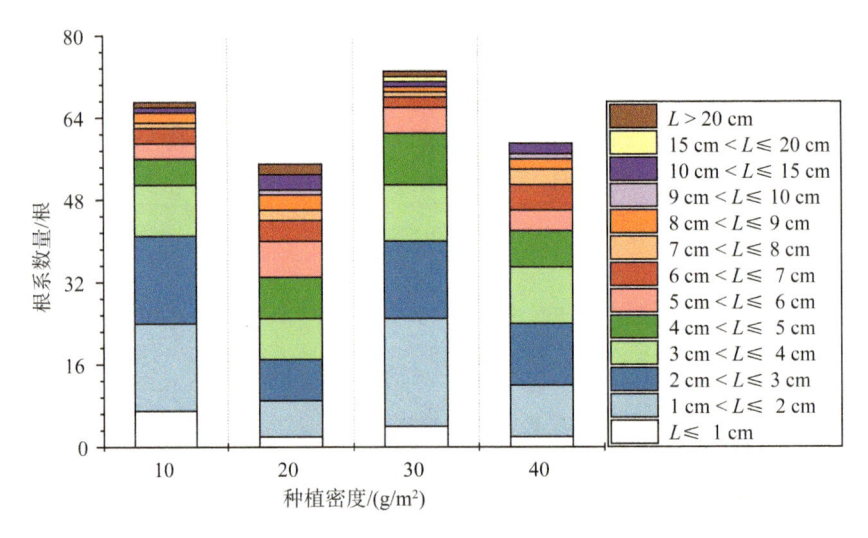

图 2.43 不同种植密度条件下,12 个月龄期白三叶不同根长的根系数量

(2) 四季青

12 个月龄期的四季青根径分布范围更集中,0.25 mm≤D<0.35 mm 根系较多,在 20 cm 深度内,四季青总根系数量随种植密度的增加而增大,但在 20 cm 深度外,30 g/m² 四季青的总根系数量最大。10 g/m² 四季青总根系数量随深度变化较小,约为 35 根,0.35 mm≤D<0.45 mm 根系出现于 15 cm 深度内。20 g/m² 四季青中 0.25 mm≤D<0.35 mm 根系数量随着深度的增大而先增大后减小。30 g/m² 四季青中 0.35 mm≤D<0.45 mm 根系仅出现于 25~30 cm 深度内。40 g/m² 四季青在 10~15 cm 深度内的根径分布范围最广,其包含 0.45 mm≤D<0.55 mm 根系(图 2.44)。

当生长龄期为 12 个月时,四季青根系数量均多于 100 根,L≤3 cm 的四季青根系数量随种植密度的增加而增大,四季青根系数量随着根长分布范围的扩大而减少;四季青中 L>6 cm 的根系数量均大幅减少。10 g/m² 和 40 g/m² 四季青缺少 9 cm<L≤10 cm 和 L>15 cm 根系,20 g/m² 四季青缺少 8 cm<L≤9 cm 和 L>10 cm 根系,30 g/m² 和 40 g/m² 四季青中 3 cm<L≤4 cm 根系数

量约为 10 g/m² 和 20 g/m² 四季青 3 cm<L≤4 cm 根系数量的 2 倍，40 g/m² 四季青中 10 cm<L≤15 cm 根系数量相比其他种植密度为最大（图 2.45）。

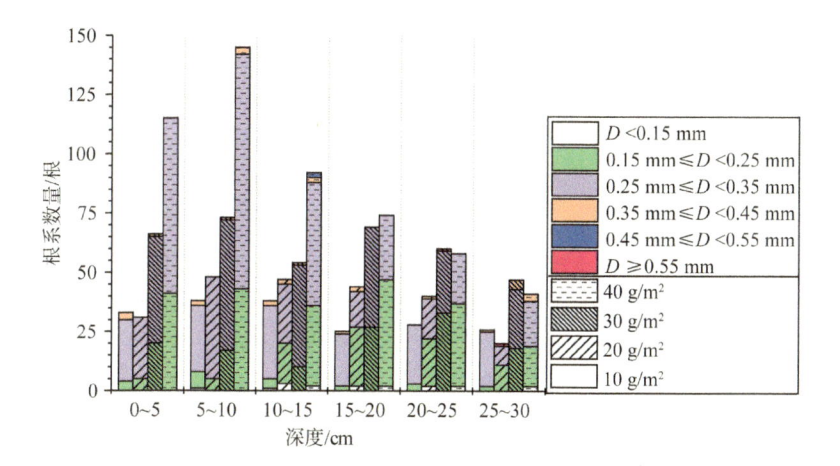

图 2.44 不同深度范围和种植密度下，12 个月龄期四季青不同根径的根系数量

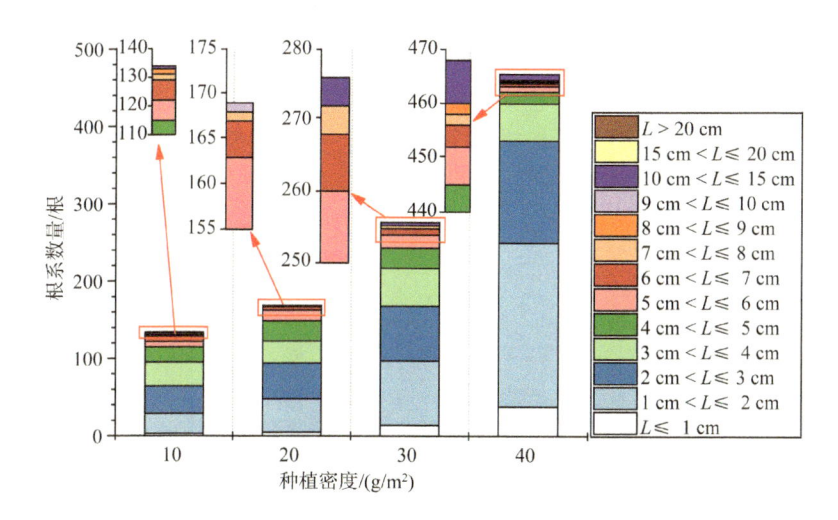

图 2.45 不同种植密度条件下，12 个月龄期四季青不同根长的根系数量

(3) 四季青＋百喜草

(10＋10)g/m² 四季青＋百喜草在 15 cm 深度内的根径分布范围相同，根径 D<0.45 mm，在 20 cm 深度外其根径分布范围为 0.15 mm≤D<0.45 mm。(12＋8)g/m² 四季青＋百喜草总根系数量随深度增加而减少，在 10 cm 深度内根径 D<0.55 mm，且其根系数量相近。(14＋6)g/m² 四季青＋百喜草的总根系数量随深度的增加而减小。(16＋4)g/m² 四季青＋百喜草的根径分布范围为

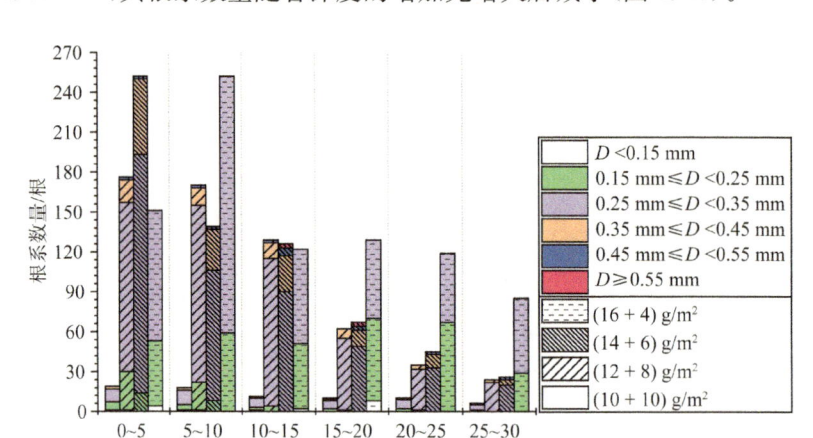

D<0.35 mm,其根系数量随着深度的增加先增大后减小(图 2.46)。

图 2.46 不同深度范围和种植密度下，12 个月龄期四季青＋百喜草不同根径的根系数量

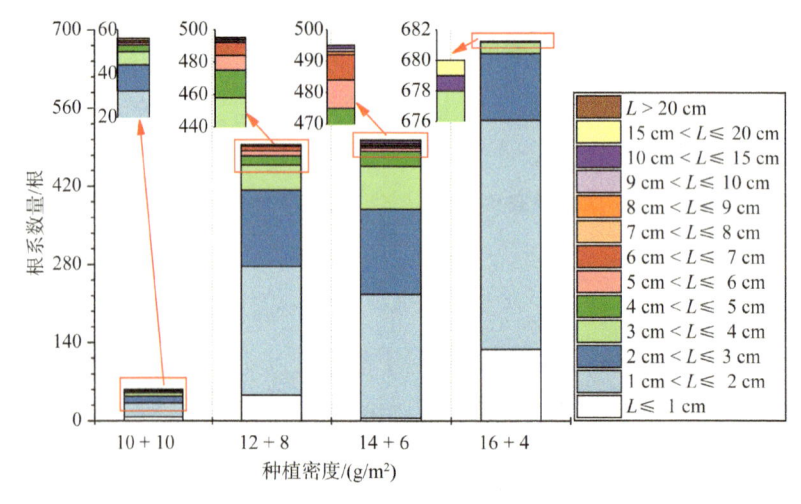

当生长龄期为 12 个月时,在四季青＋百喜草的种植密度和相等的条件下,四季青＋百喜草根系数量随四季青含量的增多而增大;四季青＋百喜草的根系数量随根长分布范围的扩大而减小。(12＋8)g/m² 和 (14＋6)g/m² 四季青＋百喜草的总根系数量约为(10＋10)g/m² 四季青＋百喜草的 9 倍;(12＋8)g/m² 和 (14＋6)g/m² 四季青＋百喜草中 1 cm<L≤3 cm 及 4 cm<L≤5 cm 根系数量相近,但(12＋8)g/m² 四季青＋百喜草不含有 L>15 cm 根系。(16＋4)g/m² 四季青＋百喜草中 L≤2 cm 的根系最多,L≤2 cm 的根系数量约为总根系数量的 4/5(图 2.47)。

图 2.47 不同种植密度条件下，12 个月龄期四季青＋百喜草不同根长的根系数量

2.3.4 草本植物根系力学性质

白三叶、四季青和百喜草根系的抗拉强度亦由单根根系的拉伸试验获取,试验装置、试验方法等仍如第 2.2.7 节所述,但本次白三叶、四季青和百喜草的拉伸根系根长控制在 5 cm。白三叶、四季青和百喜草抗拉强度与根径之间的关系及该关系的拟合曲线如图 2.48 所示。因生长环境、种子发育和养分吸收等多种因素均易影响根系的生长发育,即使在根径相等的条件下,根系的抗拉强度也易出现较大差异,故该组数据的离散性较强。三种草本植物根系的抗拉强度均随根径的增大而减小,其下降斜率随根径的增加先增大后减小。白三叶根系的抗拉强度大于四季青和百喜草;当 $D<0.25$ mm 时,四季青根系的抗拉强度远大于百喜草的抗拉强度,但当 0.25 mm$\leqslant D<0.8$ mm 时,四季青与百喜草的抗拉强度相近。

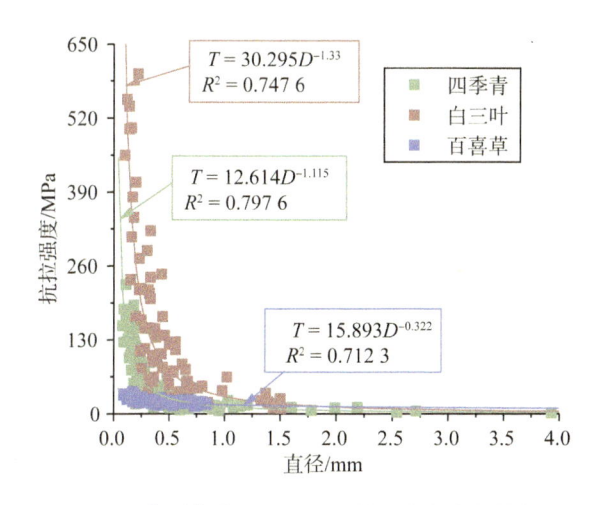

图 2.48 典型草本植物根系抗拉强度与直径的关系

根据图 2.21 和图 2.48 中百喜草根系的抗拉强度和直径的关系拟合式可知,室内种植试验和现场种植试验下相同根径的百喜草根系抗拉强度不同。当 $D<0.27$ mm 时,室内种植试验下百喜草根系抗拉强度更高;但当 $D\geqslant 0.27$ mm 时,现场直剪试验下百喜草根系抗拉强度更高。出现上述现象的主要原因为室内种植试验和现场种植试验下百喜草生长环境差异较大,该差异造成百喜草根系中纤维素等基本组成物质含量不同。相较于室内种植试验,①现场种植试验因缺少泡沫箱等保温材料,温度较低;②现场种植试验不干扰植物的光合作用和呼吸作用,有利于延长草本植物生命周期;③现场种植试验环境具有较强的生物多样性,草本植物与土壤、土壤中微生物等生态互动增多。

2.4 本章小结

本章应用室内种植试验、现场种植试验和拉伸试验获取了百喜草、高羊茅、白三叶等草本植物根系物理力学性质指标，分析了生长龄期等对根系物理力学性质的影响，建立了根系物理力学性质关系表达式，得到结论如下：

(1) 百喜草、高羊茅根系在土体中呈网状分布，其分布密度自地表向下逐渐减少，逐渐细弱。百喜草和高羊茅根径均小于 1 mm，百喜草根系最大根长为 40 cm，高羊茅根系最长达 45 cm，且须根较多。基于地上植株生长情况，$(7+10)$g/m² 白三叶+百喜草根系优于$(15+7)$g/m² 紫花苜蓿+白三叶。

(2) 白三叶、四季青及四季青+百喜草根系数量通常随深度的增加，先增大后减小。白三叶、四季青及四季青+百喜草易发育根径小于 0.35 mm、根长小于 5 cm 根系。根径小于 0.35 mm 的白三叶、四季青根系数量随种植密度的增加而增大，但其四季青+百喜草根系数量随四季青种植密度的增大而增大。

(3) 梅雨季节应着重关注植物的生长状况，尤其注重植物的病虫害防治。注意适时修剪，修剪高度必须适中，总体上遵循 1/3 的修剪规则，修剪后高度以 4～6 cm 为宜。

(4) 因草本植物根系的生物学特性，草本植物根系的抗拉强度通常随着根径的增大而减小，可用幂函数描述抗拉强度与根径的关系。当草本植物种类、根径相同时，不同的生长环境导致草本植物根系中纤维素等基本组成物质含量出现较大差异，其为室内种植试验和现场种植试验下草本植物根系抗拉强度差异较大的主要原因。

参考文献

[1] 程洪,张新全.草本植物根系网固土原理的力学试验探究[J].水土保持通报,2002,22(5):20-23.

[2] 李建兴,何丙辉,谌芸,等.不同护坡草本植物的根系分布特征及其对土壤抗剪强度的影响[J].农业工程学报,2013,29(10):144-152.

[3] Mao Z, Bi Y, Geng M, et al. Pull-out characteristics of herbaceous roots of alfalfa on the loess in different growth stages and their impacts on slope stability[J]. Soil and Tillage Research, 2023, 225: 105542.

[4] Hathaway R L, Penny D. Root strength in some *Populus* and *Salix* clones[J]. New Zealand Journal of Botany, 1975, 13(3): 333-344.

[5] 赵丽兵,张宝贵.紫花苜蓿和马唐根的生物力学性能及相关因素的试验研究[J].农业工程学报,2007,23(9):7-12.

第3章

护坡植物根-土复合体强度计算方法

植物具有深根锚固、浅根加筋、降雨截留、减弱溅蚀等多重护坡功能。作为护坡结构的一部分,植物通过根系固土作用来增加土体的抗剪强度,一般根据室内土工试验或现场直剪试验获得根系土的力学强度。根-土复合体强度计算是根系土固土护坡研究中的重要环节,可为揭示根系-土复合体的相互作用机理与岸坡稳定性评估提供重要理论支撑。本章以长江河道岸坡上典型草本植物根系土为研究对象,分别开展室内直剪试验和现场直剪试验,获取典型草本植物根系土的抗剪强度,继而结合典型草本植物根系的物理力学性质以及根土的相互作用,提出根-土复合体强度计算方法。

3.1 根-土复合体室内直剪试验

3.1.1 试验步骤

以典型草本护坡植物为研究对象,选择百喜草和高羊茅单播,百喜草与白三叶、白三叶与紫花苜蓿混播开展种植试验。在生长龄期3个月、6个月、9个月时开展不同种植密度的百喜草、高羊茅根系土的取样及室内直剪试验。因草本植物根系在土体内随机分布、植物根系主要集中分布于0~10 cm深度内,本次试验用土为2 cm根系深度下的根系土。待植物根系生长龄期达到试验要求时,任意种植密度的典型草本植物根系土的取样步骤如下:

(1) 剪去草本植物茎叶部分,将直径 $d=6.18$ cm、厚度 $h=2$ cm 的环刀压入土中,并将其下压至环刀顶端达到根系深度下2 cm处,用削土刀切削出略大于环刀尺寸的土体。

(2) 取出切好的土体,切除环刀外的多余土体,并削平环刀两端,将环刀外砂土擦拭干净，若在削平土样过程中有根系外露影响试验结果，用剪刀剪除根系，并用切削的余土填满试样表面，保证试验土样填满环刀。

（3）应用记号笔记录土样编号，并用保鲜膜密封土块。

裸土试验样品的制备及重塑采用干密度控制原则，即保证制备的裸土干密度和用于种植草本植物的裸土的干密度相同，具体步骤如下：

（1）烘干裸土，去除其中杂质，按照密度为 1.41 g/cm³，求得填充直径 $d=6.18$ cm、厚度 $h=2$ cm 的环刀所需的裸土质量(84.6 g)。

（2）按照《土工试验方法标准》(GB/T 50123—2019)中第 4.6 节操作方法饱和裸土样；

（3）将饱和静置后的砂土样装入剪切盒中，并借助平木板整平试样。

根系土和裸土取样完成后，采用应变控制式直剪仪（四联剪）进行室内直接剪切试验（图 3.1）。室内直剪试验步骤主要分为试验制备、试验安装、试样饱和、试样固结和试样剪切。试样的饱和及固结快剪按照《土工试验方法标准》(GB/T 50123—2019)中的第 4.6 节和第 21 节进行操作。上述方法通常用于测试不同的垂直压力下土样破坏时的剪应力，继而根据库仑定律确定土样的抗剪强度参数，即内摩擦角和黏聚力。

图 3.1 应变控制式直剪仪

3.1.2 试验方案

本次室内直剪试验用根系土取自泡沫箱内（植物种植情况详见本书第 2.2 节），分别在砂土表面取土，土样基本情况详见表 3.1。作为对照组的不含根系砂土样，可将含根系土体中的根系摘除后，将其剩余土体烘干、过筛，再重塑为干密度为 1.36 g/cm³ 的试样。

表 3.1 室内直剪试验用根系土情况

植物种类	生长龄期	种植密度/(g/m²)	深度/cm
百喜草、高羊茅	3个月、6个月、9个月	10、20、30和40	0～6、6～12

继而,选用土层 0～6 cm、6～12 cm 处 20 g/m² 百喜草根系土、30 g/m² 高羊茅根系土开展室内直剪试验,以分析不同深度根系-砂土复合体的抗剪强度。选用 3 个月、6 个月、9 个月龄期的 20 g/m² 百喜草根系土、30 g/m² 高羊茅根系土开展室内直剪试验,以分析生长龄期对根系土抗剪强度的影响。

3.1.3 试验结果

3.1.3.1 种植密度对根系土抗剪强度的影响

不同种植密度的百喜草、高羊茅根系-砂土复合体的室内直剪试验结果及样本根系面积比率如表 3.2 所示。根系的存在显著增强了砂土的黏聚力,但对内摩擦角影响不大。相较于土体,根系具有更大的抗拉强度,当其在土体孔隙之中生长延伸时,就像细密的网将其周围的土体颗粒紧紧凝聚在一起,从而提高根-土复合体的黏聚力;同时,土体颗粒镶嵌在根系表面凹凸不平处,对根系起到了包裹作用,将其牢牢锚固在土体之中,此时根系相当于放置于土体中的细微钢筋,对土体起到了显著的"加筋"作用,从而提高了根-土复合体的整体强度。对于含根系土体而言,当受到剪切作用时,可视为内摩擦的摩擦作用不只存在于土体颗粒间,还存在于根系与土颗粒之间,所以可以将内摩擦角 φ 值看作根-土复合体的综合摩擦角。同样的道理,由于含根系土体在受剪切作用时会将剪切力传递给根系,进而转化为根系的抗拉力,故复合体的黏聚力 c 值可理解为是复合体的黏聚力与根系的抗拉力共同作用的结果,根系的抗拉强度也是 c 值的重要组成部分。当土体中的根系数量增多时,根系对土体的锚固作用明显增强,故 c 值会大幅度增加;草本植物根系的直径小,即使根系数量增多,土粒与根系的接触面积也不会大幅度增加,故根系含量对内摩擦角的影响很小[1]。胡其志等[2]则认为含根系土中根系数量的多少对内摩擦角的影响还与土体本身性质相关,含根量的大小对本身内摩擦角小的土体影响大,对本身内摩擦角大的土体影响小。

表 3.2 0～6 cm 深度处百喜草和高羊茅根系土抗剪强度及根系面积比率

植物种类	种植密度/(g/m²)	黏聚力 c/kPa	内摩擦角 φ/(°)	根系面积比率 RAR/%
无	—	3	29.6	—

续表

植物种类	种植密度 /(g/m²)	黏聚力 c /kPa	内摩擦角 φ /(°)	根系面积比率 RAR /%
百喜草	10	17	28.7	0.833
	20	26	28.9	1.042
	30	18	29.6	0.417
	40	18	29.7	0.625
高羊茅	10	12	30.9	0.417
	20	12	30.8	0.729
	30	27	30.0	1.250
	40	11	30.0	0.625

注：$RAR=AR/A$ 为根系面积比率，其中 AR 为穿过土体剪切面的根系总面积，A 为土体剪切面面积。

两种植物都存在一个最佳种植密度使根系加固砂土的效果最好，百喜草为 20 g/m²，高羊茅为 30 g/m²。除最佳种植密度外，两种根系对砂土黏聚力的提高效果随种植密度变化均较小；种植密度为 30 g/m² 时，高羊茅根系-砂土复合体的黏聚力显著提高。除高羊茅最佳种植密度外，在种植密度一样的情况下，百喜草根系对黏聚力的提高程度强于高羊茅根系。百喜草根系加固的砂土出现内摩擦角减小的情况，但降幅很小，小于 3.04%（图 3.2）。

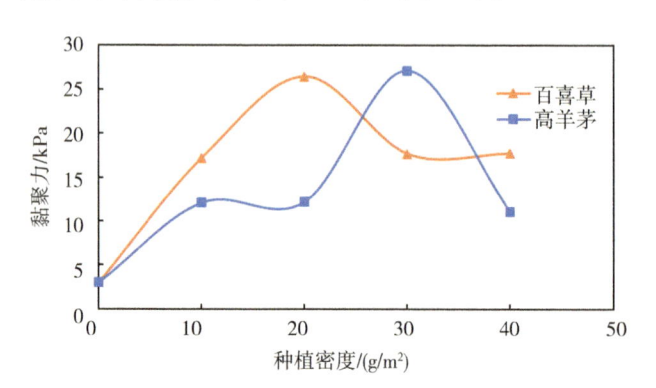

图 3.2 根系土黏聚力与种植密度的关系曲线图

3.1.3.2 深度对根系土抗剪强度的影响

0~6 cm、6~12 cm 处 20 g/m² 百喜草根系土和 30 g/m² 高羊茅根系土室内直剪试验结果如表 3.3 所示。0~6 cm 处的植物根系面积比率均远高于 6~12 cm 处，即根系在土体中的分布密度自地表向下逐渐减少，根径逐渐细弱，根系均集中分布于0~10 cm处土层。百喜草根系0~6 cm处土层的黏聚力是6~12 cm土层的1.73倍,高羊茅则是3倍,表明草本植物根系主要用于加固土体浅表层。

表3.3 不同深度处百喜草和高羊茅根系土抗剪强度及根系面积比率

植物种类	深度/cm	黏聚力 c /kPa	内摩擦角 φ /(°)	根系面积比率 RAR /%
百喜草	0~6	26	28.9	1.042
	6~12	15	29.0	0.313
高羊茅	0~6	27	30.0	1.250
	6~12	9	31.5	0.375

3.1.3.3 生长龄期对根系土抗剪强度的影响

1. 3个月生长龄期

3个月龄期百喜草根系土的黏聚力及内摩擦角分别为:$c=14$ kPa,$\varphi=29.4°$;3个月期高羊茅根系土的黏聚力及内摩擦角分别为:$c=7$ kPa,$\varphi=29.7°$。相较于不含根系土的抗剪强度参数($c=3$ kPa,$\varphi=29.6°$),两种根系土的黏聚力都有显著提高,分别是不含根系砂土的4.67倍和2.33倍,但对内摩擦角几乎没有影响。比较可知,3个月龄期百喜草根系对砂土黏聚力的增强效果要明显高于3个月龄期的高羊茅根系(图3.3)。

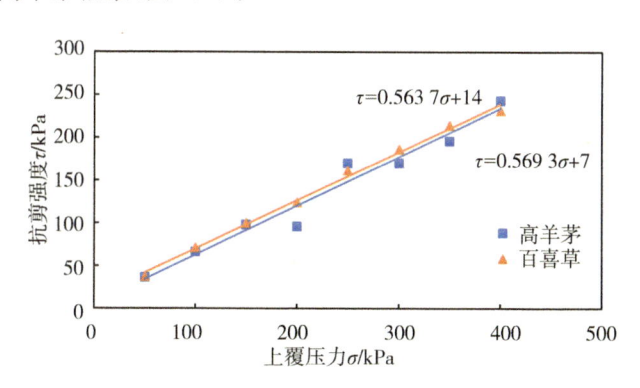

图3.3 3个月龄期根系土剪应力与上覆压力关系曲线图

2. 6个月生长龄期

6个月龄期百喜草根系土的黏聚力及内摩擦角分别为:$c=26$ kPa,$\varphi=28.9°$;6个月龄期高羊茅根系土的黏聚力及内摩擦角分别为:$c=27$ kPa,$\varphi=30°$。相较于3个月龄期,6个月龄期根系土的内摩擦角变化不大,但黏聚力有了显著提升。这是因为3个月至6个月龄期对应实际日期为2020年3月到6月,此期间温度适宜,雨水充沛,根系快速生长,不论是根系直径还是密集度都有明显提升。6个月龄期百喜草和高羊茅根系的须根和侧根发达,土体中根系含量多;根系自由生长,朝不同的方向延伸,在土体中乱向分布的根系可以看成是天然的纤维材料,且根系的抗拉强度、韧性和延性都比砂土高,故含根系砂土就好比是有纤维增强的复合体,相较于不含根系砂土,其抗剪强度、韧性和延性都有大幅度提高(图 3.4)。

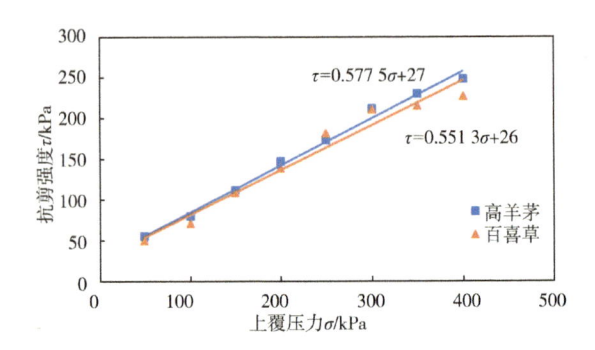

图 3.4　6 个月龄期根系土剪应力与上覆压力关系曲线图

3. 9 个月生长龄期

9 个月龄期百喜草根系土的黏聚力及内摩擦角分别为:$c=18$ kPa,$\varphi=27.5°$;9个月龄期高羊茅根系土的黏聚力及内摩擦角分别为:$c=13$ kPa,$\varphi=31.3°$。相较于 6 个月龄期,9 个月龄期百喜草根系土的黏聚力和内摩擦角均降低;9 个月龄期的百喜草根系土的黏聚力降低了 26.9%,这是因为 9 个月龄期的土样中两种根系的根系含量均减少,而百喜草根系的根径相较 6 个月龄期略有增大,故根系面积比率减小幅度较小,黏聚力减小的幅度相比高羊茅也较小;9 个月龄期高羊茅根系的根径相较 6 个月龄期没有增加,且含有已经枯死的根系,故黏聚力减小幅度较大(图 3.5)。

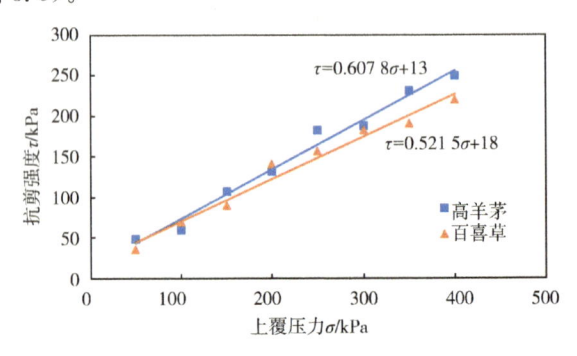

图 3.5　9 个月龄期根系土剪应力与上覆压力关系曲线图

不同生长时长的根系对砂土的抗剪强度均有较大的提升作用,尤其生长时长为 6 个月的百喜草、高羊茅根系对砂土抗剪强度的提高效果最为明显,均超过 20 kPa。受限于时间及场地,本次种植试验时间跨度较短,且 2020 年 6—7 月的梅雨期间,百喜草、高羊茅均出现发黄枯死现象,导致 9 个月龄期的土体中根系含量相较于 6 个月龄期大幅减少,且存在根系缩水枯死的现象,根系的抗拉强度也受到影响,导致 9 个月龄期含根系土体的抗剪强度增加值相较于 6 个月龄期大幅降低。在今后的试验中,应加强梅雨季节护坡植物的病害虫防治,避免此类现象发生(图 3.6)。

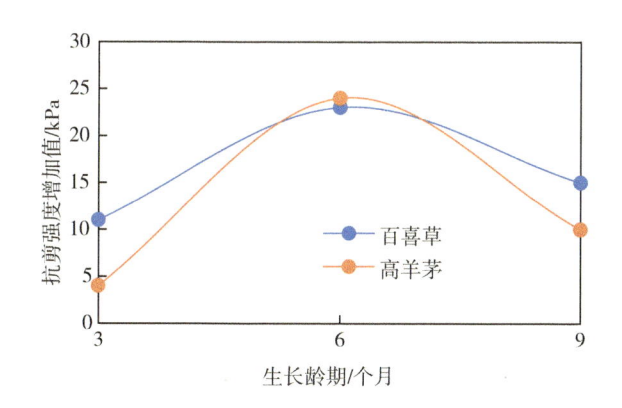

图 3.6　根系土抗剪强度增加值随生长龄期的变化曲线图

3.2　现场直剪试验

3.2.1　试验装置

本次现场直剪试验主要用于获取四季青及四季青＋百喜草根系土抗剪强度,试验装置为可移动性大型原位直剪仪(图 3.7),其主要由支撑模块、水平加载模块、垂直加载模块、移动控制模块、传感采集模块及数字化操作系统、数据采集平台等组成。

3.2.2　操作步骤

现场直剪试验的前期工作如下:①减去草本植物的茎叶部分,露出地表,在剪切试样两侧挖两道用于移动该直剪仪的沟槽,并在每个沟槽中铺设一条轨道[图 3.7(a)];②调整仪器至水平状态,用电锤在直剪仪两侧孔洞处将 1 m 长的钻头钻至 80 cm 深处的地下坚硬层[图 3.7(b)];③在用钻头钻好的孔洞内,用手持打桩机将螺旋地桩打入地下坚硬层中,挖除加载系统周围的土体[图 3.7(c)];④推动直剪仪使直剪仪两侧的孔洞与螺旋地桩对齐,继而用地桩连接件连接直剪仪和螺旋地桩[图 3.7(d)];⑤调整直剪仪至适宜高度并将其调整至水平状态,连接剪切盒和垂直加载模块的加载板,通过数字化操作系统下降剪切盒至测试高度[图 3.7(e)];⑥挖除剪切盒周围土体,拆分上、下剪切盒,通过数字化操作系统推动垂直加载模块的加载板至上剪切盒,并连接二者[图 3.7(f)];⑦放置加载块和滚珠至剪切试样上,并在试样上施加上覆压力至测试压力,维持该压力,使该压力保持稳定[图 3.7(g)];⑧开始剪切试样。在剪切过程中,仅上剪切盒沿着下剪切盒上的轨道移动,下剪切盒固定于土体中。

(a) 割除植物茎叶、挖槽及铺设仪器轨道　(b) 钻孔至地下坚硬层

(c) 将螺旋地桩钻入地下坚硬层中　(d) 连接直剪仪和螺旋地桩

(e) 下降剪切盒至测试高度　　(f) 连接剪切盒和水平加载板

(g) 在剪切试样上施加测试上覆压力

图 3.7　现场直剪试验的前期工作

3.2.3　试验方案

现场直剪试验用四季青和四季青＋百喜草根系土的情况详见表 3.4。植物种植情况、试验场地和试验用土详见本书第 2.3.2 节，本次现场直剪试验为应变控制式，设置剪切应变速率为 0.24 cm/min，测试深度分别为 5 cm 和 10 cm；为保证剪切试样含水率的均匀性，需在现场直剪试验前一天在土地中浇适量水，并铺盖塑料布，以保证根系土试样达到饱和状态；对于种植密度和深度相同的根系土，控制其试验时间相同；施加的上覆正压力为三级，分别为 50 kPa、100 kPa 和 150 kPa。在任意正压力下，对种植密度和深度相等的根系土重复进行 2 次剪切试验。根据 2 次剪切试验结果分析根系土的内摩擦角和黏聚力，如果内摩擦角和黏聚力的差异超过 20%，则重复该现场剪切试验，直至两个指标的差异满足试验要求。本次现场直剪试验的终止条件为剪应变达到20%,即剪切位移达到4 cm,若峰值剪应力对应的剪应变小于15%,取此峰值剪应力为该垂直应力下土体的抗剪强度,若在土体剪切过程中未出现峰值剪应力,以剪应变达到15%时的剪应力为该垂直应力下土体的抗剪强度,从而根据根系土的剪应力-正应力关系,获取根系土的内摩擦角和黏聚力。

表 3.4 现场直剪试验用根系土情况

生长龄期	根系土的植物种植密度及植物种类		正应力/kPa
12个月	10 g/m² 四季青	(10+10)g/m² 四季青+百喜草	50 100 150
	20 g/m² 四季青	(12+8)g/m² 四季青+百喜草	
	30 g/m² 四季青	(14+6)g/m² 四季青+百喜草	
	40 g/m² 四季青	(16+4)g/m² 四季青+百喜草	

3.2.4 试验结果

1. 四季青根系土

12个月龄期的四季青根系土剪应力和剪应变的关系如图3.8所示。四季青根系土的剪应力随着剪应变的增加而增大,但若剪应变超过10%,部分四季青根系土的剪应力减小。当剪应变小于1.3%时,四季青根系土的剪应力快速增大,剪切面位于10 cm深度的根系土剪应力增速明显高于5 cm深度。当正应力为50 kPa和100 kPa时,剪切面深度为5 cm和10 cm的10 g/m² 四季青根系土的剪应力-剪应变关系相近;当正应力为150 kPa、剪应变小于1%时,5 cm和10 cm深度的四季青根系土剪应力-剪应变关系相近,但当剪应变大于1%时,10 cm深度的根系土剪应力明显大于5 cm深度。在种植密度大于10 g/m² 及

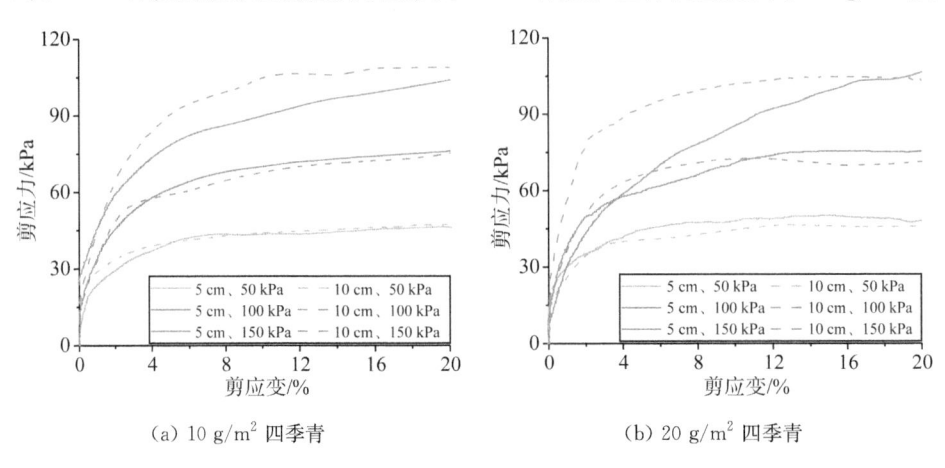

(a) 10 g/m² 四季青

(b) 20 g/m² 四季青

(c) 30 g/m² 四季青　　　　　(d) 40 g/m² 四季青

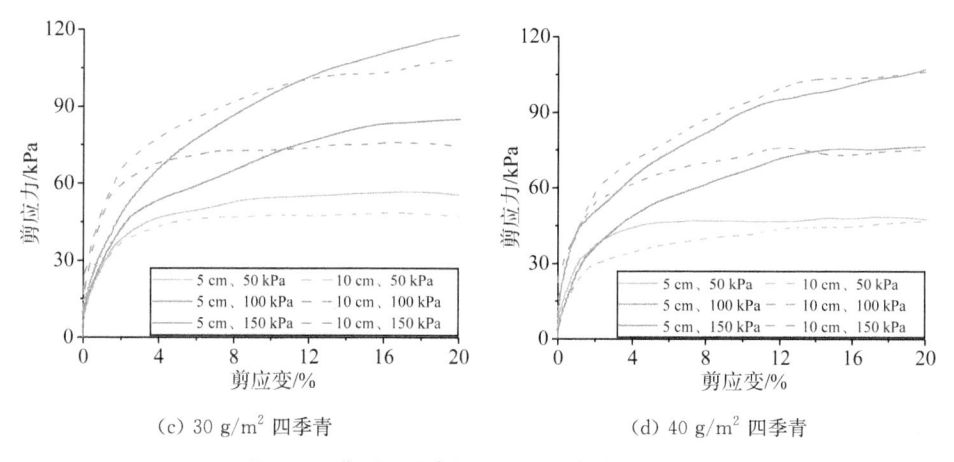

图 3.8　典型四季青根系土现场直剪试验结果

剪应变相同的条件下，正应力为 50 kPa 时，5 cm 深度的四季青根系土的剪应力在全测试过程中均大于 10 cm 深度；当正应力为 100 kPa 和 150 kPa 时，5 cm 和 10 cm 深度的四季青根系土剪应力-剪应变关系曲线存在交点，若剪应变小于该交点剪应变，10 cm 深度的根系土剪应力较大。

四季青根系土的抗剪强度指标如表 3.5 所示。四季青根系土的抗剪强度与正应力的相关性较强。当深度相同时，四季青根系土的内摩擦角和黏聚力随种植密度变化较小；当种植密度相同时，10 cm 深度的四季青根系土内摩擦角约比 5 cm 深度的四季青根系土大 4°，黏聚力约比 5 cm 深度的四季青根系土小 10 kPa。在低正应力条件下，5 cm 深度的根系土抗剪强度略高于 10 cm 深度，在高正应力条件下，5 cm 深度的根系土抗剪强度略低于 10 cm 深度。其中，30 g/m² 四季青根系土在 5 cm 深度的黏聚力最大，为 29.8 kPa；10 g/m² 四季青根系土在 10 cm 深度的内摩擦角最大、黏聚力最小，分别为 32.2°和 12.0 kPa。

表 3.5　四季青根系土抗剪强度指标

种植密度 /(g/m²)	深度 /cm	表达式	相关系数 R^2	内摩擦角 φ /(°)	黏聚力 c /kPa
10	5	$y=0.527x+21.1$	0.916 9	27.8	21.1
20	5	$y=0.490x+26.4$	0.997 8	26.1	26.4
30	5	$y=0.529x+29.8$	0.996 0	27.9	29.8
40	5	$y=0.512x+23.4$	0.995 1	27.1	23.4

续表

种植密度 /(g/m²)	深度 /cm	表达式	相关系数 R^2	内摩擦角 φ /(°)	黏聚力 c /kPa
10	10	$y=0.630x+12.0$	0.939 0	32.2	12.0
20		$y=0.582x+16.8$	0.995 5	30.2	16.8
30		$y=0.577x+19.6$	0.982 0	30.0	19.6
40		$y=0.598x+14.8$	0.997 4	30.9	14.8

2. 四季青+百喜草根系土

12 个月龄期的四季青+百喜草根系土抗剪强度和剪应变关系如图 3.9 所示。与四季青根系土相似，四季青+百喜草根系土的剪应力通常随剪应变的增加而增大，但部分四季青+百喜草根系土的剪应力-剪应变关系曲线具有峰值，当剪应变超过该峰值剪应力对应的剪应变时，5 cm 深度处 (16+4)g/m² 四季青+

(a) (10+10)g/m² 四季青+百喜草

(b) (12+8)g/m² 四季青+百喜草

(c) (14+6)g/m² 四季青+百喜草

(d) (16+4)g/m² 四季青+百喜草

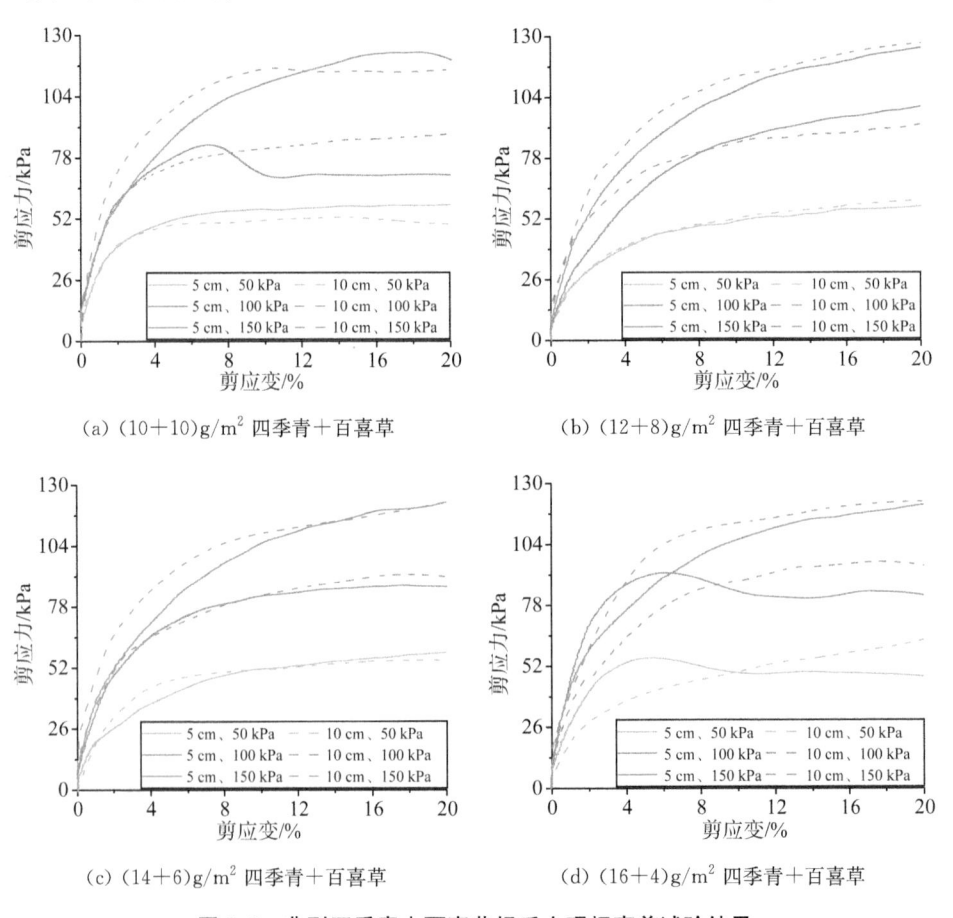

图 3.9 典型四季青+百喜草根系土现场直剪试验结果

百喜草根系土剪应力在 50 kPa 和 100 kPa 正应力逐渐减小后基本不变。当正应力为 100 kPa 时，5 cm 和 10 cm 深度四季青＋百喜草根系土的剪应力-剪应变的关系曲线存在交点，剪应变超过交点剪应变后，四季青＋百喜草根系土与等深度四季青根系土的关系变化规律略有不同。在该交点后，仅 $(12+8)\,\text{g/m}^2$ 四季青＋百喜草根系土在 5 cm 深度的剪应力大于 10 cm 深度的剪应力。

四季青＋百喜草根系土的抗剪强度指标如表 3.6 所示。四季青＋百喜草根系土剪应力和正应力的相关性较强。当深度为 5 cm 时，四季青＋百喜草根系土内摩擦角的差值基本小于 1°，其中，$(10+10)\,\text{g/m}^2$ 四季青＋百喜草根系土的内摩擦角最大，为 32.4°。四季青＋百喜草根系土的黏聚力受种植密度的影响较大，其中 $(16+4)\,\text{g/m}^2$ 四季青＋百喜草根系土的黏聚力最大，为 29.5 kPa，$(10+10)\,\text{g/m}^2$ 四季青＋百喜草根系土的黏聚力最小，为 23.8 kPa。当深度为 10 cm 时，除 $(10+10)\,\text{g/m}^2$ 四季青＋百喜草根系土外，其余四季青＋百喜草根系土的内摩擦角增大、黏聚力减小，$(16+4)\,\text{g/m}^2$ 四季青＋百喜草根系土的黏聚力仍为最大值；$(12+8)\,\text{g/m}^2$ 四季青＋百喜草根系土和 $(16+4)\,\text{g/m}^2$ 四季青＋百喜草根系土的内摩擦角相近，约为 33°。

表 3.6　四季青＋百喜草根系土抗剪强度指标

种植密度 /(g/m²)	深度 /cm	表达式	相关系数 R^2	内摩擦角 φ /(°)	黏聚力 c /kPa
10＋10	5	$y=0.634x+23.8$	0.9896	32.4	23.8
12＋8	5	$y=0.630x+26.4$	0.9790	32.2	26.4
14＋6	5	$y=0.608x+25.2$	1	31.3	25.2
16＋4	5	$y=0.620x+29.5$	0.983	31.8	29.5
10＋10	10	$y=0.589x+24.8$	0.9926	30.5	24.8
12＋8	10	$y=0.649x+23.7$	1	33.0	23.7
14＋6	10	$y=0.613x+25.0$	0.9930	31.5	25.0
16＋4	10	$y=0.642x+26.6$	0.9838	32.7	26.6

3.2.4.1　种植密度对根系土抗剪强度的影响

当深度为 5 cm 和 10 cm 时，四季青根系土的黏聚力均随种植密度先增大后减小，在种植密度为 30 g/m² 时达到最大值。然而，5 cm 和 10 cm 深度处四季青根系土的内摩擦角与种植密度的关系差异较大。当深度为 5 cm 时，10 g/m² 和 30 g/m² 四季青根系土的内摩擦角相近，均大于 20 g/m² 四季青根系土。当深度为 10 cm 时，四季青根系土的内摩擦角随种植密度的增大先减小后增大，

30 g/m² 四季青根系土的内摩擦角最小,为 30.0°(图 3.10)。

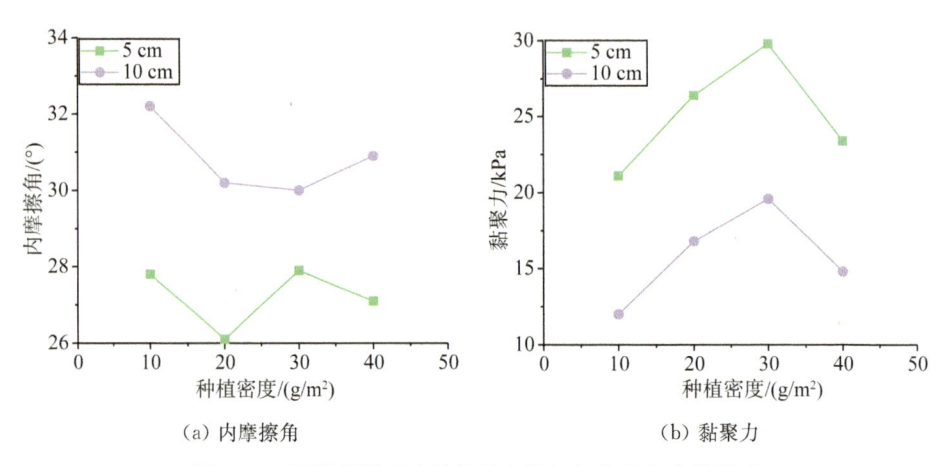

图 3.10 四季青根系土抗剪强度指标与种植密度的关系

当深度为 5 cm 和 10 cm 时,(16+4)g/m² 四季青+百喜草根系土的黏聚力最大,(14+6)g/m² 四季青+百喜草根系土的黏聚力相近,约为 25.1 kPa。与四季青根系土类似,5 cm 和 10 cm 深度处四季青+百喜草根系土的内摩擦角与种植密度的关系亦差异较大,但 5 cm 和 10 cm 深度处,(14+6)g/m² 四季青+百喜草根系土的内摩擦角约为 31.4°,(16+4)g/m² 四季青+百喜草根系土的内摩擦角高于(14+6)g/m² 四季青+百喜草根系土(图 3.11)。

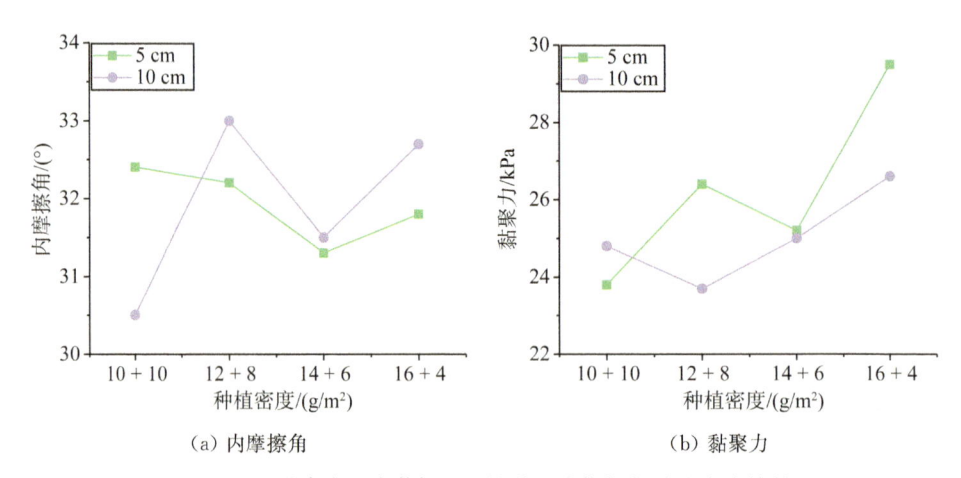

图 3.11 四季青+百喜草根系土抗剪强度指标与种植密度的关系

3.2.4.2 深度对根系土抗剪强度的影响

在现场直剪试验中,当种植密度和生长龄期相同时,深度对四季青和四季青+

百喜草根系土抗剪强度的影响不同。相同种植密度下,在 10 cm 深度内,四季青根系土内摩擦角随深度的增加而增大,但其黏聚力随深度的增大而减小(图 3.10);在 10 cm 深度内,四季青+百喜草内摩擦角和黏聚力随深度的变化较小(图 3.11)。可见,四季青根系土抗剪强度易受深度影响,但四季青+百喜草根系土抗剪强度受深度的影响较小。

3.3 根系土抗剪强度经典计算模型

植物根系固土的模型一直受到广大学者关注。基于大量的试验研究,各国学者陆续提出了多种经验公式、须根土壤(Fiber-soil)理论模型及理论模型的改进模型[3]。在生态护坡工程中,如何选择对岸坡稳定性提高效果最好的植物种类,以及如何更准确地预测根系对岸坡的加固效果,是学者们关注的热点问题。为此,众多学者深入研究根系固土机理,并建立了相应的物理学和统计学模型[4]。本节主要介绍三种最典型的根系固土模型及数值模型。

3.3.1 Wu 模型

20 世纪 70 年代,Wu[5] 及 Waldron[6] 建立了以极限平衡理论为基础的根系固土力学模型——Wu 模型。作为最早的根系固土力学模型之一,Wu 模型并非最精确与可靠的评估模型,但是由于需要的参数少、适用的植物种类多等优点,其成为适用范围最广的根系固土模型。Wu 模型假定土体中的根系全部垂直于剪切面分布,且当根-土复合体受到剪切作用时,所有根系被同时拉断。这一假定使得许多学者认为采用该模型计算根系增加的土体抗剪强度值时,得到的预测值大于实际值。

采用物理学模型法来计算根系对土体抗剪强度的提高效果时,通常是依据物理学公式再结合根系与土壤特性之间的关系进行计算。一般来讲,该模型方法计算的是静态的根系对土体的加固效果,常用库仑公式,即

$$\tau = c + \sigma_n \tan\varphi \tag{3-1}$$

式中:τ 为土壤的抗剪强度,kPa;c 为土壤黏聚力,kPa;σ_n 为法向应力,kPa;φ 为土体内摩擦角,(°)。

为了在式(3-1)中体现出根系对土体抗剪强度的增加效果,Wu 模型假定土体中所有的根系都垂直于剪切面分布,并把根系看成是对土体的一种额外的加固结构,因此根系的拉力在根-土复合体中体现为抗剪力,改进后的公式为

$$\tau = c + c_R + \sigma_n \tan\varphi \tag{3-2}$$

式中：c_R 为根系增加的抗剪强度值。

大量直剪试验的结果表明，土体中穿过剪切面的根系几乎全部是被拉断的，故现在大多数研究都采用根系的抗拉强度作为计算根系固土效果的指标值。在简单的根系模型中，根系拉力的大小为剪切力的正切值与法向应力的合力。所以，根系对复合体的抗剪强度增加值 c_R 可以表示为

$$c_R = T\left(\frac{A_R}{A}\right)k \tag{3-3}$$

$$k = \sin\theta + \cos\theta\tan\varphi \tag{3-4}$$

式中：θ 为土壤发生破坏时根系与法线的夹角，(°)；φ 为土体内摩擦角，(°)；T 为为根系的抗拉强度，MPa；A_R/A 为根系面积比率，其中 A_R 为穿过土体剪切面的根系总面积，A 为土体剪切面面积。

Wu 等[7]的试验表明，因根系的存在对土体内摩擦角的影响较小，式(3-4)中的 θ 和 φ 值的变化幅度很小（取值范围分别为 40°～90°和 25°～40°），所以在 Wu 模型中，k 值的取值在 1.1～1.3，本书采用中间值 1.2。Wu 模型中的两个主要参数分别为根系的抗拉强度 T 值和土体中的根系面积比率（A_R/A）。

3.3.2 纤维束模型

2005 年，Pollen 等[8]在考虑纤维破坏时承载力重新分布的基础上，建立了纤维束模型（the Fiber Bundle Model，FBM），其原理如图 3.12 所示。该模型假设：①根系属于线弹性材料，且土体中全部根系均垂直于剪切面分布；②荷载垂直于剪切面，n 个根上均匀地分布着初始荷载，根系抗拉强度随根系直径发生变化；③在荷载增加过程中，最弱的根先被拉裂，其承担的荷载均匀分布于未断裂的根上，以次类推，直到最后的根也被拉断。FBM 模型的优点是易于对根-土相互作用进行动态的参数化描述[9]。然而，根在受力过程中的渐进破坏特征主要取决于土体的变形、根系直径分布、几何性质、力学性质之间的相互作用和综合影响，而 FBM 模型未考虑这些因素。另外，因为 FBM 模型使用的是应力控制的加载过程，所以在超过最大的载荷峰值后是无法得到根束的力-位移关系曲线的，从而导致无法获得完整的力-位移关系曲线，对残余强度的评价也造成了妨碍[10]。

3.3.3 根束增强模型

上述两个根系固土模型在进行根系固土能力评估时，主要考虑根系的力学性能，即抗拉强度，以及土体中根系面积比率的影响。但在实际工程中，根系始

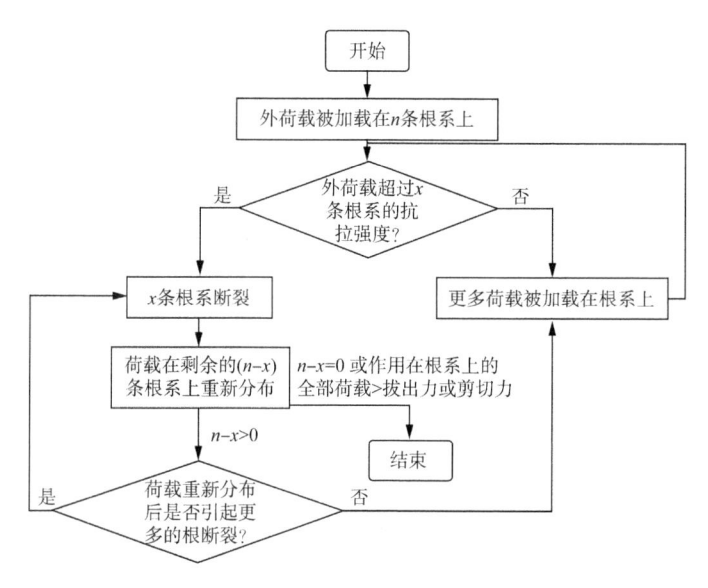

```
                    ┌──────┐
                    │ 开始 │
                    └──┬───┘
                       ▼
            ┌──────────────────┐
            │外荷载被加载在n条根系上│
            └──────┬───────────┘
                   ▼
          ╱────────────────╲
    是   ╱  外荷载超过x     ╲   否
  ◄─────╲  条根系的抗       ╱─────►
         ╲  拉强度？        ╱
          ╲────────────────╱
    ▼                              ▼
┌──────────┐              ┌──────────────────┐
│x条根系断裂│              │更多荷载被加载在根系上│
└────┬─────┘              └──────────────────┘
     ▼
┌──────────────┐    n-x=0 或作用在根系上的
│荷载在剩余的(n-x)│   全部荷载>拔出力或剪切力
│条根系上重新分布│
└──────┬───────┘
       │ n-x>0            ┌──────┐
       ▼                  │ 结束 │
  ╱──────────╲            └──────┘
 ╱ 荷载重新分布╲  否
╱ 后是否引起更 ╲────►
╲ 多的根断裂？ ╱
 ╲────────────╱
   │是
   └──► (回到 x条根系断裂)
```

图 3.12　纤维束模型原理[8]

终处于动态的生长过程中,要准确评估根系对土体强度的增强效果,土体本身的性质与根系的直径、长度、在土体中的生长形态以及根系与土体接触界面的黏结作用等都应该纳入考虑[4]。Schwarz 等[11-12]和周跃等[13]综合考虑了上述因素的主要影响,提出基于侧根破坏的根束模型(the Root Bundle Model,RBM),将根系固土机理的揭示及模型的建立推向一个新的高度。Wu 模型及 FBM 模型都基于垂直根的破坏,但在实际情况中植物边坡失稳则是侧根被拉断破坏[14]。RBM 模型综合考虑了根的抗拉强度、直径、长度、弯曲和分支,土的含水量和根土间的摩擦作用对根系固土作用的影响[11]。作为目前根系固土理论模型中考虑因素最为全面的模型,Schwarz 等的根束增强模型得出的模拟结果的准确性也大幅上升,因此越来越受到广大学者的重视。然而该模型的适用范围有限,是基于乔木根系的理论模型,用于模拟草本植物根系的固土效果时的准确性还有待进一步提高。

3.3.4　根-土复合体的数值模型

研究根-土复合体的力学特性时需要考虑的因素较多,若完全依靠试验进行探索,其工程量太大且耗时长;同时,采集根系进行试验也会对环境造成一定的破坏,难以大量收集根系样本。随着计算机硬件性能的提升,各数值模拟理论和软件也得到快速发展,数值模拟具有直观、高效等特点,可有效弥补现场试验的不足,故近年来越来越多的学者开始使用数值模拟方法研究根系的固土机理。

根系固土的数值模拟多采取有限元分析或离散元方法。Switata[15]使用可用于含植物根系的非饱和土体的改良型 Cam-clay 模型进行计算,研究了浅层土体中根系的初始含量对延迟滑坡发生的影响,结果表明即使是少量的根系存在也可以推迟由降雨引起的滑坡的形成。Lin 等[16]运用 Plaxis-3D-Foundation 软件对桂竹边坡进行稳定性分析。肖本林等[17]采用弹性杆件模型模拟根系,采用莫尔-库仑模型模拟土体,借助 ADINA 软件模拟了刺槐林边坡的应力应变场。Gasser 等[18]开发了一个新的框架(BankforNET)用于模拟水力侵蚀,该模型考虑了根系的力学效应,结果表明,在一定条件下,根系的存在可以显着降低水流对岸坡的侵蚀。陶嗣巍等[19]通过有限元模型与实验值对比,得出刚性连接模型可以较好地模拟根土相互作用对树干振动的影响。田佳等[20]利用 ABAQUS 软件对土-土、根-土界面的直剪摩擦试验进行数值模拟,默认采用 Coulomb 模型计算极限剪切应力,模拟计算的根-土界面和土-土界面的抗剪强度与试验结果基本一致(最大相对误差<10%),根-土界面的直剪摩擦试验可以通过其所建立的有限元数值模型来模拟。Mao 等[21]使用有限元方法(FEM)和离散元方法(DEM)模拟土体的直剪试验,尝试评估根系固土模型并比较两种数值方法,结果显示,与 FEM 相比,DEM 得到了更准确的结果并避免了收敛问题,但是需要更长的计算时间以及更复杂的参数。使用固土模型得到的预测值通常远高于实际试验得到的强度值,并且根系的力学性状对结果的影响很大。

在根系固土作用模型研究方面,相较于试验,数值模拟不需要进行根系挖掘、形态测量等复杂操作,且具有参数易于变换、结果形象直观等优点,故使用数值软件来模拟根系对土体的加固作用拥有非常广阔的发展前景。

3.4 典型草本植物根系土的优化 Wu 模型

Wu 模型把剪应力转换为拉应力计算,表达式简洁,所需参数较少,确定根的抗拉强度和根系面积比率后,即可快速确定根-土复合体的抗剪强度,易于理解和接受,故本节在 6 个月龄期不同种植密度的根系-砂土复合体直剪试验及根系拉伸试验的基础上,采用 Wu 模型对高羊茅、百喜草根系增强砂土的抗剪强度值进行预测,并与实测值进行对比,优化 Wu 模型,使其可以更为准确地评估典型草本植物根系加固砂土岸坡的效果。

3.4.1 Wu 模型预测值与实测值比较

根据不同种植密度的根系-砂土复合体的黏聚力及内摩擦角可求得上覆压力为 50 kPa 时的抗剪强度值,其与无根系土的抗剪强度值的差值即为实际抗剪强度增加值。朱锦齐等[22]的研究表明,在植物生长过程中,单根抗拉强度并无明显变化,故不考虑单根抗拉强度随时间变化的规律,将根系的平均抗拉强度(百喜草 24.73 MPa、高羊茅 16.96 MPa)及根系面积比率代入式(3-3)可求得 Wu 模型计算的抗剪强度增加值。由实际抗剪强度增加值除以 Wu 模型计算的抗剪强度增加值求得修正系数。计算结果如表 3.7 所示[23]。

表 3.7 上覆压力 50 kPa 时实测与 Wu 模型计算的抗剪强度增加值　　单位:kPa

含根土抗剪强度值	无根土抗剪强度值	实际增加值	Wu 模型预测增加值	修正系数
44.5		13.1	247.2	0.05
54.0		22.6	309.2	0.07
46.0		14.6	123.7	0.12
46.3	31.4	14.9	185.5	0.08
42.0		10.6	84.9	0.12
42.0		10.6	148.4	0.07
56.0		24.6	254.4	0.10
40.4		9.0	127.2	0.07

3.4.2 修正 k 值

考虑到本次试验采用体积除以高度求得根系面积比率,包含了土体中所有的根系,而 Wu 模型要求的用于计算根系面积比率的根系仅为穿过直剪面的根系,故此方法导致 Wu 模型预测值偏大,所以最终选取表 3.7 中的最大修正系数 0.12 作为最终修正系数,采用 0.12 乘以 Wu 模型预测增加值即可得到优化后的 Wu 模型预测值,对比如图 3.13 所示。

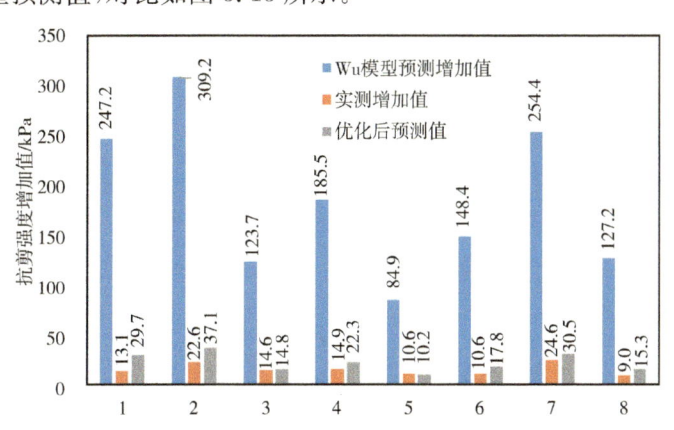

注:1～4、5～8 分别代表百喜草、高羊茅(10 g/m², 20 g/m², 30 g/m², 40 g/m²)

图 3.13 Wu 模型预测与实测剪应力增加值对比图

Wu 模型预测增加值远高于实际增加值,是实测值的 8～19 倍,优化后的 Wu 模型预测值与实测值较为接近,除种植密度为 10 g/m² 的百喜草的数据误差超过 60%外,其他数据误差均小于 30%。相较于优化前,模型计算结果的准确度大幅提升(表 3.7 和图 3.13)。其中,Wu 模型计算增加值中种植密度为 20 g/m² 的百喜草要高于 30 g/m² 的高羊茅,但实测值显示种植密度为 30 g/m² 的高羊茅对砂土抗剪强度的提高最大,其次才是种植密度为 20 g/m² 的百喜草。这是因为虽然百喜草的单根抗拉强度更高,但高羊茅根系更加密集且呈网状分布,不仅增加了土体的黏聚力,同时还提高了内摩擦角,故提高土体抗剪强度的效果更为明显。但在根系不是很密集(即不是最佳种植密度)的情况下,百喜草根系固土的效果要优于高羊茅根系,这是由百喜草根系本身的力学性质,即百喜草根系单根抗拉强度要优于高羊茅所决定的。

修正后的总根系增强值 c_R 可以表示为

$$c_R = 0.12T\left(\frac{A_R}{A}\right) \qquad (3-5)$$

3.4.3 优化后 Wu 模型验证

使用 3.1.3.2 节中取土深度为 6～12 cm 处的土样的试验数据(黏聚力、内摩擦角及根系面积比率),计算上覆压力为 50 kPa 时的抗剪强度增加值,与优化后的 Wu 模型预测值进行对比,对比结果如表 3.8 所示。

表 3.8 上覆压力 50 kPa 时实测与优化后 Wu 模型计算的抗剪强度增加值

单位:kPa

含根土抗剪强度值	无根土抗剪强度值	实际增加值	修正后模型预测增加值	比值
42.7	31.4	11.3	10.8	1.05
39.6		8.2	8.9	0.92

优化后的 Wu 模型预测增加值与实际增加值的比值范围由原来的 8～19 大幅度降低,预测值十分接近实际值。对比原有模型的计算结果,优化后的模型计算结果准确度大幅提升。更重要的是,优化后的模型可以较为准确地预测草本植物根系对砂土抗剪强度的加固效果。

3.4.4 Wu 模型适用性讨论

通过对比 Wu 模型公式计算的根系-砂土复合体抗剪强度的增加值与室内直剪试验测得的抗剪强度增加值,可以分析该模型预测根系增强抗剪强度值的准确程度。本研究得到的 k 值参考值为 0.12,相较于朱锦奇等[23]研究的马尾松等木本植物得到的修正系数 0.69 和 Pollen[24]对林木根系的研究得到的修正系数 0.56 而言偏低,这是因为相较于木本植物,百喜草、高羊茅等草本植物根系较细,再加上采用在泡沫箱中加入纯砂土的方式来培育高羊茅、百喜草等草本植物,由于空间和肥力有限,其根系的根径相较于野外生长的根系小。Cohen 等[25]将根直径按 Weibull 分布模拟,也发现比较小的根径域通常更易造成传统 Wu 模型的高估。Waldron 等[26]和 Frydman 等[27]也认为对于草本或较小的林木,修正系数应该更小一些。Wu 模型假设根的破坏形式为同时断裂且根系均垂直于剪切面,而本试验中,根的破坏形式为弯曲或变形,并未断裂,并且根系均按照生长时的形态分布于砂土中,分布方向不可控,导致误差的出现。同时,相较于张乔艳等[28]、朱锦奇等[23]、及金楠[3]测量的根系面积比率,本次研究采用体积除以高度测得平均根系面积比率,导致根系面积比率总体偏大,从而计算得到的 Wu 模型预测值也偏大。百喜草、高羊茅等草本植物的根系根径过小,且颜色与砂土十分接近,通过图像扫描也难以从砂土中分辨出根系截面的存在,如何获得更为准确的根系面积比率是下一步需要解决的问题。这也说明,采用 Wu 模型高估了草本根系对于砂土加固效果的影响。

3.5 考虑种植密度及深度的根系土黏聚力增量计算方法

根系土黏聚力增量受植物根系物理力学性质的影响,而植物种植密度会影响植物根系的物理力学性质,而且植物根系的物理力学性质会随根系生长深度发生变化,但传统根系土黏聚力增量计算方法未考虑植物种植密度和计算深度,相当于认为根系土黏聚力增量不随种植密度、计算深度发生变化,这种计算方法与实际情况差异较大,不符合实际情况。因此,提出一种考虑种植密度及深度的根系土黏聚力增量计算方法,通过确定植物实际种植密度、计算深度和单位面积根束抗拉强度,综合考虑与植物种植密度、计算深度和单位面积根束抗拉强度相关的修正系数,得到考虑种植密度、计算深度和单位面积根束抗拉强度的根系土黏聚力增量计算方法,用于确定黏聚力增量值。

该考虑种植密度及深度的根系土黏聚力增量计算方法具有如下优点:

(1)综合地考虑了植物种植密度和计算深度对根系土黏聚力增量的影响,解决了现有技术未考虑不同种植密度及计算深度,导致计算得到的根系土黏聚力增量计算结果不准确的问题。

(2)综合地考虑了植物根系的物理力学性质,考虑了计算深度处的植物根径、植物根系抗拉强度,以及抗拉强度和根径的关系,并将其应用于根系土黏聚力增量计算中,通过线性拟合方法计算得到根系土黏聚力增量,并引入相关修正系数,计算结果与实测值更接近。

3.5.1 实施方式

考虑种植密度及深度的根系土黏聚力增量计算方法步骤如下:

(1) 通过实际种植情况确定植物实际种植密度。

(2) 测得裸土的黏聚力,待植物生长一定时间后,通过与测试裸土黏聚力相同的方法测得不同种植密度和计算深度下根系土的黏聚力,其中根系土中所用土体与裸土相同,计算根系土的黏聚力和裸土的黏聚力差值,得到根系土黏聚力增量。

(3) 获得步骤(2)中植物的根系生长最大深度以及计算深度处根系土横截面内所有的根径。

(4) 获得步骤(2)中植物的单根根系的抗拉强度,将根径的数值与单根植物根系抗拉强度的数值对应记录。

(5) 根据步骤(4)记录的根径、单根植物根系抗拉强度和步骤(3)记录的计算深度处横截面内所有根径,计算深度处根系土横截面内所有植物根系的抗拉力的计算公式为

$$F = \sum \frac{T_r \pi d^2}{4} \tag{3-6}$$

计算深度处根系土横截面单位面积根束抗拉强度的计算公式为

$$T_{rb} = \sum \frac{T_r \pi d^2}{4} / A \times 1\,000 \tag{3-7}$$

式中:T_{rb} 为计算深度处根系土横截面单位面积根束抗拉强度,kPa;A 为计算深度处根系土横截面面积,mm^2,为该计算深度处根系土横截面内土体横截面面积与根系横截面面积之和;T_r 为单根植物根系抗拉强度,MPa;d 为计算深度处根系土横截面内单根根系的根径。

(6) 将步骤(1)确定的实际种植密度、步骤(2)计算的根系土黏聚力增量值、步骤(3)确定的植物根系生长最大深度、步骤(5)计算深度处根系土横截面单位面积根束抗拉强度和黏聚力增量计算深度,用线性拟合方式得到根系土黏聚力增量的计算公式为

$$c_r = k_1 T_{rb} + k_2 T_{rb}^{\rho_0/\rho_{\text{plant}}} + k_3 T_{rb}^{h/h_{\max}} + b \tag{3-8}$$

式中：c_r 为根-土复合体黏聚力增量，kPa；T_{rb} 为计算深度处单位面积根束抗拉强度，kPa；ρ_0 为种植密度参考值，g/m² 或株/m²；ρ_{plant} 为植物实际种植密度，g/m² 或株/m²；h 为黏聚力增量计算深度，cm；h_{max} 为植物根系生长最大深度，cm；k_1 为考虑计算深度处根系土单位面积根束抗拉强度的修正系数；k_2 为考虑受植物种植密度影响的计算深度处根系土单位面积根束抗拉强度修正系数；k_3 为考虑受根系生长最大深度影响的计算深度处根系土单位面积根束抗拉强度的修正系数；b 为修正常数。

考虑种植密度及深度的根系土黏聚力增量计算方法还需注意如下内容：

①上述步骤(1)中所述植物实际种植密度是指单位面积上种植的植物数量：a)如果采用撒播方式种植植物，实际种植密度为单位面积上种植的种子质量；b)如果采用扦插方式种植植物，实际种植密度为单位面积上扦插的根苗数量。一般在工程上，实际种植密度是在种植植物之前就确定的。

②上述步骤(2)中用于测得裸土黏聚力及根系土黏聚力的试验方法需参照《土工试验方法标准》(GB/T 50123—2019)。

③上述步骤(3)中通过野外测试获得植物根系生长最大深度。因植物在野外生长情况更符合实际情况，通常选择野外测量计算深度处根系根径，得到计算深度处根系土横截面内的所有根径。植物根系生长最大深度可在植物生长龄期满足要求后现场测量。

④上述步骤(4)中通过室内单根拉伸试验获得单根植物根系的抗拉强度。

3.5.2 典型草本植物根系土的黏聚力增量计算模型

根据现场种植情况(本书2.3节)，四季青的种植密度 ρ_{plant} 即种子播撒密度分别为 10 g/m²、20 g/m²、30 g/m² 和 40 g/m²，因本次四季青实际种植密度均不小于 10 g/m²，故此次种植密度参考值选为 $\rho_0=10$ g/m²。

根据砂土饱和固结快剪试验结果，砂土的饱和黏聚力为 0 kPa，即裸土的黏聚力为 0 kPa。根据表3.5可知 5 cm 和 10 cm 深度处四季青根系土的黏聚力。因饱和砂土的黏聚力为 0 kPa，故四季青根系土的黏聚力增量与四季青根系土黏聚力测试值相等。

12 个月龄期的四季青根系生长最大深度 h_{max} 为 30 cm。0～5 cm 和 5～10 cm 深度处、根系土横截面面积 50×1 mm² 内不同根径范围内四季青根系数量如图2.44所示。现假设 5 cm 深度处不同根径范围内四季青根系数量与 0～5 cm 深度相同，10 cm 深度处不同根径范围内四季青根系数量与 5～10 cm 深度相同，并按下述方法简化四季青单根根系的根径：

当四季青单根根系的根径 $d<0.15$ mm 时，取 $d=0.1$ mm；

当四季青单根根系的根径 0.15 mm$\leqslant d<0.25$ mm 时，取 $d=0.2$ mm；

当四季青单根根系的根径 0.25 mm$\leqslant d<0.35$ mm 时，取 $d=0.3$ mm；

当四季青单根根系的根径 0.35 mm$\leqslant d<0.45$ mm 时，取 $d=0.4$ mm；

当四季青单根根系的根径 $d\geqslant 0.45$ mm 时，取 $d=0.5$ mm。

结合四季青根系抗拉强度与直径关系式(图 2.48)、图 2.44 中 5 cm 和 10 cm 深度处不同根径范围内四季青根系数量以及式(3-7)即可计算深度 5 cm 和 10 cm 处四季青根-土复合体横截面单位面积根束抗拉强度 T_{rb}，如表 3.9 所示。

表 3.9 深度 5 cm 和 10 cm 处四季青根-土复合体横截面单位面积根束抗拉强度

ρ_{plant}(g/m^2)	h(cm)	T_{rb}/kPa
10	5	1 548
20	5	2 013
30	5	4 114
40	5	7 007
10	10	2 447
20	10	3 174
30	10	4 654
40	10	9 073

结合表 3.9 以及 Wu 模型(本书 3.3.1 小节)，可得四季青根系土 Wu 模型 [式(3-9)]。四季青根系土 Wu 模型中，根-土复合体黏聚力增量 c_r 的修正系数 k'' 取值为 0.002 3，考虑根系相对于剪切面的弯曲角度的修正系数 k' 取值为 1.2。四季青根系土黏聚力增量实测值和 Wu 模型计算值对比如图 3.14 所示。四季青根系土黏聚力实测值与其 Wu 模型的计算值相差较大。

$$c_r = 0.002\ 3 \times 1.2 \times T_{rb} \tag{3-9}$$

因此，应用考虑种植密度及深度的根系土黏聚力增量计算方法，计算四季青根系土黏聚力增量。结合四季青种植密度 ρ_{plant}、黏聚力增量计算深度 h、植物根系生长最大深度 h_{max} 及表 3.5、表 3.9 和式(3-8)，经过拟合分析，得到式(3-10)：

$$c_r = -0.000\ 18 T_{rb} - 0.003\ 6 T_{rb}^{10/\rho_{plant}} - 0.646\ 7 T_{rb}^{h/30} + 29.682\ 7$$
$$R^2 = 0.891\ 8 \tag{3-10}$$

式(3-10)中，考虑计算深度处根系土横截面单位面积根束抗拉强度的修正

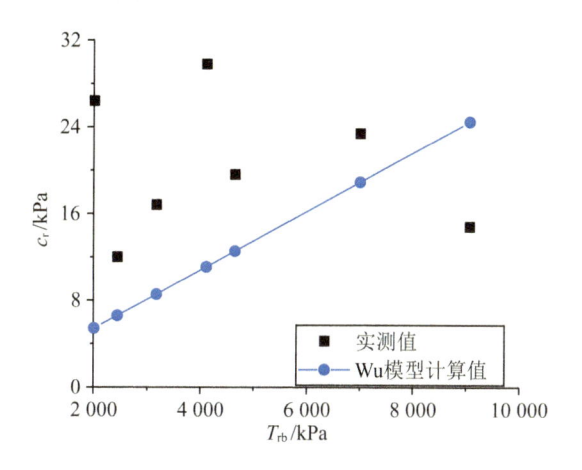

图 3.14　四季青根系土黏聚力增量实测值和 Wu 模型计算值对比图

系数 $k_1=-0.00018$，考虑受植物种植密度影响的计算深度处根系土横截面单位面积根束抗拉强度修正系数 $k_2=-0.0036$，考虑受根系生长最大深度影响的计算深度处根系土横截面单位面积根束抗拉强度的修正系数 $k_3=-0.6467$，修正常数 $b=29.6827$。

由式(3-10)计算四季青根系土黏聚力增量值，并与表 3.5 中四季青根系土黏聚力增量实测值进行比较(图 3.15)。四季青根系土黏聚力实测值与计算值的差值小于 3.5 kPa，最大误差占实际测量值的百分比小于 15%，误差范围合理，较为精准。可见，考虑种植密度及深度的根系土黏聚力增量计算方法较 Wu 模型更适宜计算种植密度、深度不同的四季青根系土黏聚力增量。

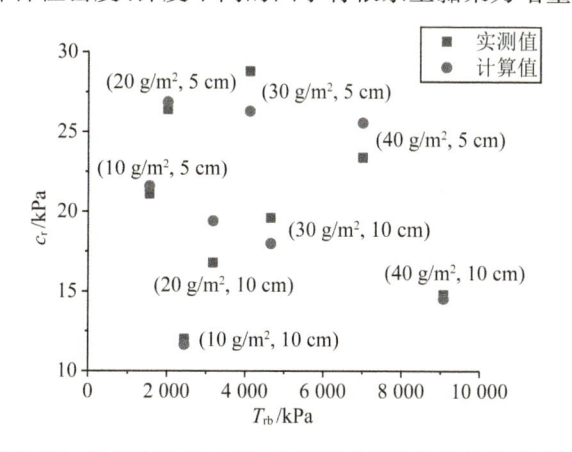

图 3.15　四季青根系土黏聚力增量实测值和计算值对比图

3.6 本章小结

本章应用室内直剪试验、现场直剪试验获取了百喜草、高羊茅和四季青根系土抗剪强度,分析了种植密度、深度和生长龄期对根系土抗剪强度的影响,提出了典型草本植物根系土黏聚力增量计算方法,得到结论如下:

(1) 百喜草、高羊茅分别在种植密度为 20 g/m²、30 g/m² 时对裸土黏聚力的提高效果最为明显。百喜草根系土和高羊茅根系土 0~6 cm 处土层的黏聚力均显著高于 6~12 cm 土层,表明百喜草和高羊茅根系主要对土体的浅表层起到加固作用。百喜草根系土和高羊茅根系土黏聚力增量由大到小依次为 6 个月龄期＞9 个月龄期＞3 个月龄期。

(2) 当深度为 5 cm 和 10 cm 时,四季青根系土的黏聚力均随种植密度先增大后减小,(16+4)g/m² 四季青＋百喜草根系土的黏聚力最大。增多的根系有利于提高土体摩擦力,但破坏土体团聚性,四季青内摩擦角在 10 cm 深度内随深度的增加而增大,但其黏聚力随深度的增大而减小。四季青＋百喜草根系土在 10 cm 深度内的内摩擦角和黏聚力随深度变化较小。

(3) 高羊茅根系土和百喜草根系土 Wu 模型中参数 k 的建议值为 0.12。k 值选用 0.12 后,Wu 模型计算增加值与实际增加值的比值范围由原来的 8~19 降低为 0.92~1.05,准确度大幅提升,可以较为准确地计算高羊茅根系土和百喜草根系土抗剪强度。

(4) 提出了考虑种植密度及深度的根系土黏聚力增量计算方法。该方法通过确定植物实际种植密度 ρ_{plant}、计算深度 h 和单位面积根束抗拉强度 T_{rb},综合考虑与植物种植密度、计算深度和单位面积根束抗拉强度相关的修正系数 k_1、k_2、k_3 和 b,确定根系土黏聚力增量。该方法较 Wu 模型能够更准确计算不同种植密度和深度的根系土黏聚力增量。

参考文献

[1] 杨亚川,莫永京,王芝芳,等.土壤-草本植被根系复合体抗水蚀强度与抗剪强度的试验研究[J].中国农业大学学报,1996(2):31-38.

[2] 胡其志,周一鹏,肖本林,等.根土复合体的抗剪强度研究[J].湖北工业大学学报,2011,26(2):101-104.

[3] 及金楠.基于根土相互作用机理的根锚固作用研究[D].北京:北京林业大学,2007.

[4] 杨旸,字淑慧,余建新,等.植物根系固土机理及模型研究进展[J].云南农

业大学学报(自然科学版),2014,29(5):759-765.

[5] Wu T H. Investigation of landslides on prince of Wales Island, Alaska[M]. Columbus: Ohio State University, 1976.

[6] Waldron L J. The shear resistance of root-permeated homogeneous and stratified soil[J]. Soil Science Society of America Journal, 1977, 41(5): 843-849.

[7] Wu T H, McKinnell Ⅲ W P, Swanston D N. Strength of tree roots and landslides on Prince of Wales Island, Alaska[J]. Canadian Geotechnical Journal, 1979, 16(1): 19-33.

[8] Pollen N, Simon A. Estimating the mechanical effects of riparian vegetation on stream bank stability using a fiber bundle model[J]. Water Resources Research, 2005, 41(7): 1-11.

[9] 付江涛,李光莹,虎啸天,等.植物固土护坡效应的研究现状及发展趋势[J].工程地质学报,2014,22(6):1135-1146.

[10] 周云艳,陈建平,王晓梅.植物根系固土护坡机理的研究进展及展望[J].生态环境学报,2012,21(6):1171-1177.

[11] Schwarz M, Cohen D, Or D. Root-soil mechanical interactions during pullout and failure of root bundles[J]. Journal of Geophysical Research: Earth Surface, 2010, 115: F04035.

[12] Schwarz M, Preti F, Giadrossich F, et al. Quantifying the role of vegetation in slope stability: A case study in Tuscany (Italy)[J]. Ecological Engineering, 2010, 36(3): 285-291.

[13] 周跃,徐强,络华松,等.乔木侧根对土体的斜向牵引效应:Ⅰ原理和数学模型[J].山地学报,1999,17(1):4-9.

[14] 田佳,曹兵,及金楠.植物根系固土作用模型研究进展[J].中国农学通报,2015,31(21):209-219.

[15] Switata B M. Numerical simulations of triaxial tests on soil-root composites and extension to practical problem: Rainfall-induced landslide[J]. International Journal of Geomechanics, 2020, 20(11): 04020206.

[16] Lin D G, Huang B S, Lin S H. 3-D numerical investigations in-to the shear strength of the soil-root system of Makino bamboo and its effect on slope stability[J]. Ecological Engineering, 2010, 36(8): 992-1006.

[17] 肖本林,罗寿龙,陈军,等.根系生态护坡的有限元分析[J].岩土力学,

2011,32(6):1881-1885.

[18] Gasser E, Perona P, Dorren L, et al. A new framework to model hydraulic bank erosion considering the effects of roots[J]. Water, 2020, 12(3): 893.

[19] 陶嗣巍,赵东. 根土相互作用关系对树干振动特性的影响[J]. 南京林业大学学报(自然科学版),2013,37(6):77-81.

[20] 田佳,曹兵,及金楠,等. 花棒沙柳根与土及土与土界面直剪摩擦试验与数值模拟[J]. 农业工程学报,2015,31(13):149-156.

[21] Mao Z, Yang M, Bourrier F, et al. Evaluation of root reinforcement models using numerical modelling approaches[J]. Plant Soil, 2014, 381(1-2): 249-270.

[22] 朱锦奇,王云琦,王玉杰,等. 基于植物生长过程的根系固土机制及Wu模型参数优化[J]. 林业科学,2018,54(4):49-57.

[23] 朱锦奇,王云琦,王玉杰,等. 基于试验与模型的根系增强抗剪强度分析[J]. 岩土力学,2014,35(2):449-458.

[24] Pollen N. Temporal and spatial variability in root reinforcement of stream banks: Accounting for soil shear strength and moisture[J]. Catena, 2007, 69(3): 197-205.

[25] Cohen D, Schwarz M, Or D. An analytical fiber bundle model for pullout mechanics of root bundles[J]. Journal of Geophysical Research: Earth Surface, 2011, 116: F03010.

[26] Waldron L J, Dakessian S. Soil reinforcement by roots: Calculation of increased soil shear resistance from root properties[J]. Soil Science, 1981, 132(6): 427-435.

[27] Frydman S, Operstein V. Numerical simulation of direct shear of root reinforced soil[J]. Proceedings of the Institution of Civil Engineers-Ground Improvement, 2001, 5(1): 41-48.

[28] 张乔艳,唐丽霞,潘露,等. 喀斯特地区灌木根系力学特性及WU模型适用性研究[J]. 长江科学院院报,2020,37(12):53-58.

第4章

降雨作用下生态岸坡抗侵蚀性能试验

降雨、渗流和冰雪冻融等是诱发岸坡坡面侵蚀、崩塌的主要因素。在降雨冲刷作用下，岸坡发生侵蚀破坏，包括土颗粒分离、泥沙运移和沉积等，是复杂的流体力学和土体水蚀综合作用的非线性过程。岸坡侵蚀破坏是水力侵蚀（如溅蚀、片蚀、沟蚀）和重力侵蚀作用的结果，降雨的不同阶段中不同侵蚀方式贡献程度存在差异性。植被防护岸坡能提高坡面抵抗径流搬运泥沙的能力，同时能够滞洪补枯、调节水位、提高河岸稳定性，极大保护了河岸带生态环境。植被防护岸坡的抗侵蚀效应是评价生态护岸防护效果的关键指标之一，主要受控于水文条件、岸坡形态、土体物理力学性能、降雨量特征等因素。本章开展土质岸坡和植生岸坡降雨物理模型试验，研究降雨作用下土质岸坡和植生岸坡渐进破坏的全过程，揭示其变形失稳机理，对比分析降雨作用下植物对岸坡的防护效应，为岸坡稳定性评价与生态防护设计提供支撑。

4.1 降雨作用下砂土岸坡变形过程试验研究

本次砂土岸坡降雨试验主要采用均匀型降雨试验和前锋型降雨试验。均匀型降雨为在全降雨时段内，降雨强度不随降雨历时发生改变的降雨。前锋型降雨为降雨强度峰值出现于降雨初期的降雨，其降雨强度随着降雨历时的增加而减小。利用均匀型降雨试验，分析坡比和降雨强度对岸坡物理力学性质的影响；基于前锋型降雨试验，获取岸坡在前锋型降雨下的物理力学性质变化规律。

4.1.1 物理模型试验装置及材料

本试验依托于南京水利科学研究院当涂试验基地引调水工程安全保障试验厅，针对典型砂土岸坡，在带有智能人工降雨系统的地质灾害大型物理模型试验平台中按照不同的坡比、雨强等设计多种物理模型，研究多因素作用下砂土岸坡侵蚀破坏过程、侵蚀破坏模式以及演变机理。本试验主要依靠该平台的试验模型槽和试验降雨系统。

1. 试验模型槽

自主研发地质灾害大型物理模型试验平台，构建河道岸坡大型框架式物理模型试验系统，由大型平台起降控制系统、可蓄水并自动调节水位的水位控制系统、智能人工降雨模拟系统、模型试验加载系统四套系统构成，如图 4.1 所示。试验模型槽平面尺寸为 8 m×4 m×4 m，可 1∶1 模拟自然长江中下游砂土岸坡实际情况。该试验系统可模拟和控制降雨与河流水位变化，深入研究复杂条件下河道岸坡侵蚀破坏机理、监测预警预报技术及防治关键技术等。

图 4.1　岸坡侵蚀破坏过程大型物理模型试验平台示意图

2. 试验降雨系统

本次试验主要利用智能人工降雨模拟系统，以平台起降控制系统辅助调节岸坡坡比，如图 4.2 所示。

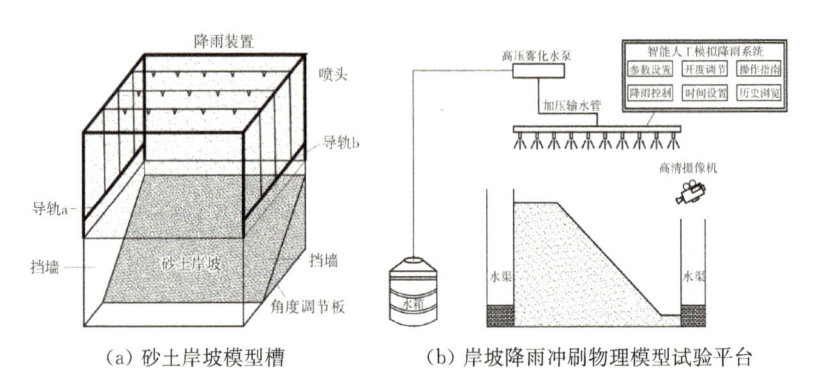

（a）砂土岸坡模型槽　　　（b）岸坡降雨冲刷物理模型试验平台

图 4.2　砂土岸坡大型物理模型试验平台

人工模拟降雨规模为 30 m², 为防止降雨区域出现盲点, 试验根据降雨均匀度原理选取点位布置喷头。依据降雨面积(30 m²)以及降雨高度(6 m), 单个喷头喷洒半径为 2.5 m, 采用每个喷头间距为 1.25 m 的叠加方式进行。喷头采用旋转下喷式, 喷洒角度 120°, 采用叠加方式增加降雨均匀度和雨强, 雨滴直径介于 1.0～5.0 mm 间, 符合通用模拟降雨雨滴标准, 试验比较图见图 4.3。

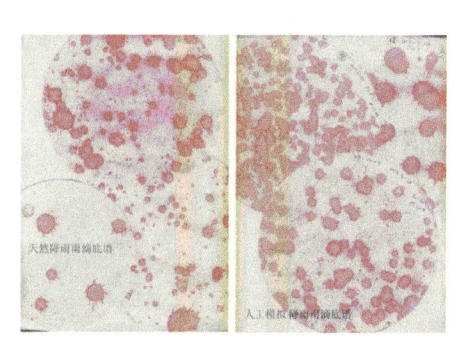

图 4.3 雨滴试验比较图

降雨管路系统布设在降雨支架上, 采用独立的降雨区供水, 通过调压的方式实现降雨。整体降雨管路可通过导轨在系统大框架结构上滑移, 以调节降雨区域。管路采用等分的方式布置, 降雨压力、降雨喷洒面积以及降雨均匀度稳定, 主供水管采用一侧平衡供水, 到顶部再根据流体力学原理进行平均分流。为提高管路耐用性, 所有管材均采用热镀管材料, 其中主供水管路采用 Ø50 的钢管, 支供水管道采用 Ø30 的钢管。

顶部降雨喷头采用 1.0 mm、1.5 mm、2.5 mm、3.2 mm、5.0 mm 五种规格的喷头组合降雨。喷头按照降雨均匀度的原理来布置, 以叠加方式增加降雨均匀度和雨强, 从而形成从小到大的雨强连续可调雨滴形态、降雨均匀度与自然降雨相似的人工自动模拟降雨。通过智能终端的一键式操作, 可进行 15～150 mm/h 的各种雨强模拟降雨, 均匀度大于 0.86, 如图 4.4 所示。

图 4.4 智能人工降雨控制系统

4.1.2　监测及数据采集系统

1. 孔隙水压力采集系统

孔隙水压力采集系统由微型孔隙水压力传感器、数据采集仪以及数据传输线组成,其中微型孔隙水压力传感器采用西安航动仪器仪表有限公司的 CYY2 型孔隙水压力传感器,如图 4.5(a)所示。其量程为 0~20 kPa,输出电压为 0~5 V,精度为 0.5%级。数据采集仪采用西安微正电子科技有限公司的 DX485 工业级标准模拟量采集器,如图 4.5(b)所示。数据采集仪共 16 通道,可通过 USB 接头与电脑连接,通过配套软件实时读取和保存数据,测量频率最高可达 1 000 次/s,精度可达到 10^{-6}。本试验在模型槽内埋设了 8 只孔隙水压传感器,并与数据采集仪连接,孔隙水压力传感器的变化通过数据采集仪转化为电信号,然后通过数据线将输出的电信号输出至计算机的数据采集系统,设置每间隔 15 s 采集一次孔隙水压力数据。

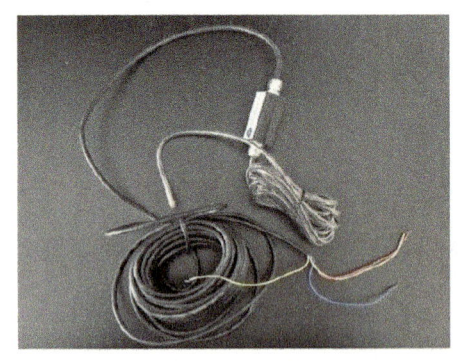

(a) 微型孔隙水压力传感器　　　　　　(b) 数据采集仪

图 4.5　孔隙水压力采集系统

2. 体积含水率采集系统

体积含水率系统由 TDR(时域反射技术)水分计、手持仪表以及集线箱组成,其中 TDR 水分计采用 GStar‑406 水分探测器(传感器),其量程为 0~1.0 m^3;手持仪表采用 MPM‑160B 手持仪表,显示测量结果精确到小数点后两位,如图 4.6 所示。TDR 水分计是由一个内含电子装置的防水室和一个钢针探针组成的。使用时,将探针插入土体中,然后将探针末端的电缆连接到适当的电压源和输出信号模拟器上进行测量。这种水分计具有非常高的精度和可靠性,并广泛应用于土体水分测量领域。MPM‑160B 手持仪表专为 GStar‑406 水分探测器配合使用,其内部采用微电脑芯片进行控制、运算、存储,并由一个 16 位液晶显示器显示测量结果,在测量土体体积含水率时,仪表可以直接显示土体体积含水率。本试验在模型槽内共埋设 14 只 TDR 水分计,为提高测量速度,采用 24 通道集线箱将传感器与手持仪表连接,确保测量数据的连续性,设置每间隔 15 min 采集一次体积含水率数据。

(a) TDR 水分计　　　　　(b) 手持仪表

图 4.6　体积含水率采集系统

3. 测点环境温度采集系统

测点环境温度采集系统由引线式温度传感器、温度无纸记录仪组成,其中引线式温度传感器采用 PT100 引线式温度传感器,量程为 $-50\sim200℃$;温度无纸记录仪采用 MIK-R9600 系列无纸记录仪,可满足 8 通道多功能信号输入,记录间隔为 1 s~60 min,如图 4.7 所示。本试验在模型槽内设置 8 只引线式温度传感器,当降雨流经温度传感器周围土体时,温度变化情况可直接传输并保存在无纸记录仪中,通过 USB 转接设备在计算机中读取。

(a) 引线式温度传感器　　　　　(b) 无纸记录仪

图 4.7　测点环境温度采集系统

4. 基质吸力采集系统

CYY2 微型基质势传感器主要基于非饱和土的吸水能力来测定土体的基质吸力。在非饱和土体的毛细孔隙内，表面张力使土体中的水分向上或向其他方向移动，直至土体孔隙内外压力达到平衡状态。该传感器主要测得土体的"负压"，其量程为 0~−100 kPa，输出电压为 0~5 V，精度为 0.1%，本次试验共需 4 支该仪器。上述 8 支微型孔隙水压力传感器和 4 支微型基质势传感器（图 4.8）均可与数据采集箱连接。数据采集箱如图 4.5(b)所示。传感器的变化规律通过数据采集箱转化为电信号，进而通过数据线将电信号传输至计算机的数据采集系统中，实现土体的孔隙水压力和基质吸力的自动化采集，采集时间间隔为 5 s。

图 4.8　微型基质势传感器

5. 图像采集系统

图像采集系统主要通过三个高清摄像机对岸坡侵蚀破坏过程进行实时监测。通过在模型槽正前方架设 DH‐SD‐8A2440V‐NBHL 型号的大华网络球机和 DS‐2CD3T86FWDV3‐I3S 型号的海康威视红外筒形网络摄像机，对模型岸坡坡面及坡顶的位移进行监测，记录岸坡侵蚀破坏每一时刻的变化情况，如图 4.9 所示。

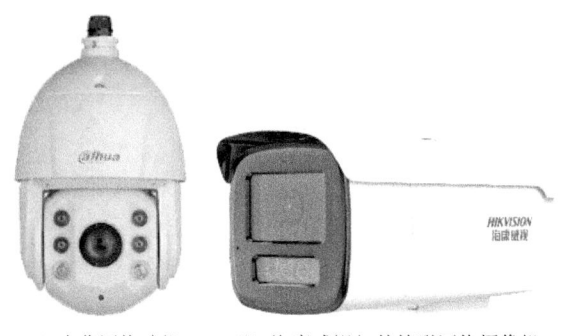

（a）大华网络球机　　（b）海康威视红外筒形网络摄像机

(c) 高清摄像机架设位置

图 4.9 图像采集系统

其中大华网络球机可以全程拍摄记录岸坡破坏的深度信息及三维模型,海康威视红外筒形网络摄像机对称架设在球机两侧,可以对岸坡破坏过程的每一时刻进行实时拍照。通过数据线将拍摄的照片传输到电脑中,通过图像处理技术对岸坡每一时刻坡体表面位移进行计算。在进行试验前,需要对高清摄像机的架设位置、周围光线影响等因素进行标定。

4.1.3 均匀型降雨物理模型试验

4.1.3.1 方案设计

1. 试验岸坡设计制作步骤

为保证试验结果的合理性,采用分层夯实法来填筑岸坡。根据新孟河岸坡的新开河坡比,试验中岸坡初始坡比为 1:2.5,砂土层厚度 50 cm。试验用砂土选择中砂、粉质河砂,按照 1:1 配合比混合而成。初始阶段晾晒足量的砂备用,初始含水率控制在 10%~15%(略低于最优含水率 16.9%)。试验前通过计算得到配置成要求含水率所需的水量,将试验所用的砂土与水混合进行机器搅拌,确保土体各处含水率均匀达到指定含水率。

物理模型试验土坡由两部分构成,即黏土层与砂土层。其中黏土层高度为 1 m,坡比 1:2.5,为厚层砂土物理模型的基层。黏土层每层铺填厚度为 20 cm,控制压实度 90%以上,每层采用环刀法检测三个点位;砂土层每层铺填厚度为 15~20 cm,控制压实度 90%以上,每层采用环刀法检测三个点位。

根据本次试验特点,监测系统主要由高精度传感器以及高清摄像机组成,传感器均匀布置在砂土层内,设置三条测线,在每条测线的纵断面离地 1 m、0.5 m 高度处埋设一组 TDR 水分计、孔隙水压力传感器、引线式温度传感器,同一埋设点埋入同类型传感器两个,埋设深度为距坡体表面 20 cm、40 cm,在黏土层与砂土层交界处埋设两个传感器,将水分计传感器编号为 TDR－S 1～12(简称 S－1～8)、TDR－C 1～2(黏土层与砂土层交界处,简称 C－1～8),孔隙水压力传感器编号为 P－1～8,温度传感器编号为 T－1～8,埋设位置示意图及编号如图 4.10 所示。

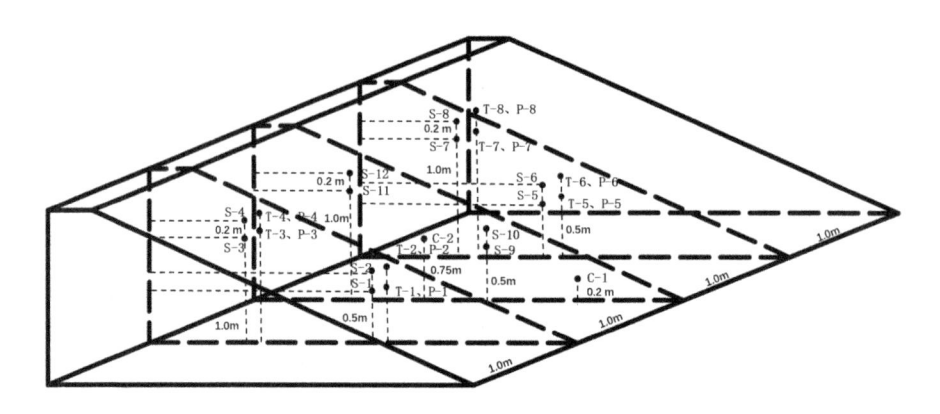

图 4.10　水分计、孔隙水压力、温度传感器埋设位置

模型填筑完成后,需按照设计要求坡度进行表面修坡作业。修坡完成后,在土体表面间距 60 cm 埋设八行彩色小球作为 SCDP－表面变形监测点,球体内部填充与周围土体相同比重的砂并于根部钉入图钉,编号为 SCDP－1～8,如图 4.11 所示。试验借助摄像机记录 SCDP－表面变形监测点位移情况,以反映坡面冲刷侵蚀的演变过程。

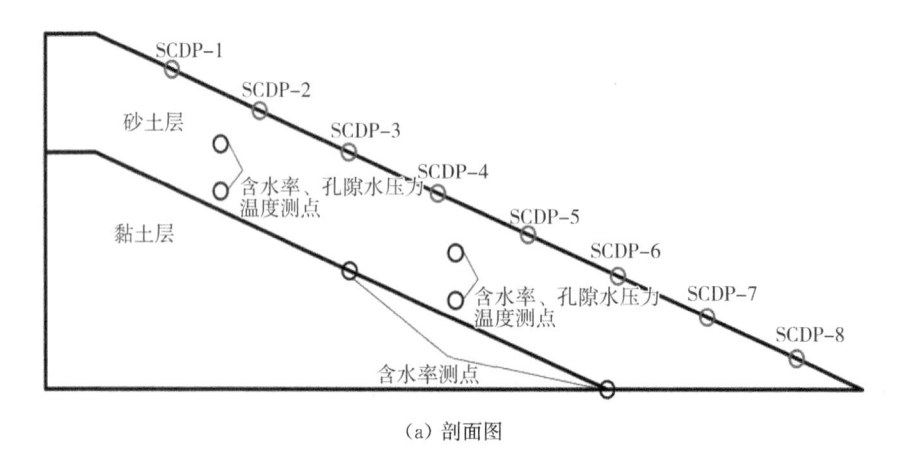

(a) 剖面图

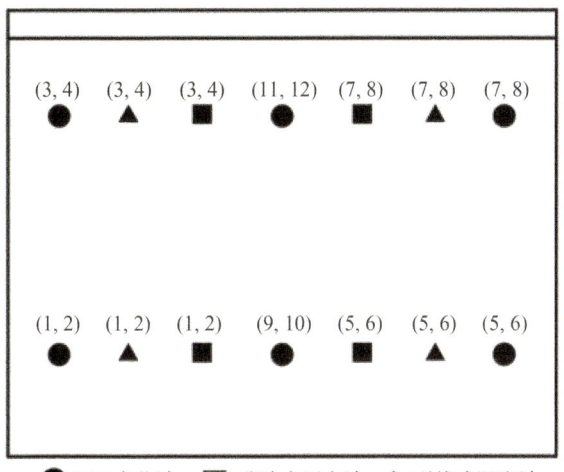

●TDR水分计　■孔隙水压力计　▲引线式温度计

(b) 平面图

图 4.11　传感器与表面变形监测点埋设位置

为实现不同坡比在极限雨强(150 mm/h)下的不同破坏规律对比,通过平台起降控制系统以及人工修筑相结合的方式,对岸坡坡比进行调整。为满足试验降雨要求,人工模拟降雨系统采用五种喷头 1.0 mm、1.5 mm、2.5 mm、3.2 mm、5.0 mm,通过对五种喷头的组合,可以模拟出试验所需的不同雨强。在试验开始前,检查传感器线路是否正确,确保传感器与数据采集仪、数据采集仪之间良性连接,并对图像采集系统进行调试。

2. 试验岸坡施工技术流程

按照岸坡设计制作步骤,模型布设需严格按照岸坡模型分层填筑标识点绘制、黏土层边坡分层填筑、黏土层边坡修坡、砂土层边坡分层填筑、砂土层边坡修坡、表层监测点埋设及传感器埋设等步骤开展,试验过程中实际施工流程如图 4.12 所示。

(a) 岸坡模型分层填筑标识点 　　　(b) 黏土层分层填筑压实施工

(c) 黏土层表面修坡施工　　　(d) 分层填筑及整平完成后的黏土层岸坡

(e) 砂土层分层填筑压实作业　　　(f) 按设计坡度对砂土层表面修坡

(g) 布设彩球变形监测点　　　(h) 布置完备的厚层砂土降雨冲刷岸坡

(i) 传感器埋设

图 4.12　物理模型现场布设施工技术流程图

正式试验开始前，需采用短历时微雨工况对试验系统的整体性及连通性进行检验，以确保传感器正常工作，厚层砂土降雨冲刷物理模型试验系统整体示意图如图 4.13 所示。

3. 试验工况设计

本次试验共设计三种均匀型降雨工况,雨强设定分别为 50 mm/h、100 mm/h、150 mm/h,降雨过程中岸坡一旦发生整体性侵蚀破坏即停止降雨。试验通过平台起降控制系统调节坡比,坡比设定分别为 1∶1、1∶1.5、1∶2.5。为研究降雨强度对砂土岸坡渗流场及稳定性的影响,设计并进行工况一、二、三试验;为研究岸坡坡比对砂土岸坡渗流场及稳定性的影响,设计并进行工况三、四、五试验,每种工况下的传感器及高清摄像机位置保持一致,具体方案如表 4.1 所示。

(a) 人工降雨系统喷头及管路设备

(b) 厚层砂土降雨冲刷砂土岸坡

图 4.13 厚层砂土降雨冲刷物理模型试验系统示意图

表 4.1 降雨冲刷物理模拟试验工况设计方案

工况	降雨雨强/(mm/h)	岸坡坡比
工况一	50	1∶2.5
工况二	100	1∶2.5
工况三	150	1∶2.5

续表

工况	降雨雨强/(mm/h)	岸坡坡比
工况四	150	1∶1.5
工况五	150	1∶1

4.1.3.2 试验现象分析

试验过程中,采用高清摄像机记录五组工况下的坡面冲刷侵蚀演变过程以及变形情况,结合坡体表面埋设的变形监测点,对比五组降雨冲刷试验结果,探究降雨作用下不同阶段的岸坡侵蚀变形特征。根据试验工况设计,工况一至工况三的目的是在初始坡比(1∶2.5)保持不变的情况下,探究不同降雨强度对砂土岸坡侵蚀破坏过程的作用,工况三至工况五的目的是在极限雨强(150 mm/h)不变的情况下,探究不同岸坡坡比对砂土岸坡侵蚀破坏过程的作用。其中,以坡面土体发生大范围崩塌或坡脚处土体发生结构性破坏为侵蚀破坏的标志,此时终止试验。下文将工况一至三、工况三至五进行结合,对比分析不同雨强和不同坡比下的砂土岸坡侵蚀破坏特征。

1. 不同雨强下岸坡侵蚀破坏过程

根据试验模型槽前的三台高清摄像机记录到的岸坡各个时刻的形态照片,分析降雨作用下岸坡整体侵蚀破坏过程。对比工况一至三的照片,分析不同试验条件下模型岸坡破坏特征及破坏过程的异同。初始坡比(1∶2.5)岸坡在不同降雨强度作用下的岸坡侵蚀破坏过程如图 4.14、图 4.15 和图 4.16 所示。在1∶2.5 的坡比情况下,工况一与工况二的岸坡失稳破坏过程基本类似,而在强降雨作用下工况三的岸坡破坏形态在空间和时间维度均发生变化。

工况一与工况二在降雨初期时均无明显变化。随着降雨的持续,坡体表层土体开始逐渐吸水并变得湿润。当土体吸水接近饱和时,雨水与松散的土颗粒之间产生了摩擦力,导致在坡体表面形成一层泥膜,从而形成了暂态饱和区。降落在坡面的雨水只有部分可以入渗土体,另一部分形成细小的坡面径流,携带少量泥沙堆积在坡脚处[图 4.14(b)、图 4.15(b)]。积水在坡脚处汇集,局部土体开始软化,表层土颗粒在水流冲刷侵蚀下被运移至别处[图 4.14(c)、图 4.15(c)],此时坡脚处的坍塌表现为土体不断被水力、重力剥离,土体自表层开始分层塌落,从而形成明显的塌落线[图 4.14(d)、图 4.15(d)]。坡脚塌落形成的悬空区产生拉应力,而土体抗剪强度随含水率增加而不断折减,导致塌落线不断向坡体后缘推移,同时不断向坡体两侧扩展,坍塌不断扩展导致更多的土体失去支撑，在降雨冲刷侵蚀作用下最终形成完整破坏断面。

(a) 初始时刻

(b) 30 min

(c) 60 min

(d) 120 min

(e) 240 min

(f) 420 min(岸坡破坏)

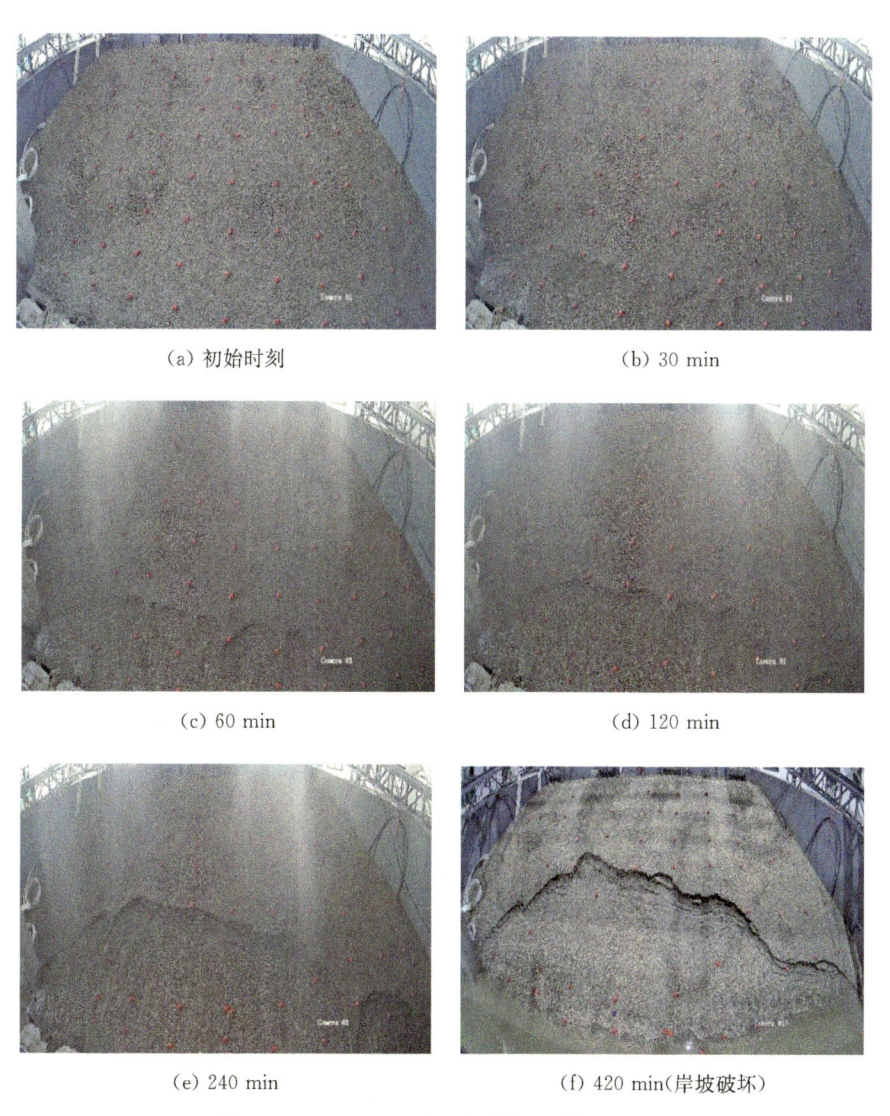

图 4.14　工况一下砂土岸坡失稳破坏过程图

工况二在试验进行 300 min 时出现坡顶土体塌落，坡脚至坡顶处土体塌落贯穿，岸坡完全破坏。而工况一由于降雨强度较低，岸坡侵蚀破坏的速度较慢，降雨未能及时排出模型槽，导致坡脚处出现大量雨水堆积，土体在长期浸泡下发生软化，坡脚处出现较大的结构性破坏。而坡顶处土体由于降雨冲刷作用较小，土体塌落速度慢，并且随着降雨时间推移，坡体滑落的土体不断在坡脚处堆积，导致应力重分布，最终未出现整体贯穿性失稳破坏。

(a) 初始时刻　　(b) 10 min

(c) 30 min　　(d) 40 min

(e) 60 min　　(f) 120 min

(g) 240 min　　(h) 300 min(岸坡破坏)

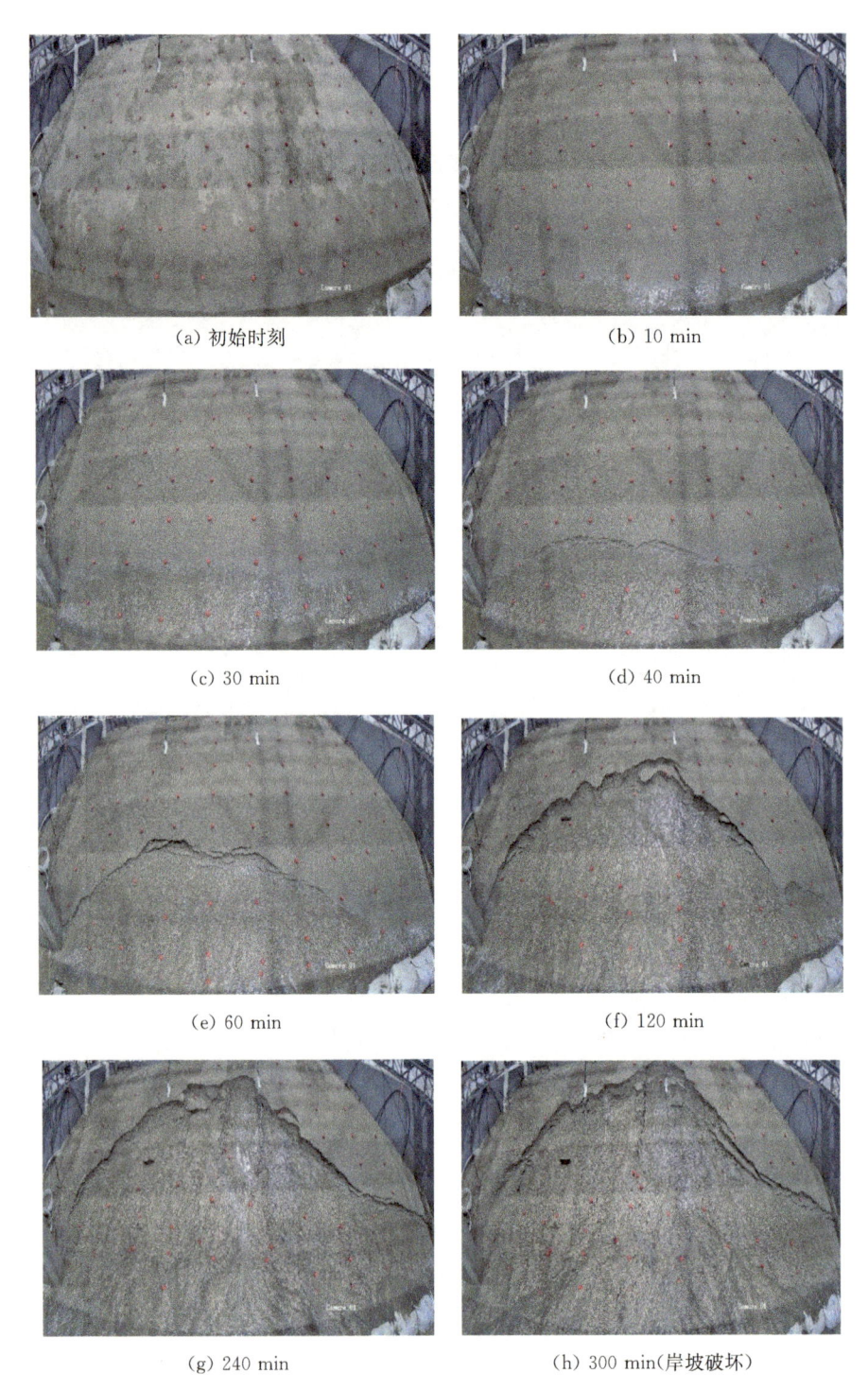

图 4.15　工况二下砂土岸坡失稳破坏过程图

工况三在持续性强降雨作用下，前期破坏过程与工况一、二类似，均为坡脚处土体塌落，塌落线不断向坡体后缘推移，同时不断向坡体两侧扩展，最终形成岸坡整体性坍塌，如图 4.16 所示。

较于工况一、二，工况三由于雨强增大，整体降雨历时大幅缩短。在试验开始后 60～70 min 时，土体抗剪强度随着含水率的升高大幅折减，在暴雨对悬空区下切冲蚀以及土体自身重力侵蚀的双重作用下，短时间内出现大面积土体的整体塌落[图 4.16(e)、图 4.16(f)]。悬空区边缘土体处于悬空状态，迅速塌落，130 min 时贯穿整个岸坡，岸坡完全破坏[图 4.16(h)]。

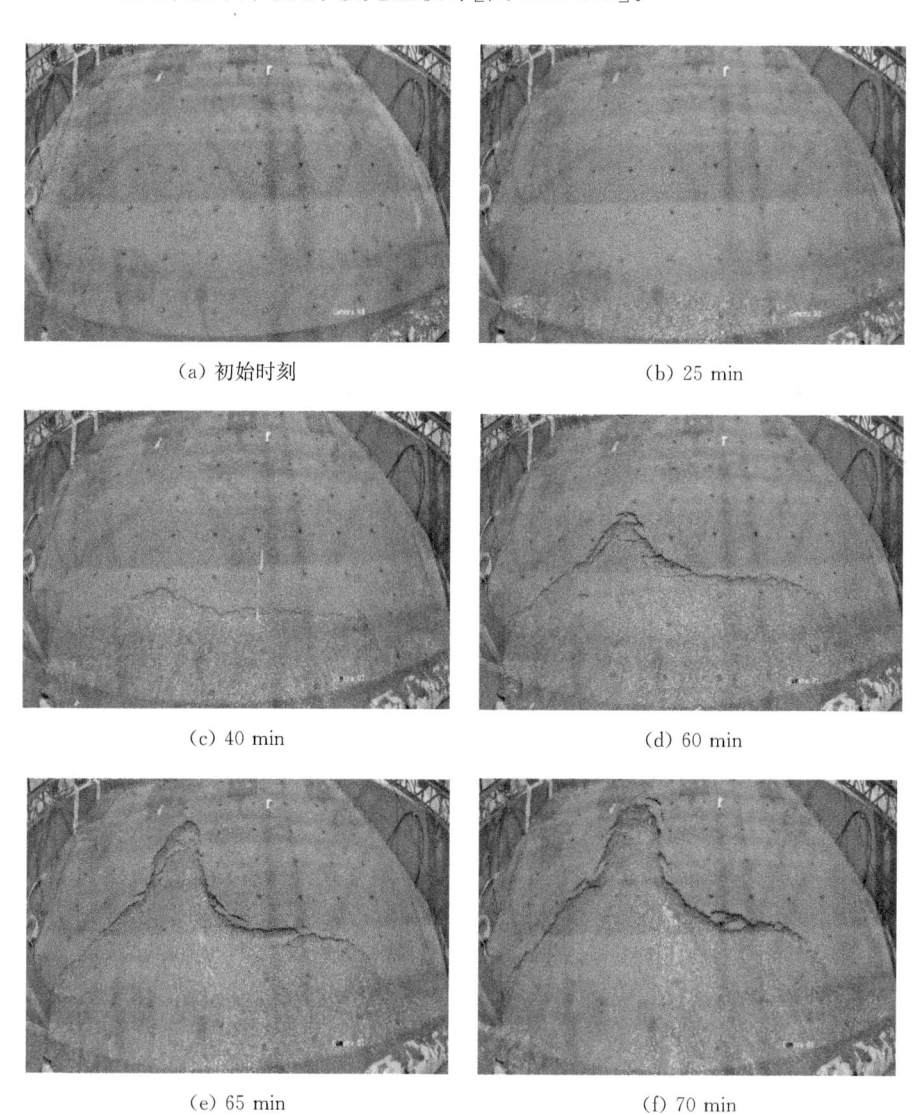

(a) 初始时刻

(b) 25 min

(c) 40 min

(d) 60 min

(e) 65 min

(f) 70 min

(g) 90 min 　　　　　　　　　(h) 130 min(岸坡破坏)

图 4.16　工况三下砂土岸坡失稳破坏过程图

观察工况一至三的岸坡侵蚀破坏过程可以发现，在同一坡比下，岸坡在短历时强降雨作用下更容易发生侵蚀破坏，降雨强度与岸坡侵蚀破坏速率、侵蚀破坏程度呈正相关，即雨强越大，岸坡侵蚀破坏速率越快，侵蚀破坏越明显。初始坡比(1∶2.5)岸坡侵蚀破坏均从坡脚处开始，土体塌落贯穿坡顶时结束。通过对降雨不同时刻岸坡变形特征的记录，可以发现岸坡整体侵蚀破坏过程中，除了入渗路径的影响，重力对坡内水分场分布特征的影响也会随着降雨的不断进行发生变化。随着降雨的持续，雨水的浸润范围不断扩大，湿润锋在入渗路径的影响下，表现为平行于坡面，并且坡脚处雨水的浸润范围和浸润速度明显大于坡体其余部位。这是由于坡脚处受降雨垂直入渗作用的同时，上部土体的雨水受重力作用不断在坡脚处堆积，坡脚处土体不断被软化，导致土体抗冲刷能力迅速降低，因而在降雨过程中岸坡侵蚀破坏多从坡脚处开始，并且受降雨冲刷破坏更严重。

2. 不同坡比下岸坡侵蚀破坏过程

在暴雨工况(150 mm/h)下改变岸坡坡比，1∶1.5 坡比工况下岸坡侵蚀破坏过程如图 4.17 所示。工况四岸坡侵蚀破坏过程整体与工况三相似，在 60~70 min 时出现大面积土体整体塌落[图 4.17(d)、图 4.17(e)]。工况四由于坡比增大，与工况三不同的是岸坡侵蚀破坏后期，表层土体吸水饱和后容重增大，重力作用产生的土体不均匀沉降导致悬空区边缘出现多条斜向裂缝[图 4.17(e)、图 4.17(f)]，将完整土体分割成数块，斜向裂缝的不断扩展加速了雨水的进一步入渗，进而加速了岸坡侵蚀破坏，完全破坏时间较工况三提前 30 min。

(a) 初始时刻　　　　　　　　　　　　(b) 10 min

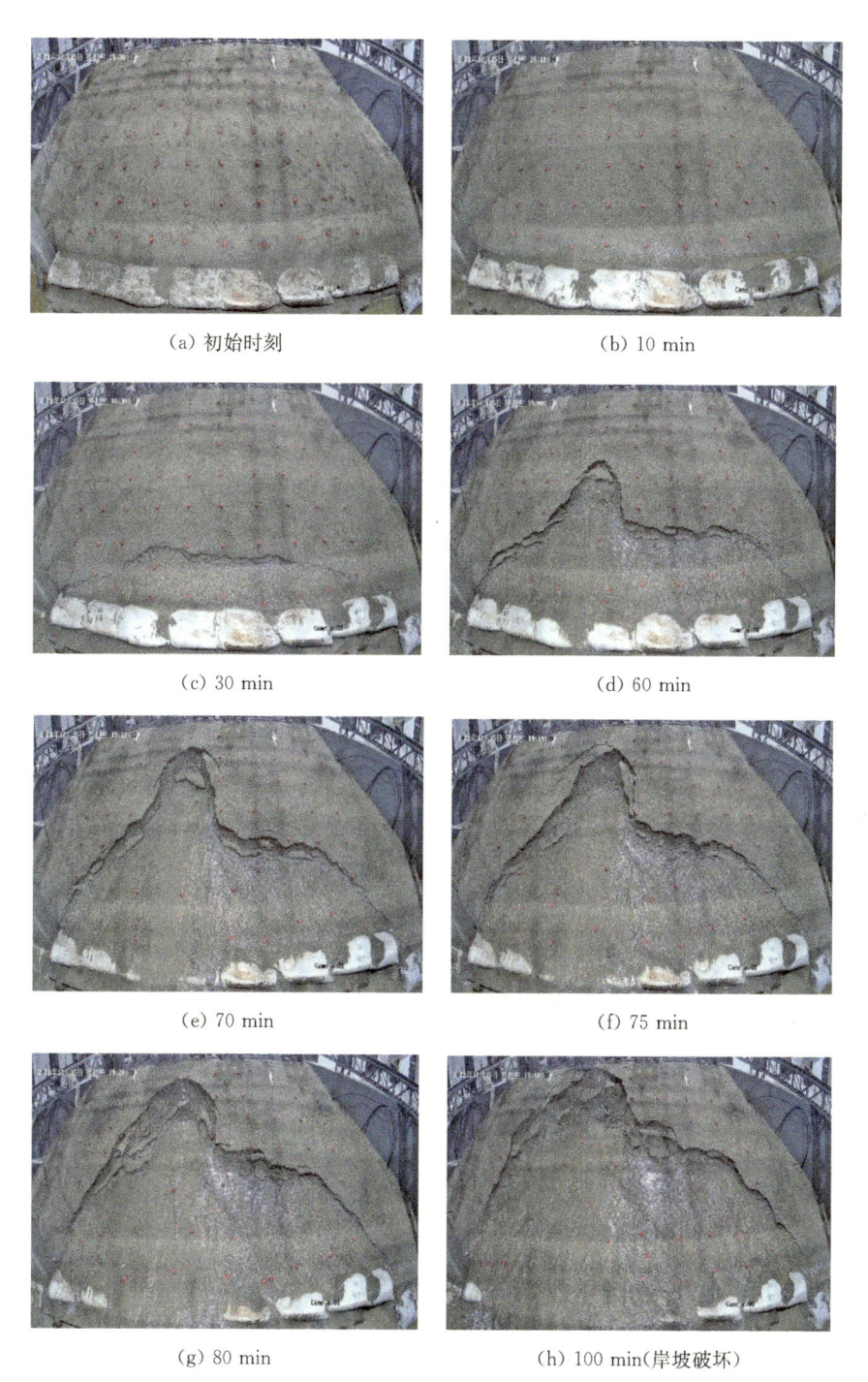

(c) 30 min　　　　　　　　　　　　(d) 60 min

(e) 70 min　　　　　　　　　　　　(f) 75 min

(g) 80 min　　　　　　　　　　(h) 100 min(岸坡破坏)

图 4.17 工况四下砂土岸坡失稳破坏过程图

工况五为本次试验的极限坡比,其岸坡侵蚀破坏过程如图4.18所示。

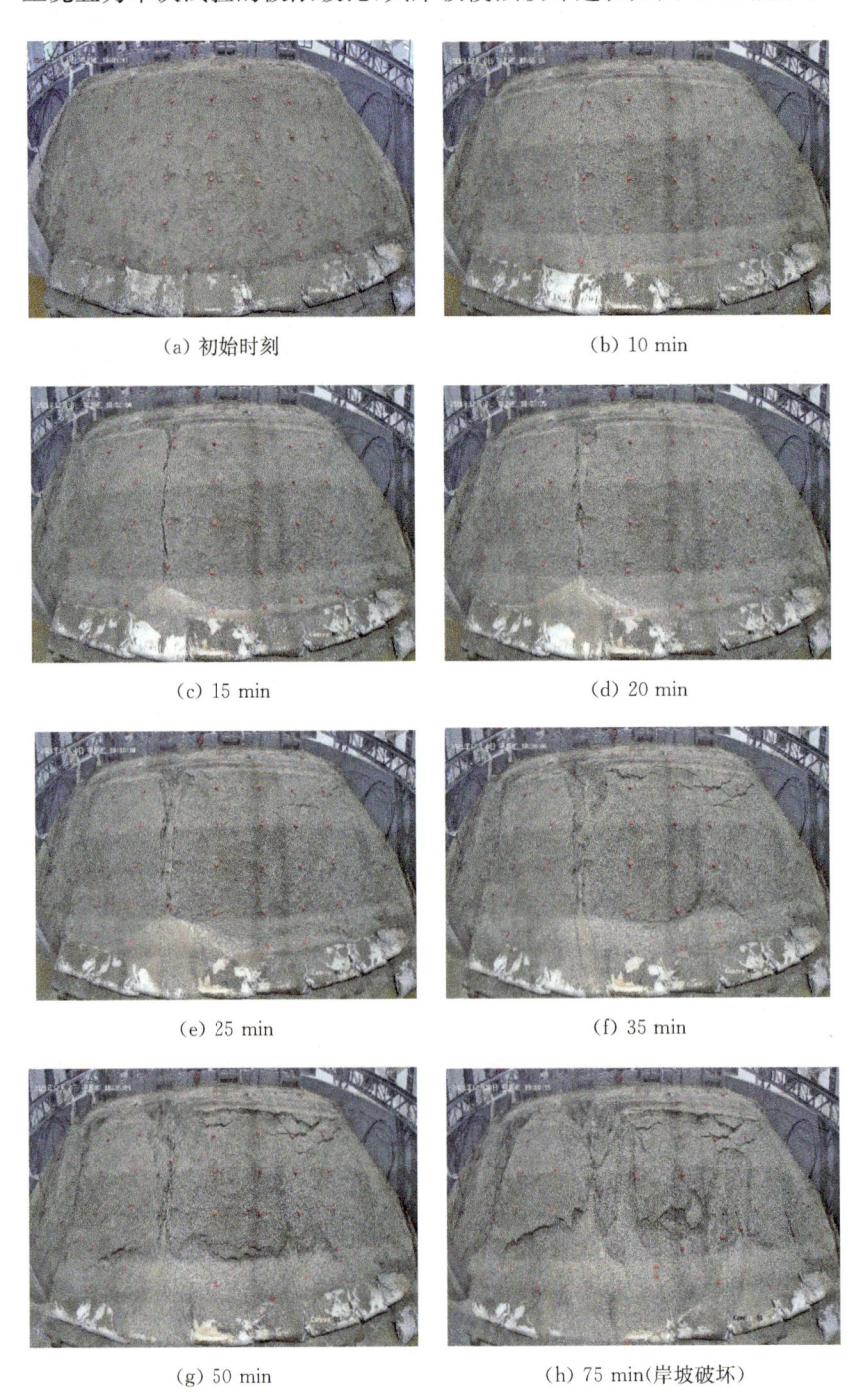

(a) 初始时刻

(b) 10 min

(c) 15 min

(d) 20 min

(e) 25 min

(f) 35 min

(g) 50 min

(h) 75 min(岸坡破坏)

图4.18　工况五下砂土岸坡失稳破坏过程图

降雨初期表层土体在雨滴击打下处于松散堆积状态,水流的溯源侵蚀使分散的土颗粒不断侵蚀运移,此时深层土体含水率尚未大幅上升,雨水水流侵蚀能力较弱,坡面仅出现部分鳞片状冲痕。随着降雨的持续,表层土体含水率迅速增加并达到饱和,导致雨水入渗能力减小,无法快速垂直入渗至岸坡内部,强降雨的水流在坡面形成明显径流,在坡面最不利位置处出现明显沟槽[图 4.18(b)、图 4.18(c)]。沟槽的出现为水流汇集提供了便利条件,降雨在沟槽处汇集形成集中水流,对沟槽两侧进行淘蚀、溯源侵蚀,加之在重力作用下对沟槽进行下切侵蚀,导致沟槽规模扩大,横向扩展并迅速贯穿坡面,最终在坡顶和坡脚处形成三角汇聚区[图 4.18(d)、图 4.18(e)]。

在积水堆积的情况下,坡脚处的土体吸水软化,并且土颗粒在水流的侵蚀作用下被冲刷带走,导致坡脚形成悬空区,同时坡脚不断地后移。在这种情况下,坡体后缘处于拉应力状态,拉应力随着悬空区的增大而不断增加。张拉裂缝不断出现[图 4.18(f)、图 4.18(g)],也为雨水的进一步入渗提供了便捷通道。加之沟槽两侧土体饱和且强度极低,经过一段时间的水力和重力侵蚀作用后,坡脚极易发生坍塌。在坡脚坍塌之后,上部的土体将失去支撑,导致整个坡面的稳定性进一步受到破坏,从而加速了其向上扩展的过程。坍塌向上扩展导致更多的土体失去支撑,在强降雨冲刷侵蚀的作用下发生失稳,直至岸坡完全破坏[图 4.18(h)]。

观察工况三至五的岸坡侵蚀破坏过程可以发现,在相同降雨强度下,坡比的变化对岸坡侵蚀破坏的影响明显,随着坡比的增大,岸坡侵蚀破坏速率越快,侵蚀破坏越明显。相较于工况一至四,工况五在强降雨和极限坡比的试验条件下,岸坡侵蚀破坏特征和模式明显不同。岸坡受降雨冲刷作用,先是出现了贯穿坡面的沟槽,进而导致坡脚处土体不断坍塌后移,坡顶和坡脚处出现明显的三角汇聚区,坡面出现较多明显的张拉裂缝,坡面多个位置发生局部整体性坍塌。而非如前四个工况下,岸坡坡脚处土体最先出现塌落,进而形成明显的塌落线。这是由于砂土岸坡侵蚀破坏是在水力、重力侵蚀双重作用下的结果,坡比的增大导致重力侵蚀作用增强,加之土体在强降雨作用下迅速达到饱和,容重增大,重力侵蚀作用对土体影响也随之增大,加剧了岸坡的侵蚀破坏。

4.1.3.3 砂土岸坡侵蚀破坏监测结果分析

在降雨过程中,利用监测系统实时记录岸坡失稳破坏过程中土体体积含水率、孔隙水压力、温度、位移的变化。鉴于工况一与工况二在破坏形态及土体参数响应情况上基本相似,下文仅对工况二至五进行对比分析。

1. 体积含水率分析

体积含水率数据可以反映岸坡土体渗流场以及浸润线的变化，根据不同剖面以及不同深度土体含水率的响应规律，可以看出雨水对土体入渗作用的演化过程。在降雨作用下，土体含水率的增加会使得土颗粒之间的接触面积减小，进而导致土体的内摩擦角和黏聚力减小，抗剪强度降低。同时，土体含水量的增加会使土体容重增加，从而增大滑坡的推力。同一种土在不同的含水率下，其抗剪强度、本构关系、黏聚力和内摩擦角等特性都会发生变化。

本次试验选取三个不同剖面的典型位置追踪土体体积含水率的变化，在试验开始后，每隔 15 min 测记 1 次各测点含水率数据，其中黏土层与砂土层交界处的水分计（C-1、C-2）初始含水率由于模型槽排水问题稳定在 52% 左右。试验结果显示，坡面水分计在试验结束后基本维持在 45%（砂土层饱和含水率）上下。同时，对比非饱和砂土抗剪强度试验结果，土体抗剪强度降低发生在土体含水率达到 15% 后，当含水率超过 20% 时，土体抗剪强度迅速降低，与各工况下土体软化、局部塌落的起动时间基本一致。

降雨对岸坡稳定性和抗侵蚀能力会产生不利影响。在降雨过程中，雨水会对土体的稳定性造成直接影响，而且渗入土体内部使土颗粒间的黏聚力降低、接触面积减小，加重了岸坡整体稳定性下降的风险。如图 4.19 所示，工况二在降雨初期，坡面土的含水率迅速增大，降雨 15 min 内，坡面土的含水率增长趋势较为平缓，整体增大量均低于 10%；随着深度的增加，如 S-9（位置：坡脚，埋深：20 cm）在降雨 15 min 后含水率陡增，说明湿润锋在 15 min 左右到达该位置，与此同时，该部位土体孔隙水压力出现陡增，与含水率变化保持同步，说明此时水体进入土体内部，其渗流路径以垂直入渗为主。在降雨 30 min 时，坡脚处土体含水率超过 25%，此时土体黏聚力已迅速降低至 10 kPa 以下，摩擦角减小约 7°，抗剪强度迅速降低，导致坡脚处土体开始出现局部软化、塌落，与试验现象一致。工况三中，降雨 15 min 内坡脚处的含水率迅速上升至 25%，与孔隙水压力变化相比，雨水无法垂直入渗土体而形成坡面径流，并汇聚在坡脚处。短时间内的高强度降雨导致坡面形成暂态饱和区，使得坡顶处含水率响应滞后。黏土层与砂土层交界处的水分计（C-1、C-2）试验中期含水率陡增，说明此时雨水已入渗至黏土层，砂土层土体含水率趋于稳定。

(a) 工况二　　　　　　　　　　(b) 工况三

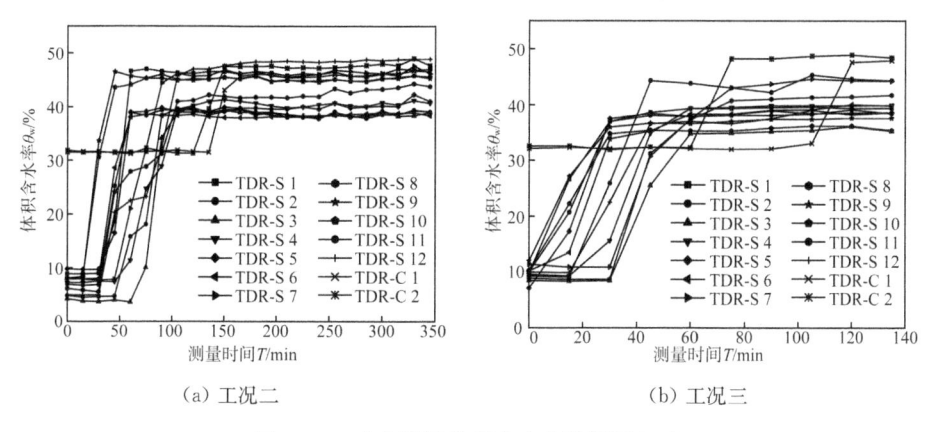

图 4.19　砂土岸坡体积含水率数据图（一）

暴雨工况下岸坡典型位置体积含水率的变化曲线如图 4.20 所示,可以看出工况三、四、五中含水率迅速上升均出现在岸坡中轴线靠近坡脚处（S-9、S-10）,与试验现象相符。工况四中,坡脚处砂土含水率在 15 min 至 50 min 内迅速上升并达到饱和,与坡脚处土体塌落时间接近[图 4.20(a)]。坡体中部、顶部土体达到饱和后,土体内部孔隙水压力也逐步达到峰值[图 4.20(b)],但坡体没有立即出现塌落,说明此时土体塌落的主导因素为重力侵蚀。工况五中,贯穿沟槽位置不在水分计埋设剖面内,前期含水率变化不明显。由于后期张拉裂缝的出现,体积含水率变化呈现出"同一断面不同位置体积含水率增长不同步,同一位置不同深度体积含水率增长同步"的趋势,说明在强降雨大坡比情况下坡面裂缝为雨水入渗提供了有利路径,加速了岸坡的侵蚀破坏。

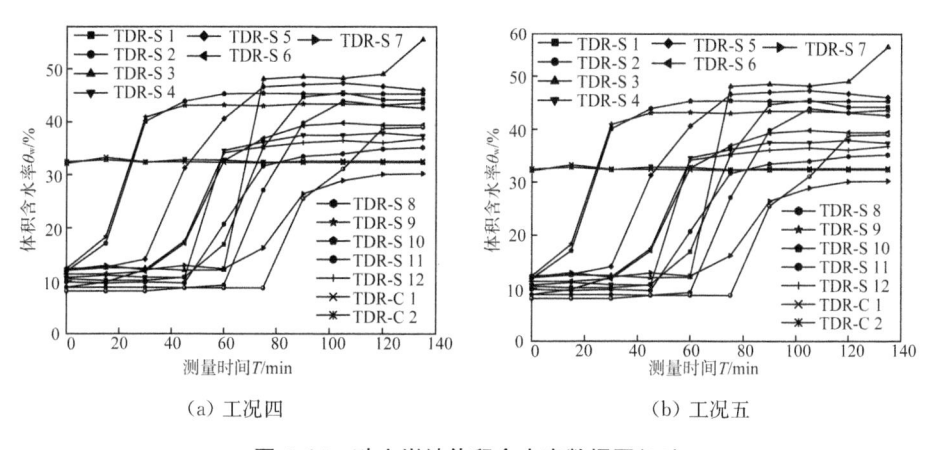

(a) 工况四　　　　　　　　　　(b) 工况五

图 4.20　砂土岸坡体积含水率数据图（二）

降雨入渗造成岸坡内部土体含水率不均匀增加,进一步导致土体自重增大,降低岸坡土体强度以及稳定性。从工况一至三中土体含水率变化情况可以看出,在岸坡坡比保持不变的情况下,含水率响应速度最快的均为坡脚处土体。在降雨初期,土体含水率较低,此时雨量强度大于土体的渗透系数,导致雨水不能迅速渗入土体中。相反,表层土体会因为急剧增加的水分迅速达到饱和状态,形成了一个暂态饱和区域,阻碍了雨水向下渗透。无法入渗至土体的雨水会在坡面形成坡面径流,汇聚在坡脚处,这也是坡脚处土体含水率最先达到饱和的原因。同时,由于入渗率随着土体含水率增大而不断减小,深层土体的含水率变化较浅层土体含水率变化速度降低,并且雨水入渗深度增加量随着降雨持续逐渐减少。工况一至三降雨过程均显示:降雨强度的增大,加快了坡面表层至深层的渗流过程,坡内土体含水率达到稳定值,即雨水入渗至深层土体的时间提前。

工况三至五为不同坡比下岸坡降雨冲刷试验,根据试验现象可以看出,坡度的增加会导致坡面流的流速增大,从而缩短径流停滞和入渗的时间,减少了土体的入渗量,反而增加了径流的数量。同时,随着坡度的增加,坡面径流的切应力也随之增大,这进一步强化了径流对土体的分离能力。坡面径流的冲刷淘蚀以及强降雨下雨滴对土体的溅蚀作用,导致岸坡土体出现节隙裂缝,极限坡比试验中不同剖面的土体深层含水率变化差异明显,这是因为节隙裂缝的产生具有一定的随机性,雨水通过裂缝可以迅速入渗至深层土体,进而导致深层土体含水率迅速增加。

2. 孔隙水压力分析

土体中的孔隙是互相连通的。因此,当土体处于饱和状态时,孔隙中的水是连续的。因此,饱和土体可以看作是由土骨架和水共同构成的二相体系。当外部荷载作用于土体时,土骨架和孔隙中的水承担了土体内的应力。除孔隙水压力外,土体中土颗粒之间还存在通过颗粒间接触面传递的应力,即有效应力。有效应力是土体内产生摩擦力的关键因素,仅通过粒间传递体现。孔隙水压力并不会对土的强度和变形产生直接影响,因为饱和土的压缩行为需要经历孔隙水压力消散的过程。外部荷载作用于土体时,应力由土骨架和其中的水气共同承担,而水分子本身是没有摩擦力的,因此只有通过土颗粒间有效应力的传递才能在土体中引起摩擦力。

在总应力保持不变的情况下,孔隙水压力和有效应力之间存在着相互转化的关系。这意味着,当孔隙水压力发生变化时,会引起等量的有效应力变化。通常总应力可根据土体参数进行计算得到,孔隙水压力可以实测,因而可以通过 $\sigma' = \sigma - u_w$ 求出有效应力。其中,σ' 为土体有效应力,σ 为土体应力,u_w 为土体孔隙水压力。本次试验对岸坡不同剖面不同深度的土体孔隙水压力进行实测,借此观测降雨过程中土体有效应力的变化情况。根据试验数据,孔隙水压力总体变化随时间延长而递增,即土体有效应力随时间延长而递减,土体抗剪强度逐渐减弱,与实际现象相符。各测点孔隙水压力增长初期存在陡升阶段,说明土体在入渗过程中迅速由非饱和达到饱和状态,并且伴随着暂态饱和区扩大,水分入渗至深层土体。降雨中后期,孔隙水压力增长速度逐渐减小,最后趋于稳定。

冲刷过程中岸坡不同部位孔隙水压力的具体变化情况如图4.21所示,部分点位因降雨冲刷,传感器位置移动而出现测量值异常。工况二中,岸坡土体孔隙水压力响应与体积含水率响应基本同步,表现为前期坡脚处受到积水泡软,雨水入渗至土体内部导致坡脚处孔隙水压力(P-1、2、5、6)迅速上升,土体内部有效应力迅速减小,从而发生塌落。工况三在短历时强降雨作用下,降雨对土体作用以水力冲蚀和重力侵蚀为主,土颗粒被雨水迅速裹挟冲走,导致坡脚处土体孔隙水压力响应较体积含水率存在一定的滞后性。同时工况二、三中,坡体中部、顶部土体孔隙水压力变化均滞后于坡脚,水体的入渗路径并非单一的垂直入渗,试验初期浸润线基本平行于坡面,雨水的浸润范围不断向坡体内扩展,入渗存在一定的随机性。工况四、五中随着坡比逐渐增大,土体孔隙水压力响应时间不断提前,坡比增大导致坡面径流总量减少,浅层土体迅速饱和,水分向深层土体运移。其中工况五由于坡面冲沟贯穿,土体出现整体性塌落,导致坡面右侧传感器(P-3、4、7、8)未监测到数据。综合比较可以发现,随着降雨的持续,孔隙水压力的变化速率从坡脚至坡顶呈减小趋势,这也说明从坡脚到坡顶的侵蚀破坏是水力侵蚀和重力侵蚀共同作用的结果。同时工况二至五降雨过程中,土体孔隙水压力陡增的时间与对应位置土体塌落的时间范围一致,说明随着孔隙水压力的急剧增大,土体有效应力骤然减小,导致土体抗剪强度减弱,从而发生大面积的土体塌落。

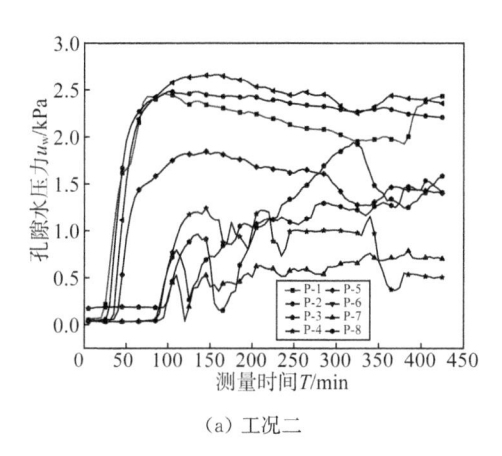

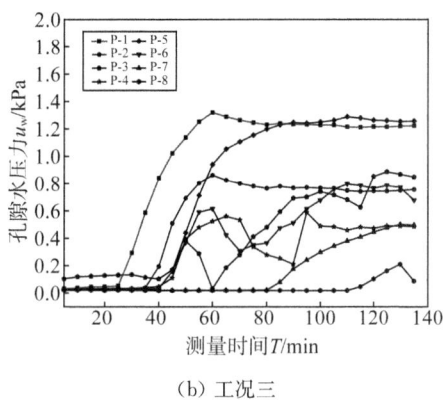

(a) 工况二

(b) 工况三

(c) 工况四   (d) 工况五

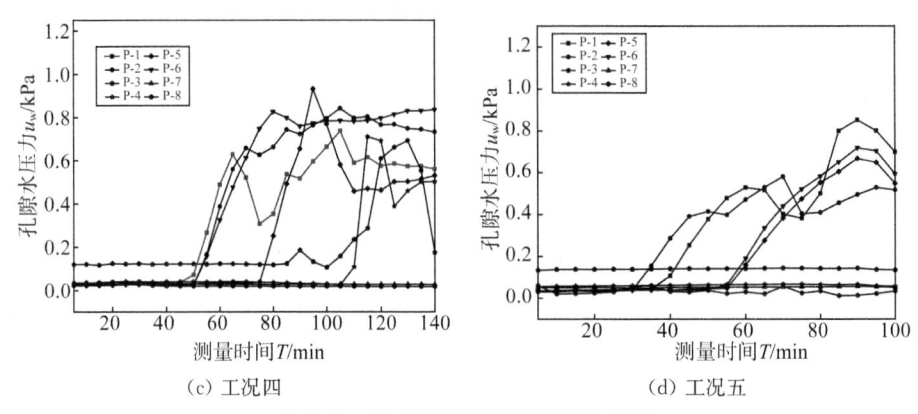

图 4.21 砂土岸坡孔隙水压力数据图

图 4.22 给出了四组不同工况下关键监测点位处土体含水率与孔隙水压力随降雨时间变化的曲线。可见工况二中，坡脚处土体的含水率与孔隙水压力变化基本保持同步，55 min 时土体含水率达到峰值 45% 的同时，孔隙水压力也达到峰值 2.5 kPa[图 4.22(a)]，说明此时水分已渗入深层土体。

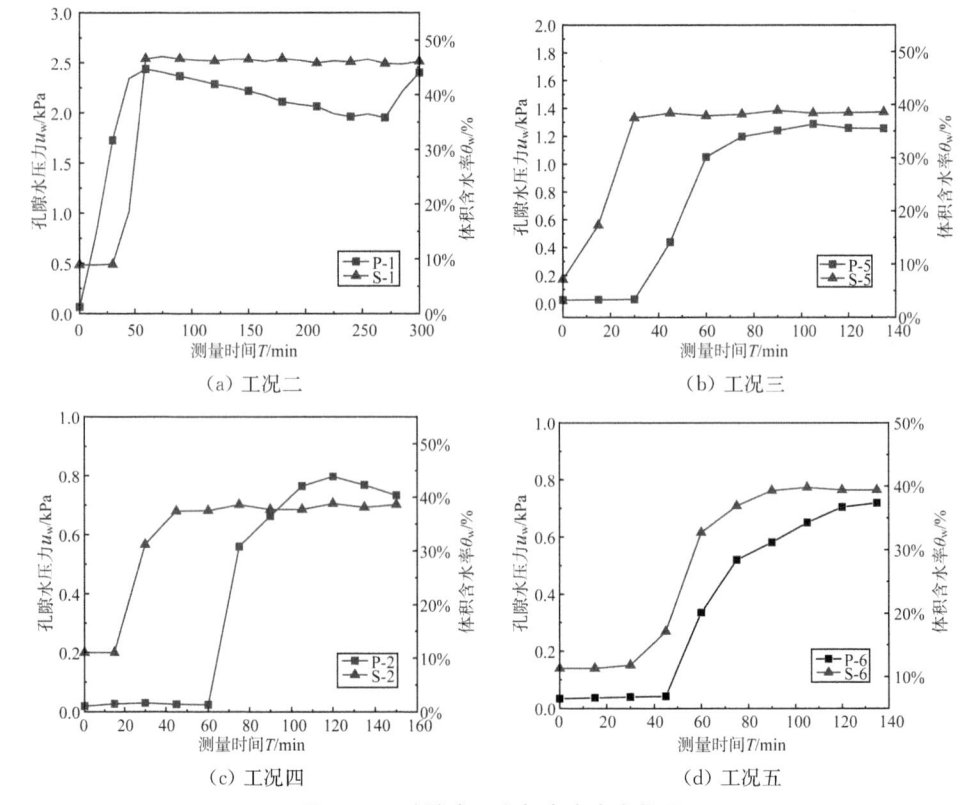

(a) 工况二   (b) 工况三

(c) 工况四   (d) 工况五

图 4.22 孔隙水压力与含水率变化图

工况三中，降雨对土体作用以水力侵蚀和重力侵蚀为主，土颗粒被雨水迅速裹挟冲走，导致坡脚处土体孔隙水压力响应较体积含水率存在一定的滞后性。50 min 后含水率稳定在 39 ％[图 4.22(b)]，此时孔隙水压力开始逐渐增大，说明初期雨水的入渗路径并非单一的垂直入渗，而是伴随着水平方向的扩展，试验初期浸润线基本平行于坡面。浅层土体达到饱和后，随着暂态饱和区的扩大，雨水的浸润范围不断向坡体内纵向范围扩展，入渗存在一定的随机性。

工况四中，岸坡坡比增大，坡脚处土体孔隙水压力响应较体积含水率的滞后时间增大，说明随着坡比增大，初期雨水入渗以表层土体为主，进而形成暂态饱和区，导致测点处孔隙水压力响应较晚。

工况五中，坡面左侧沟槽贯穿，土体出现整体性塌落，导致坡面左侧传感器[图 4.22(d)]表现为含水率与孔隙水压力同步增大。对比坡面不同位置处的孔隙水压力变化情况，孔隙水压力的变化速率在坡脚处最大，并自坡脚到坡顶逐渐减小，这也说明从坡脚到坡顶的侵蚀破坏是水力侵蚀和重力侵蚀共同作用的结果。

综合工况二至五中各测点体积含水率与孔隙水压力的响应时间变化规律，除工况二中两者的响应基本同步外，工况三至五变化起点存在明显差异，孔隙水压力响应较体积含水率存在一定的滞后性。说明在连续降雨条件下，雨水在入渗过程中可能发生了优先流，测点位置的差异也是造成响应滞后的原因之一。降雨初期雨水快速入渗浅层土体形成暂态饱和带，使雨水无法快速垂直入渗，土体在暂态饱和区和非饱和区之间出现饱和传导带，减缓了测点处孔隙水压力的响应速度。

3. 温度变化过程分析

土体温度变化是外界环境以及土体热性质共同作用的结果，测点环境温度数据可以反映出坡体不同砂土层的水分渗流过程。鉴于本次工况一至五无法在同一时间开展，时间跨度较大，因而土体温度受大气环境温度影响，随着大气环境温度降低而降低，表现为试验初始土体温度逐渐减小的趋势。由于土体各组分之间热性质的差异较大，包括比热容和导热率等，一般而言，水的比热容大于土体矿物颗粒的比热容，又大于气体。而在导热率方面，土体矿物颗粒的导热率大于水的导热率，水的导热率大于气体的导热率。因此，土体中水分含量的多少会对其温度变化产生显著的影响，即含水率越高，土体降温速率越快，土体的最终温度也越低。因而，通过对不同剖面和深度的土体温度进行测量，能够准确地反映出水分在土体内部的运移过程，试验结果表明引线式温度传感器埋设点位的周围环境温度降低曲线差异性较大，表征了不同砂土层深度水分运移是各异的。

岸坡坡面测点环境温度变化曲线如图 4.23 所示。砂土颗粒直径较大，人工压实后土体颗粒间距仍较大，内部孔隙度大，因而土体温度受大气环境温度的影响,大气环境温度越低,土体温度越低。根据季节温度特点,工况二至工况五时间跨度为9—12月,大气环境温度变化较大,四组工况下的土体初始温度最大温差可达10℃左右。而不同深度的土体,其温度分布规律也存在明显差异。埋深较浅的土体温度变化幅度较大,如T-2测点处温度由工况二的17.3℃下降至工况五的7.3℃,而埋深较深的土体温度变化幅度则较为平缓,如T-5测点处温度由工况二的16.5℃下降至工况五的6.9℃。可以看出,土体温度与大气环境影响呈反相关,即随着深度增大土体温度逐渐减小,这是由于砂土自身导热性能较差,导致土体温度在纵向上存在差异。但在各降雨工况下,随着降雨的不断进行,各深度土体温度值和变化幅度会趋于稳定,出现部分测点温度曲线接近重合的现象。这是由于每次试验开始前土体含水率较低,孔隙率较大,降雨过后土体中的含水率会增加,这会使得土体内部的导热性能增强,进而影响土体的温度变化。具体而言,含水率增加会降低土体的整体导热率,从而减缓热量在土体中的传递速度,使得土体的温度变化幅度减小。

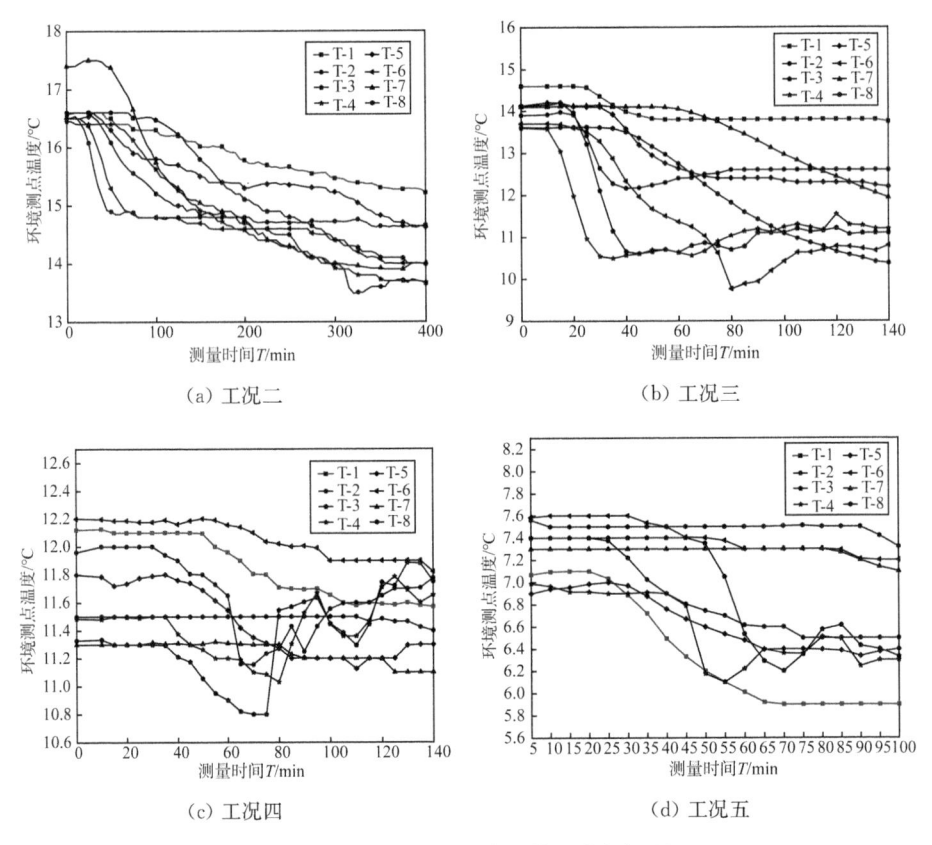

图 4.23 砂土岸坡测点环境温度数据图

工况二中，坡脚处浅层土体温度测点 T-2、T-6 在降雨历时 20 min 左右时温度开始急剧下降，同时对应的含水率(S-2、S-6)在同一时间相应升高，表明水分在 20 min 左右时已经运移至坡脚处，从试验现象可以看出，此时坡脚处已经开始出现积水。工况三中，试验设计 T-6、T-7 与 T-8 代表坡脚监测断面处不同埋深的环境温度变化情况。由于坡脚积水效应，T-6 温度计在降雨历时 20 min 时温度开始降低，含水率(S-6)在同一时间对应升高，表明水分在 20 min 左右已运移至该点位；水分运移至 T-7 点位的时间迟于 T-6 点位，在 52 min 左右；水分运移至 T-8 点位的时间与水分运移至 T-7 点位的时间较为接近。工况四与工况五由于坡比和雨强增大，温度变化相对较为平缓，这是试验时大气环境温度与土体热性质共同作用的结果。其中部分测点出现温度的波动，这是由于土体塌落时间较早，部分塌落土体在雨水的冲刷作用下不断堆积，形成新的稳定体。

土体的水分场和温度场是相互依存、相互影响的，图 4.24 给出了四组不同工况下土体含水率、测点环境温度随降雨时间变化的曲线。当土中水分发生迁移时，会导致热量跟着水分一起传输。此外，水分之间也可能发生热传导，并且水分与土体颗粒之间也可能通过对流传热的方式相互作用。随着水分增多，水分与土颗粒接触面积也会增加，传导的热量也会增多。因此，土体的水分场会改变土体的温度场，这种变化表现为土体温度和含水率的同步变化。土中水分的流动驱动力是孔隙水的水势梯度，而土体水势包含基质势、溶质势、重力势和温度势等因素。因此，土体温度的变化会影响温度势的变化，从而导致土体孔隙水的水势梯度发生变化。这种变化会进一步影响土中水分的运移，因此在降雨过程中，土体温度变化的规律可以反映出土中水分的运移情况，从而侧面反映出土体内部渗流场的变化。

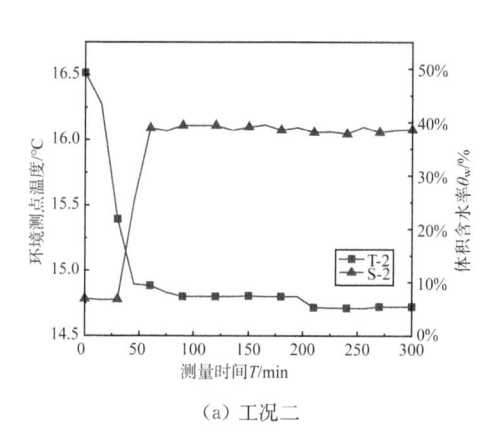

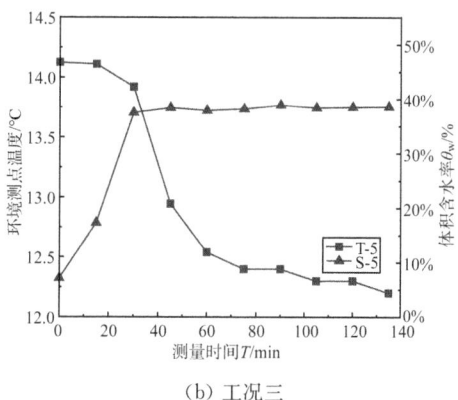

(a) 工况二

(b) 工况三

(c) 工况四　　　　　　　　　　　　(d) 工况五

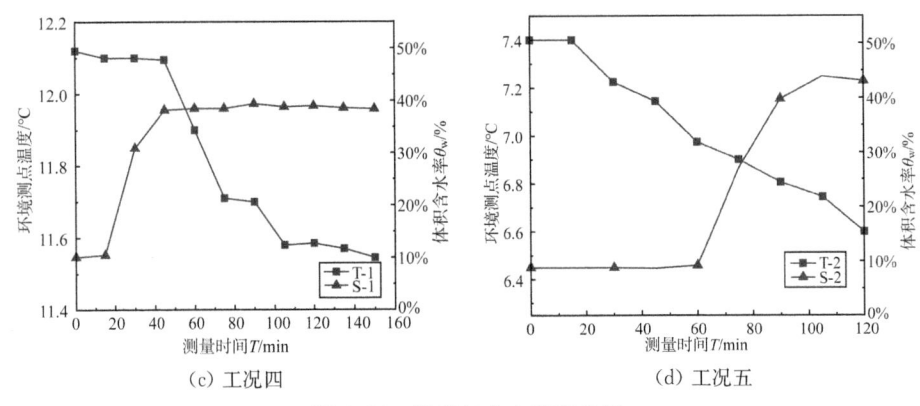

图 4.24　温度与含水率变化图

土体内含水率和温度变化是水分场和温度场共同作用的结果，根据图 4.24 可以看出，土体测点环境温度变化与土体含水率变化整体呈负相关。随着水分渗流至不同土层，土体温度平均降低 1~2℃；降雨历时越长，温度降低幅度越大。土体温度变化响应是通过水分渗流导致测点环境温度降低所得，而水分流经土体导致温度降低并非瞬时变化，此过程较之含水率变化应有明显的滞后段。工况二和三中土体含水率的增大与测点环境温度的降低基本保持同步。工况四和五中两者的变化则存在滞后性，即土体含水率达到峰值 40% 左右时，测点环境温度开始逐渐降低，其中工况五土体温度变化响应早于含水率变化响应约 35 min。由此可知，坡比变化导致土体水分运移的随机性增大，即岸坡坡比和测点环境温度变化与土体含水率变化的滞后性呈正相关，而雨强变化对此影响较小。

本次试验设置 SCDP-表面变形监测点共 77 个，正确匹配点数为 74 个，匹配准确率达到 96.1%。经现场确认，未正确匹配点位均为坡面边缘处的非关键监测点，对坡面位移监测影响可忽略。因此下文将对各监测点三维坐标随降雨时间的变化进行计算，分析坡面土体不同区域、不同位置的位移。

根据试验过程的全程录像显示，监测点位埋设小球的移动与土体位移呈同步变化。为对坡面位移监测数据进行进一步分析，本书将砂土岸坡划分为坡顶、坡中、坡脚三个区域，采用九宫格定位法，在三个区域共选取 9 个关键监测点位，记为 D-1~9，关键监测点埋设位置示意及编号如图 4.25 所示。

鉴于各降雨工况下岸坡侵蚀破坏的速率和程度存在明显差异性，且岸坡侵蚀破坏不同阶段的破坏速率和程度也均有不同，本书对岸坡侵蚀破坏过程立体影像视频帧的提取进行优化筛选，剔除部分重复或未发生位移的视频帧，测量和统计出每个图像中关键监测点位的像素位置以及对应的世界坐标，将其余时刻与 $T=0$ min 时刻进行对比，计算坡面土体的累计位移量。

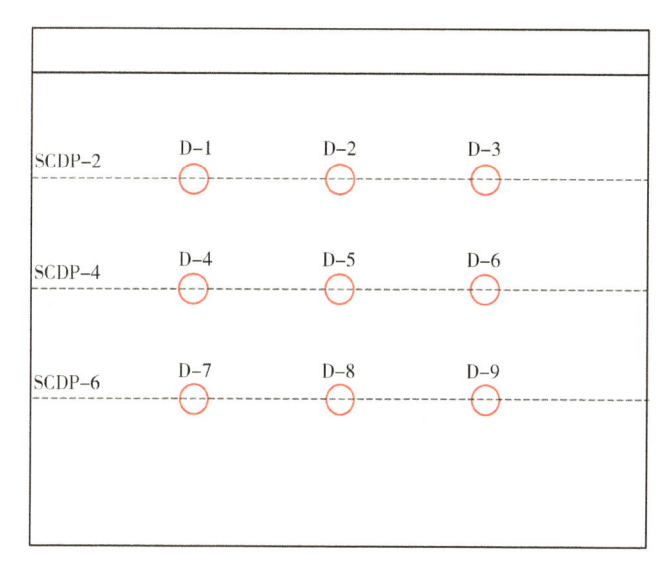

图 4.25　位移关键监测点埋设位置及编号示意图

坡面土体累计位移量的最后一个计算点为试验结束时的最大位移点,该点到最终监测点位置为试验结束后该区域土体最终位移量。试验过程中,个别监测点位的小球因土体发生较大位移,在降雨冲刷作用下滑移出坡面,表明此区域岸坡土体已发生整体性侵蚀破坏,此现象在坡脚处较为明显。

工况二降雨过程中坡体表层土体累计位移量如图 4.26 所示。从各监测点位土体位移累计量的变化规律可以看出,坡顶、坡中、坡脚三个区域的土体位移变化存在明显差异性,其中坡脚处土体位移最大,且位移响应时间早于坡中和坡顶处土体,最大位移可达到 2 000 mm。0~90 min 阶段,土体滑移速度逐渐增大;90~160 min 阶段,土体滑移速度开始减缓,说明土体在坡脚处逐渐堆积;在 160~300 min 阶段,土体不断在坡脚处堆积,导致应力重分布而形成新的稳定状态,土体滑移速度缓慢。坡中处土体变化呈三阶段趋势,0~90 min 阶段,土体滑移速度较为缓慢;90~160 min 阶段,土体滑移速度明显加快;160~300 min 阶段,土体滑移速度逐渐减缓,土体位移缓慢增大。而坡顶处土体位移极小,仅为 0~150 mm,整体呈缓慢增长的趋势。对比试验现象可以发现,工况二降雨过程中岸坡顶部并未出现明显的侵蚀破坏,两者相互吻合。这是由于工况二中岸坡坡比和雨强设置较小,导致坡顶处土体受降雨冲刷作用不明显,且土体滑落在坡脚处不断堆积形成新的稳定状态,导致坡顶处土体不具备发生较大位移的条件。对比同一区域三个监测点位的土体累计位移量可以发现,同一区域的土体位移变化规律基本相似,且坡面中心区域土体位移量略大于坡面两侧土体位移量。

工况三降雨过程中坡体表层土体累计位移量如图 4.27 所示。从图中可以看出,工况三中坡体表层土体位移整体变化规律与工况二类似。雨强的增大导致坡体表层土体位移变化速率明显增大,土体滑移速度加快,各区域土体位移响应时间均早于工况二。坡脚处监测点位的小球因土体发生较大位移,在降雨冲刷作用下滑移出坡面。坡中处土体在降雨冲刷以及土体间滑移牵引作用下,出现整体性滑落,其中 D-4、D-5 处土体累计位移量超过坡脚处土体,最大位移达到 1 950 mm。而坡顶处土体累计位移量也出现明显的增大,这与试验过程中坡顶处部分土体出现塌落的现象相符合。

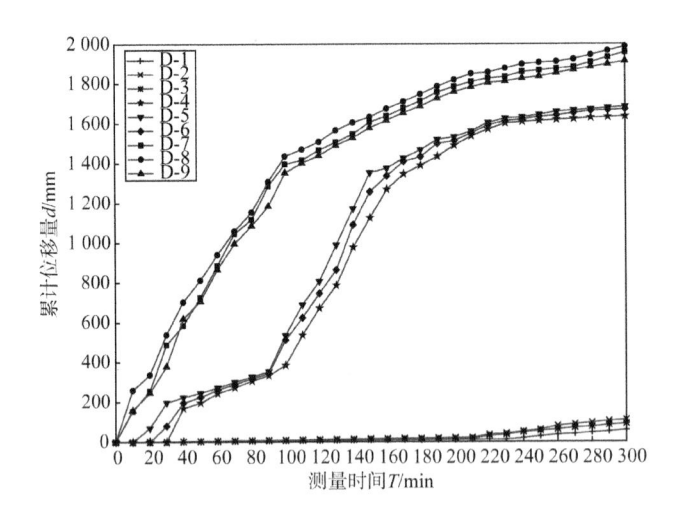

图 4.26 工况二坡体表层土体累计位移量

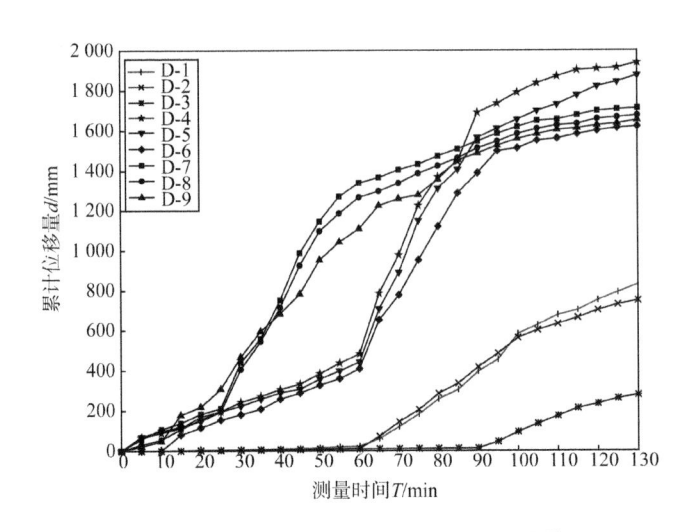

图 4.27 工况三坡体表层土体累计位移量

工况四降雨过程中坡体表层土体累计位移量如图 4.28 所示。从图中可以看出,工况四中坡体表层土体位移保持与工况二、三相似的变化规律。根据对各工况下岸坡侵蚀破坏过程以及土体参数的监测结果分析,可以看出工况二至四中,岸坡侵蚀破坏模式尚未出现根本性的变化,坡比以及雨强的增大均加速了土体位移的响应时间以及滑移速率。其中工况四中各区域土体位移累计量较之工况二、三均有所增加,增加量为 200~400 mm。观察工况二至四中同一区域三个测点土体累计位移量的数值关系可以看出,坡面中部及左侧区域的土体累计位移量均大于坡面右侧区域土体,这一变化规律从侧面反映出坡面最不利位置,与工况五中坡面中心偏左位置出现贯穿裂缝相对应。

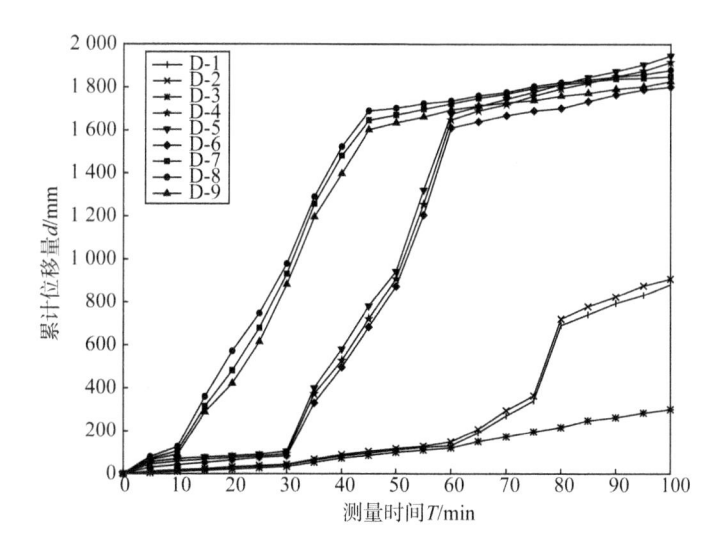

图 4.28 工况四坡体表层土体累计位移量

工况五降雨过程中坡体表层土体累计位移量如图 4.29 所示。从图中可以看出,工况五中坡面各区域土体位移变化规律较之其余四组工况出现明显不同,且土体累计位移量明显大于其余四组工况,最大累计位移量可达 2 200 mm。强降雨的水流在坡面形成明显径流,在坡面最不利位置处,在降雨进行 10 min 时出现明显沟槽,导致坡面左侧区域土体在沟槽处出现明显滑移(D-1、D-4、D-7)。在降雨进行 10~50 min 时,沟槽受水流淘蚀、重力侵蚀作用不断扩大,坡顶和坡脚处出现三角汇聚区,D-1、D-4、D-7 三个监测点位的土体累计位移量迅速增大,且坡中、坡顶、坡脚处位移量依次递增。此时土体累计位移量已超过1 600 mm,坡面出现明显侵蚀破坏。随着降雨的进行,坡面中部以及右侧区域的土体在降雨 25 min 时开始出现多条张拉裂缝,土体位移呈缓慢增长趋势,降雨

35 min 后,随着坡面裂缝的发展,坡面开始出现大范围的侵蚀破坏,表现为 D-2、D-3、D-5、D-6、D-8、D-9 六个位移监测点位处土体累计位移量迅速提高。

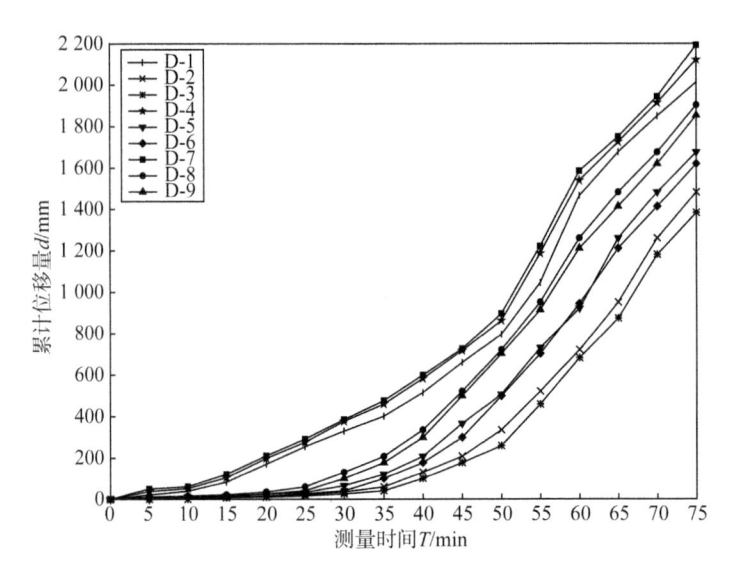

图 4.29 工况五坡体表层土体累计位移量

4.1.3.4 砂土岸坡侵蚀破坏模式分析

根据岸坡坡面的破坏特征,结合各降雨工况下试验现象及数据,岸坡的冲刷破坏过程可以分为三个阶段:冲刷破坏阶段、局部失稳阶段和整体失稳阶段。第一阶段是以雨水冲刷为主要影响因素的水力破坏,特点是岸坡破坏面主要产生在坡脚,在降雨冲刷下破坏面逐渐增大。坡面处于稳定状态的松散土体受雨滴击打作用时,被溅蚀或被雨水裹挟运移,但此阶段几乎看不到岸坡的土体塌落,冲刷破坏阶段的起点为坡脚处土体塌落。第二阶段是岸坡在降雨冲刷作用下,坡脚处土体水分聚集,在淘蚀作用下土体塌落形成悬空区,其特征是拉应力随悬空区的增大不断增加,岸坡中部土体失去支撑后随之塌落,失稳岸坡形成崩滑体,以较大块体滑塌。第三阶段是岸坡经历了较长时间的冲刷与局部破坏后发生整体失稳,此阶段发生后岸坡将会产生较大的纵向破坏。

岸坡降雨冲刷破坏的每个阶段都是降雨与岸坡土体共同作用的结果,本书根据室内模拟试验的内容,针对降雨强度和岸坡坡比两个关键因素,对砂土岸坡侵蚀破坏模式进行分析总结。

1. 不同雨强下岸坡侵蚀破坏模式

在工况一至三中,不同降雨强度对岸坡的冲刷侵蚀从宏观和细观两方面均出现明显变化。宏观上,随着降雨强度的增大,雨水对土颗粒的冲刷侵蚀以及土体内部的渗透速度明显加快,岸坡塌落的速度和幅度迅速增大。细观上,在特大雨强(150 mm/h)作用下,临空区土体含水率快速达到饱和状态,在重力作用下发生大面积塌落。根据试验现象及数据,变雨强作用下岸坡侵蚀破坏模式为坡脚软化—拉裂—滑移型破坏,具体为:径流面蚀—坡脚积水软化坍塌—雨水入渗—容重增大、强度降低—局部坍塌—岸坡完全破坏,如图4.30所示。

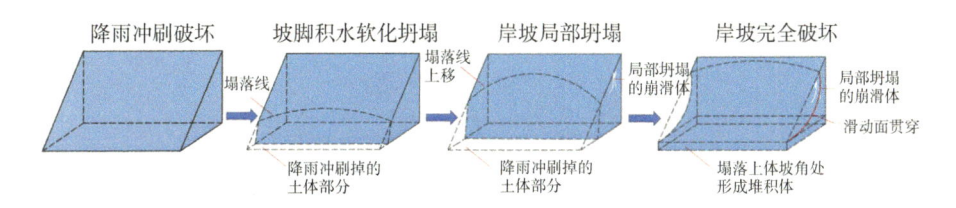

图4.30 变雨强作用下砂土岸坡侵蚀破坏过程

具体表现为:

①试验初期,岸坡无明显变化,雨水对坡面的侵蚀主要以溅蚀为主。浅层土体颗粒在雨滴击打作用下被溅散,部分土颗粒在雨水冲刷下被运移至别处。同时持续降雨在坡体表面形成暂态饱和区,水分无法入渗至深层土体,松散的土颗粒被雨水不断运移至坡脚处。积水在坡脚处汇集,导致坡脚处土体结构强度弱化,开始出现土体软化坍塌现象。

②试验中期,随着降雨的持续,坡脚处土体受积水影响出现局部软化。坡面水流的溯源侵蚀导致坡脚处土体不断被水力、重力剥离,土体自表层开始分层塌落,形成明显的塌落线。

③试验中后期,坡脚处大块土体塌落形成悬空区。土体抗剪强度随土体含水率升高逐渐降低,在后缘拉应力作用下悬空区面积逐渐增大,塌落线不断向坡体后缘推移。岸坡两侧出现少量张拉裂缝,雨水进一步入渗深层土体,导致土体塌落向坡体两侧扩展,形成完整破坏断面。此阶段,岸坡土体出现大量整体性塌落。

④试验后期,持续性强降雨导致岸坡坡顶土体塌落,出现岸坡整体贯穿性失稳破坏。

2. 不同坡比下岸坡侵蚀破坏模式

工况四中岸坡表面在试验中后期出现少数横向裂缝。工况五中岸坡在试验前期出现切沟侵蚀并迅速贯穿岸坡,后续横向张拉裂缝的出现加快了岸坡的侵蚀破坏,破坏方式与前四种工况出现明显不同,岸坡受降雨冲刷作用出现了贯穿坡面的沟槽,坡面出现较多明显的张拉裂缝。观察工况一与工况五的岸坡破坏形态,可以发现 50 mm/h 雨强下,当坡体坡比为 1∶2.5 时,岸坡发生崩塌时间较长,坡体很难出现整体性破坏。侧面说明在试验坡比区间内,砂土岸坡塌岸速度和土体塌落幅度与岸坡坡比呈正比关系。根据试验现象及数据,暴雨工况下极限坡比岸坡侵蚀破坏模式为坡面冲沟—拉裂—剪断型破坏,具体为:溅蚀—细沟侵蚀—切沟淘蚀—底部软化坍塌—张拉裂缝不断产生、坍塌向上扩展—岸坡完全破坏,如图 4.31 所示。

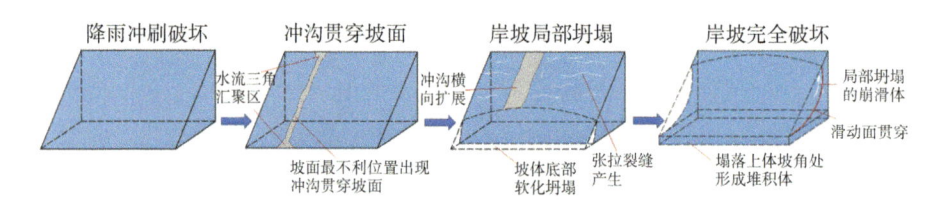

图 4.31　150 mm/h 雨强下坡比 1∶1 砂土岸坡侵蚀破坏过程

具体表现为:

①试验初期,雨滴击打使浅层土体颗粒处于松散堆积状态,水流对分散土颗粒进行溯源侵蚀。随着降雨的持续,表层土体含水率迅速增加达到饱和,强降雨的水流在坡面形成明显径流,在坡面最不利位置处出现明显沟槽。降雨在沟槽处汇集形成集中水流,对沟槽两侧进行淘蚀、溯源侵蚀,加之在重力作用下对沟槽进行下切侵蚀,导致沟槽规模扩大,横向扩展并迅速贯穿坡面,最终在坡顶和坡脚处形成三角汇聚区。

②试验中期,积水堆积导致坡脚处土体软化,土颗粒在水流的溯源侵蚀作用下被冲蚀带走进而形成悬空区,坡脚不断后移。张拉裂缝不断出现,也为雨水的进一步入渗提供了便捷通道。加之沟槽两侧土体饱和导致抗剪强度迅速降低,坡脚处土体在水力、重力侵蚀双重作用下发生坍塌,上部的土体也随之失去支撑,导致坡面的坍塌也会进一步向上扩展。

③试验后期,土体坍塌向上扩展导致更多的土体失去支撑,在强降雨冲刷侵蚀的作用下发生失稳,直至岸坡完全破坏。

综合砂土岸坡在不同雨强和坡比下的侵蚀破坏过程,可以看出,在试验坡比变化范围内,边坡坡比增大,降雨冲刷能力明显增强,具体表现为试验初期和中期坡面砂土冲刷量逐渐增大,侵蚀破坏速度加快,根据试验结果以及现有研究结论可知,砂土岸坡冲刷坡比存在临界值,约为 1∶1(40°～45°)。工况一至工况三在岸坡坡比保持不变的情况下,随着降雨雨强的增大,岸坡侵蚀破坏模式并无本质上的区别,主要表现为侵蚀破坏速度加快,侵蚀破坏范围扩大;而工况三至工况五在降雨雨强保持不变的情况下,随着岸坡坡比的增大,侵蚀破坏速度进一步加快,同时侵蚀破坏范围扩大至整个岸坡表面,当岸坡坡比达到1∶1时,岸坡侵蚀破坏模式与前四种工况截然不同。

砂土岸坡侵蚀破坏模式的变化表明,砂土岸坡在降雨冲刷作用下,坡体表面土体受降雨湿润,降雨入渗导致雨水填充至土颗粒间孔隙,岸坡表面土体粗糙系数以及黏聚力下降;同时,雨滴的冲击作用破坏了砂土自身结构。且土体吸水导致土颗粒自重增大,表现为岸坡侵蚀破坏与岸坡坡比正相关。然而在岸坡坡长等长的情况下,岸坡坡比的增大会增大坡面径流流速,坡面土体原有形态破坏后,坡面微起伏对雨水冲刷起到阻碍作用,加强了坡面水阻作用。因此,砂土岸坡降雨作用下侵蚀破坏是降雨雨强与岸坡坡比共同作用的结果,岸坡坡比变化对坡体冲刷具有不同的影响效果,即工况五中,岸坡在暴雨雨强(150 mm/h)和临界坡比(1∶1)情况下,其侵蚀破坏过程出现本质变化。两种侵蚀破坏模式中,工况一至四表现为同一种模式,而坡比的改变导致工况五的破坏模式发生变化,这也说明坡比是重要的临界条件之一。试验现象表明,在坡比为1∶1时,降落坡面的降雨更多的转化为径流,这一现象有助于径流对坡面土体的冲刷侵蚀,即岸坡坡比的增大促进了超渗径流对坡面土体的剪切破坏。不同坡体坡比的试验结果反映了崩塌土体体积和范围与坡体坡比呈明显的正比例关系,因此砂土岸坡侵蚀破坏过程中,坡体稳定存在极限坡比,坡比变化是导致砂土岸坡侵蚀破坏模式变化的主要因素。

4.1.4 前锋型降雨物理模型试验

4.1.4.1 方案设计

根据1970—2020年长江流域典型城市站点降雨观测资料,短历时(1~6 h)暴雨占比约为70%,1 h内峰值降雨可主导降雨特征[1]。在降雨历时相等条件下,将长江流域典型城市站点的前锋型降雨过程分为6个阶段,1阶段和2阶段降雨量相近,3阶段和4阶段降雨量相近,5阶段和6阶段降雨量相近[1]。因此,可将长江中、下游前锋型降雨过程简要分为降雨历时相等的3个阶段。其中,1阶段和2阶段降雨量与3阶段和4阶段降雨量比值为1.5~2.3,3阶段和4阶段降雨量与5阶段和6阶段降雨量比值为1.5~4[1]。本次前锋型降雨物理模型试验的试验装置和监测设备如本书4.1.1和4.1.2节所述,结合本室内降雨试验装置的工作特性,本次前锋型降雨试验主要分为3个阶段,最高降雨强度设置为150 mm/h,最小降雨强度为50 mm/h。降雨强度150 mm/h和100 mm/h

对应的降雨时间为 45 min,在最后一级 50 mm/h 降雨下,若岸坡破坏,则立即停止试验。前锋型降雨试验方案见表 4.2。

表 4.2　前锋型降雨试验方案

降雨时间/min	降雨强度/(mm/h)
45	150
45	100
>90 至完全崩塌	50

砂土岸坡采用南京长江河道临岸土体填筑,该土体的颗粒分布如表 4.3 所示。根据《土的工程分类标准》(GB/T 50145—2007),该土体主要由砂粒和粉粒构成,粒径大于 0.075 mm 的颗粒含量为 71.4%,高于 50%,且不含有粒径大于 2 mm 的颗粒,故该土体为粉砂。经《土工试验方法标准》(GB/T 50123—2019)中轻型击实试验,该砂土的最大干密度为 1.56 g/cm³,最优含水率为 16.9%。根据《公路路基设计规范》(JTG D30—2015)和《堤防工程设计规范》(GB 50286—2013)中土体压实度的相关要求,土体压实度通常为 90%~95%,故控制此砂土岸坡的压实度为 90%。此时,砂土岸坡的砂土干密度 ρ_d 为 1.41 g/cm³。

表 4.3　南京长江河道临岸土体颗粒分布

粒径范围/mm	>0.25	0.25~0.075	0.075~0.005	<0.005
含量/%	1.2	70.2	26.6	2.0

试验用砂土岸坡比为 1∶2.5,并在 2.0 m 宽砂土岸坡和植生岸坡两侧各填充 0.5 m 宽砂土,以消除边界效应。监测指标为体积含水率 θ_w(简称为含水率)、孔隙水压力 u_w(简称为孔压)、基质吸力 ψ、岸坡变形过程及变形量,分别采用 TDR 土壤水分传感器及其配合使用的 MPM-160B 水分测定仪、CYY2 微型孔隙水压力传感器、CYY2 微型基质势传感器、DS-2CD3T86FWDV3-I3S 型海康威视红外筒形网络摄像机监测、5 m 长度卷尺和 30 cm 长度标准尺。含水率和基质吸力的监测深度均为 30 cm,其测点编号从坡顶至坡趾、从坡左至坡右分别依次为 W1 点至 W4 点和 S1 点至 S4 点。孔压的监测深度为 20 cm 和 30 cm,其测点编号从坡顶至坡趾、从坡左至坡右分别依次为 P1 点至 P8 点,含水率每降雨 15 min 测记一次,孔压和基质吸力每降雨 10 s 测记一次。摄像机架设于垂直于坡面 88 cm 处,以实时观测岸坡变形过程。每降雨 15 min,用 5 m 长度卷尺测记岸坡变形量,包括冲沟的长度和滑动面的长度、宽度,用 30 cm 长度标准尺测量记录冲沟和滑动面深度(图 4.32)。

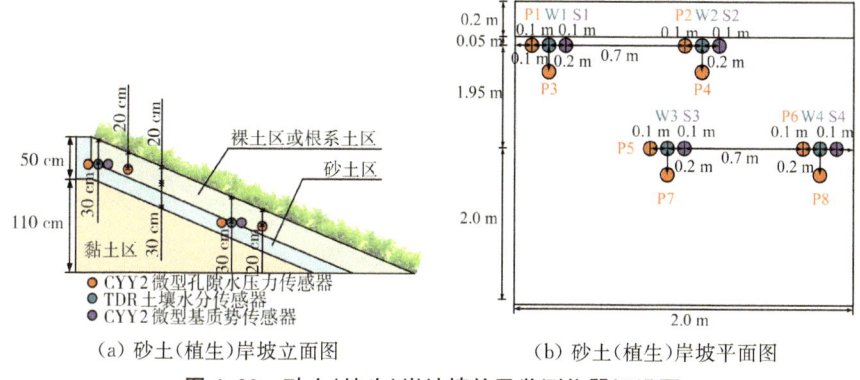

(a) 砂土(植生)岸坡立面图　　(b) 砂土(植生)岸坡平面图

图 4.32　砂土(植生)岸坡填筑及监测仪器埋设图

4.1.4.2　试验现象分析

前锋型降雨 15 min 时,砂土岸坡坡面共出现 8 道冲沟。长度不大于 0.5 m 的冲沟深度不大于 0.5 cm,长度大于 0.5 m 的冲沟深度为 0.9～3.4 cm[图 4.33 (a)]。降雨 30 min 时,因岸坡砂土颗粒在水流冲刷作用下沿顺坡向向下迁移,靠近坡脚土体颗粒移出坡体,上部岸坡土体颗粒向下迁移,下部坡体出现数道细小裂缝以及深度较浅的冲沟,其深度约为 1.2 cm,上部岸坡亦出现 4 道冲沟,其长度不小于 1.6 m,最大长度为 3.7 m,其最大深度为 6.2 cm[图 4.33(b)]。可见,降雨 30 min 内,岸坡破坏主要以水力侵蚀破坏为主。

降雨 30 min 至 45 min 内,因中、下部砂土颗粒在降雨、水流冲刷等作用下严重流失,靠近坡顶土体失去支撑,在重力作用下,上部岸坡出现局部坍塌,砂土岸坡出现连续完整的滑动面,其长度约为 3.8 m、最大深度约为 8.4 cm[图 4.33(c)]。降雨 45 min 后,强度由 150 mm/h 减小至 100 mm/h,至降雨 90 min 时,滑动面长度仅增长 0.2 m,滑动面最大深度为 12.5 cm[图 4.33(d)]。降雨 90 min 后,强度由 100 mm/h 减小为 50 mm/h,滑动面长度增大值不大于 0.1 m,滑动面深度为 13.1 cm[图 4.33(e)]。可见,当砂土岸坡上的砂土颗粒流失、岸坡出现连续完整的滑动面后,砂土岸坡的破坏仍以水力侵蚀破坏为主。

(a) 15 min　　(b) 30 min

(c) 45 min

(d) 90 min

(e) 135 min

图 4.33　前锋型降雨下砂土岸坡变形过程图

4.1.4.3　砂土岸坡侵蚀破坏监测结果分析

1. 体积含水率变化规律

在前锋型降雨作用下,降雨历时为 0~15 min 内,W4 点含水率增长速率最大,约为 0.55 %/min,而 W1 点含水率基本不变。在 30 min 降雨作用下,W2 点和 W3 点含水率增长速率接近,约为 0.08%/min。在 30~45 min 降雨作用下,W1 点~W4 点含水率快速增大,其增长速率为 0.99~1.56 %/min。在降雨历时为 45~135 min 内,砂土的含水率基本保持不变,表明在降雨 45 min 后砂土已接近饱和状态,在降雨结束时,土体含水率均不小于 48%(图 4.34)。

2. 孔隙水压力变化规律

降雨 17.2 min 内,孔隙水压力相近且变化较小。降雨 17.2~28.9 min 内,孔隙水压力快速增大。当 150 mm/h 降雨作用结束时,孔隙水压力基本达到最大值。对于距坡肩距离相等的测点,孔隙水压力最大值相近。20 cm 深度的 P3 点和 P4 点孔隙水压力最大值约为 0.89 kPa,30 cm 深度的 P2 点孔隙水压力值约为 P3 点的 2.09 倍,20 cm 深度的 P7 点和 P8 点孔隙水压力至少比 P3 点和 P4 点大 0.78 kPa;30 cm 深度的 P5 点和 P6 点孔隙水压力约是 P7 点和 P8 点的 1.27~1.43 倍(图 4.35)。

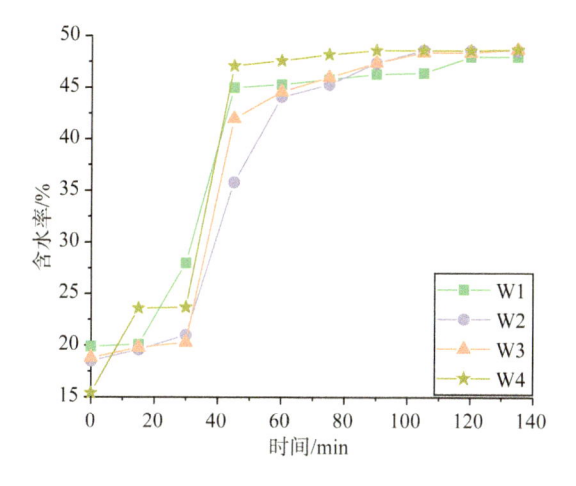

图 4.34 前锋型降雨作用下砂土岸坡含水率变化

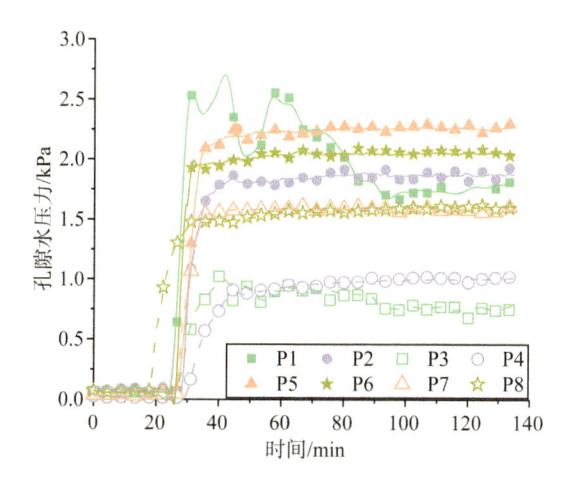

图 4.35 前锋型降雨作用下砂土岸坡孔隙水压力变化

3. 基质吸力变化规律

在前锋型降雨作用下,砂土的初始基质吸力为 1.0~1.2 kPa。砂土岸坡上 S1 点和 S4 点基质吸力的缓慢变化阶段时长相近,约为 18 min;S1 点基质吸力的快速减小阶段持续时长略久于 S4 点,分别为 32.3 min 和 10.3 min,且 S1 点基质吸力的减小速率小于 S4 点,分别为 0.04 kPa/min 和 0.15 kPa/min。S2 点基质吸力快速减小阶段持续时间最久,为 47.9 min。S3 点基质吸力的初始缓慢变化阶段时间最长,为 26.9 min(图 4.36)。

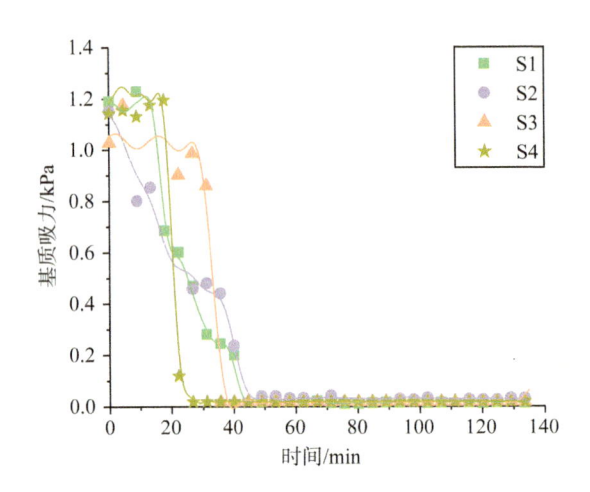

图 4.36　前锋型降雨作用下砂土岸坡基质吸力变化

4.1.4.4　砂土岸坡侵蚀破坏模式分析

当降雨强度由 150 mm/h 降低至 100 mm/h 和 50 mm/h 时，砂土岸坡的破坏程度逐渐减弱。砂土岸坡先后发生坡面溅蚀、片蚀和沟蚀[图 4.37(a～c)]，在持续降雨作用下已有沟蚀痕迹扩大加深，坡体出现较深的冲沟，冲沟逐渐拓宽、加深、汇集[图 4.37(d)]，直至形成连续完整的滑动面[图 4.37(e)]。

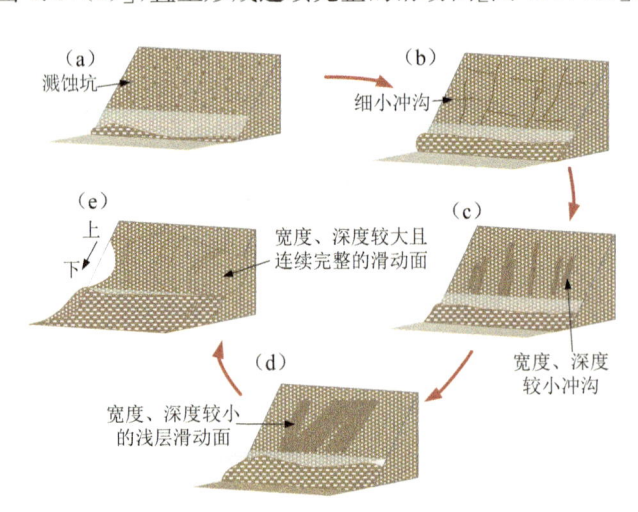

图 4.37　前锋型降雨作用下砂土岸坡侵蚀破坏模式

4.2 降雨作用下植生岸坡变形过程试验研究

为探究前锋型降雨作用下植物防护效果,本书以$(10+10)\text{g/m}^2$四季青+百喜草为例,应用前锋型降雨试验,设置不同的降雨强度与降雨时间,阐述植生岸坡在前锋型降雨下的变形过程,揭示体积含水率、孔隙水压力和基质吸力变化规律,建立植物根系、根系土水力性质关系表达式。

4.2.1 方案设计

植生岸坡前锋型降雨试验的试验装置和监测设备如4.1.1和4.1.2节,所用土体仍为南京长江河道临岸砂土,其物理性质如4.1.4.1节所述。根系土选用12个月生长龄期、种植密度$(10+10)\text{g/m}^2$的四季青+百喜草根系土。四季青+百喜草种子在种植初期均匀撒播于$2.0\text{ m}\times2.0\text{ m}$土面上,生长12个月时其根系深度约为30 cm(图4.38)。本次试验的详细试验方案同砂土岸坡的前锋型降雨试验(4.1.4.1节)。然而,降雨试验前,为保证植生岸坡四季青+百喜草根系土深扎于裸土层中,需进行如下工作:①在岸坡上喷洒充足的水分,充分浸润裸土和根系土,使裸土颗粒自动填满土体孔隙、覆盖所有植物根系;②在植物补光灯下,养护四季青+百喜草,设置光照时间为每天 11 h[图4.38(a)];③开展植生岸坡前锋型降雨试验前,移走植物补光灯,割除植物的茎叶部分以消除植物茎叶截留雨水作用等,有助于直观反映植物根系对降雨作用的响应;④将松散土颗粒填进植物根系生长及坡面水分蒸发等造成的坡体表层裂缝,压实根系土层,平整坡面,以避免浅表层坡体裂缝对前锋型降雨下岸坡变形过程的影响(图4.39)。

(a) 四季青+百喜草分布情况　　　　(b) 根系深度

图 4.38　生长 12 个月的四季青+百喜草

图 4.39　前锋型降雨试验前准备工作完成的植生岸坡

4.2.2　试验现象分析

前锋型降雨 15 min 内,强度为 150 mm/h,植生岸坡出现 2 道细小裂缝,其长度分别为 0.8 m 和 1.0 m,坡脚处 1.6 m×0.7 m 内根系土略微松动[图 4.40(a)]。降雨 30 min 时,植生岸坡坡脚处 2.0 m×1.7 m 根系土沿顺坡向向下滑移,其最大滑动深度约为 2.8 cm[图 4.40(b)]。降雨 45 min 时,根系土滑动范围长度增大 0.8 m,最大滑动深度约为 5.2 cm[图 4.40(c)]。降雨 45 min 后,强度降低至 100 mm/h 和 50 mm/h,因根系土和砂土具有各向异性,岸坡上根系土的滑动及根系土下砂土颗粒流失出现差异,2.0 m 宽的根系土不再整体滑动,其滑动区域可按宽度分为 3 处,分别为 0.6 m、1.0 m 和 0.4 m 宽度[图 4.40(d~g)]。

降雨 60 min 至降雨结束时,0.6 m 宽度范围内根系土的滑动长度由 2.5 m 增大至 2.7 m,其最大滑动深度由 7.8 cm 增大至 9.2 cm[图 4.40(d~g)]。降雨 60 min 时,1.0 m 宽度范围内根系土的滑动长度和最大滑动深度分别为 3.5 m 和 9.4 cm;至降雨结束时,该滑动长度和最大滑动深度分别增大 0.7 m 和 4.7 cm[图 4.40(d~g)]。降雨 60 min 后,0.4 m 宽度范围内根系土的滑动长度由 2.7 m 增大至 3.7 m,其最大滑动深度由 8.1 cm 增大至 10.7 cm[图 4.40(d~g)]。可见,植生岸坡在前锋型降雨全过程中的破坏主要以水力侵蚀为主,植物根系在降雨下仍保有较强的网络、胶结和团聚土体颗粒能力,含根系土体颗粒流失量较小,土体颗粒流失主要发生于根系土下的裸土层。

(a) 15 min 　　　　　　　　　　(b) 30 min

(c) 45 min (d) 60 min

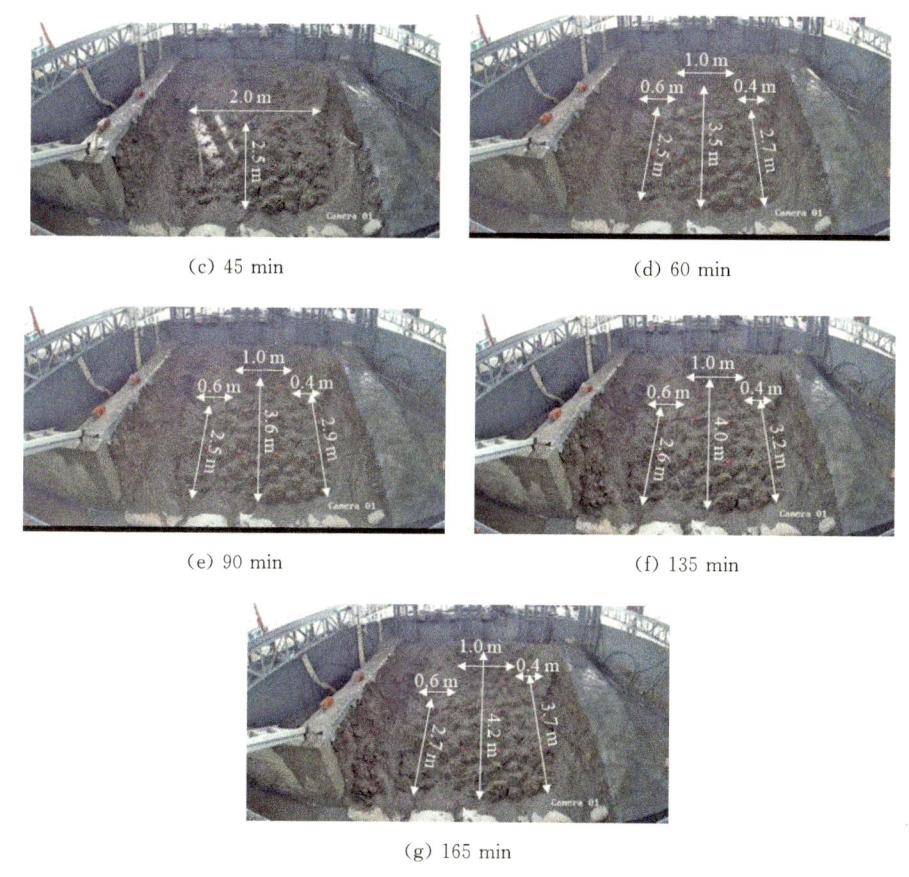

(e) 90 min (f) 135 min

(g) 165 min

图 4.40 前锋型降雨下砂土岸坡变形过程图

4.2.3 植生岸坡侵蚀破坏监测结果分析

1. 体积含水率变化规律

在前锋型降雨作用下,当降雨历时相同时,各测点含水率相近,差值小于 6.2%。15 min 降雨内,W1 点、W3 点和 W4 点含水率的增长速率较小,均小于 0.1%/min;W2 点含水率的增长速率较大,为 0.44%/min,但在降雨 15～30 min 内,W2 点含水率的增长速率最小,为 0.25%/min。在降雨 30～45 min 内,含水率快速增大,增长速率约为 0.78%/min。降雨 45～60 min 时,W1 点和 W4 点含水率增长速率约为 W2 点和 W3 点含水率的 4.5 倍。在降雨 60～135 min 内,含水率增量较小。在降雨 135～165 min 内,含水率基本不变,且植生岸坡含水率最大值与砂土岸坡相近(图 4.41)。

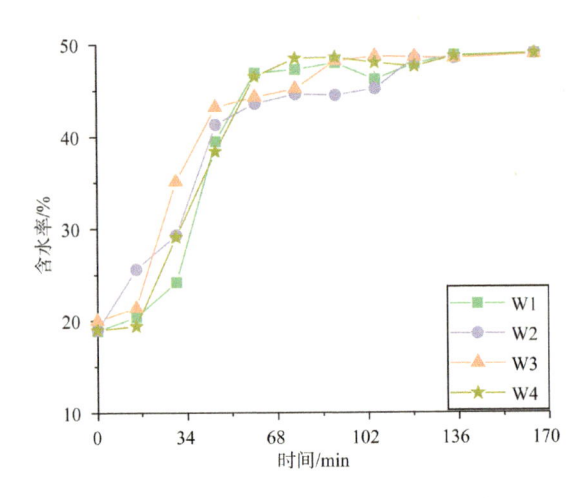

图4.41 前锋型降雨作用下植生岸坡含水率变化

2. 孔隙水压力变化规律

在前锋型降雨作用下,根系土的孔隙水压力初始缓慢变化阶段持续时长为 24.0 min。降雨 24.0 min 后,根系土孔隙水压力增大,此增大阶段的持续时长为 44 min。在测点孔隙水压力快速增长阶段,P1 点和 P3 点孔隙水压力增长速率约为 0.02 kPa/min。在孔隙水压力快速增长阶段结束时,P4 点孔隙水压力最小,为 0.51 kPa,P1 点、P2 点孔隙水压力约分别为 P4 点孔隙水压力的 2.20 倍、1.98 倍。快速增大阶段后,距坡肩较近的 P1 点、P2 点、P3 点和 P4 点孔隙水压力变化较小,距坡肩较远的 P5 点、P6 点、P7 点和 P8 点孔隙水压力增大,至降雨 165 min 时,P5 点和 P6 点孔隙水压力约为 1.46 kPa,P7 点和 P8 点孔隙水压力约为 0.99 kPa(图 4.42)。

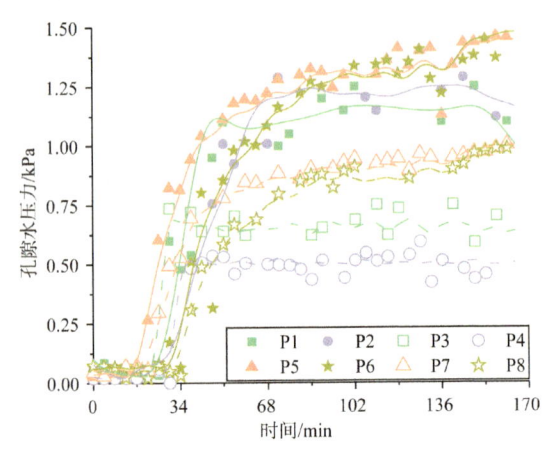

图4.42 前锋型降雨作用下植生岸坡的孔隙水压力变化

3. 基质吸力变化规律

在前锋型降雨作用下，根系土的初始基质吸力为 2.40~2.66 kPa。S1 点、S2 点和 S4 点基质吸力在缓慢变化阶段减小了 0.11~0.19 kPa，该缓慢变化阶段的持续时间短于 33.7 min。在缓慢变化阶段结束后，S1 点、S2 点和 S4 点的基质吸力在降雨 12.7~23.3 min 内快速减小至 1.09~1.62 kPa。快速减小阶段结束后，S1 点、S2 点和 S4 点的基质吸力在 74.9 min 降雨内基本不变。降雨 126.6 min 后，S1 点、S2 点和 S4 点的基质吸力再次快速减小，此阶段减小斜率大于初次减小斜率。S3 点基质吸力在降雨开始后直接进入快速减小阶段，该阶段持续时间约为 61.8 min，该阶段结束时，S3 点的基质吸力约为 1.01 kPa；降雨 125.3 min 后，S3 点基质吸力快速减小速率约为 0.025 kPa/min（图 4.43）。

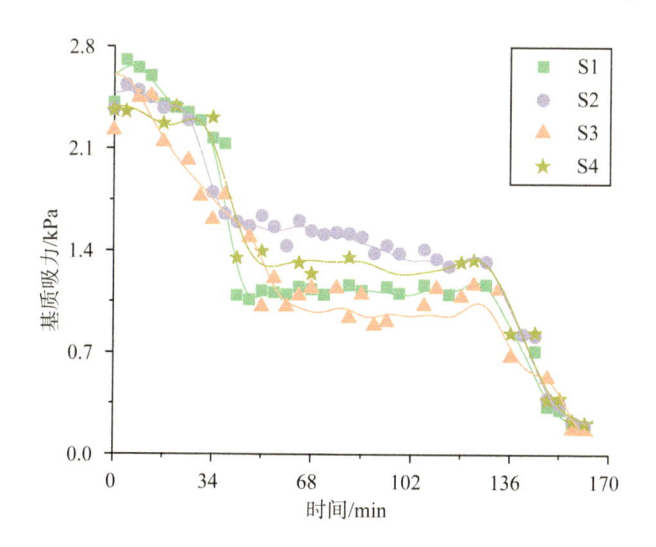

图 4.43　前锋型降雨作用下植生岸坡基质吸力变化

4.2.4　植生岸坡侵蚀破坏模式分析

植生岸坡与砂土岸坡类似，亦先后发生溅蚀、片蚀和沟蚀[图 4.44(a~c)]，至岸坡出现多而细的冲沟后，细小冲沟相互连接，根系土沿顺坡向向下移动[图 4.44(d~e)]。

4.3　根系土及砂土水力性质关系表达式

本书根据降雨类型（前锋型）、降雨时间相同时含水率及孔压的实测值（4.1.4 和 4.2 节），获取并分析四季青+百喜草根系土和砂土的含水率 θ_w 与孔

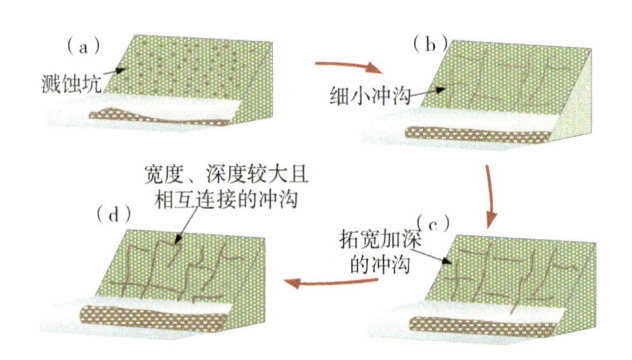

图4.44 前锋型降雨作用下植生岸坡侵蚀破坏模式

压 u_w 的关系、关系拟合式及拟合曲线[式(4-1)、式(4-2)和图4.45]。在孔压持续增大的条件下,砂土含水率的增长斜率由小变大再减小,故选择与指数函数相关的函数来拟合上述关系;根系土的含水率的增长斜率由大变小再增大,故选择与对数函数相关的函数来拟合上述关系。当孔压小于0.50 kPa时,砂土的含水率高于根系土,但当孔压大于0.50 kPa时,根系土的含水率高于砂土。

根系土:
$$\theta_w = 0.491 + \frac{0.199 - 0.491}{1 + e^{\frac{u_w - 0.730}{0.153}}} \quad (4\text{-}1)$$
$$R^2 = 0.955\,8$$

砂土:
$$\theta_w = 0.013 \ln\left(\frac{0.029 - 2.031}{u_w - 2.031} - 1\right) + 0.266 \quad (4\text{-}2)$$
$$R^2 = 0.991\,9$$

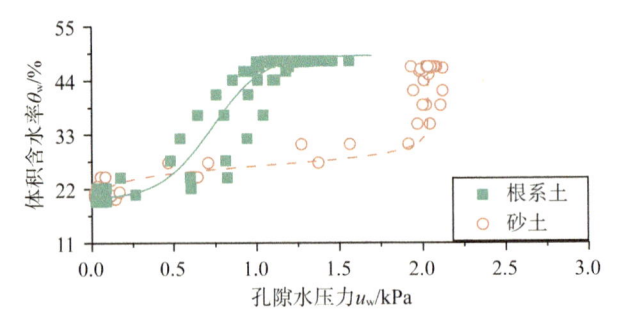

图4.45 孔隙水压力与体积含水率关系及其拟合曲线

四季青+百喜草根系土和砂土的最大基质吸力值分别为2.58 kPa和1.20 kPa。在基质吸力持续增大的条件下,砂土和根系土含水率先缓慢减小,再快速减小至19.7%后基本不变。当含水率相同时,根系土的基质吸力远高于砂土。当含水率为47%时,砂土基质吸力已接近0 kPa,根系土基质吸力为1.19 kPa。当含水率为30%时,根系土的基质吸力比砂土大1.70 kPa。当含水率为19.7%~19.8%时,砂土和根系土基质吸力变化值分别为0.93 kPa和0.28 kPa(图4.46)。

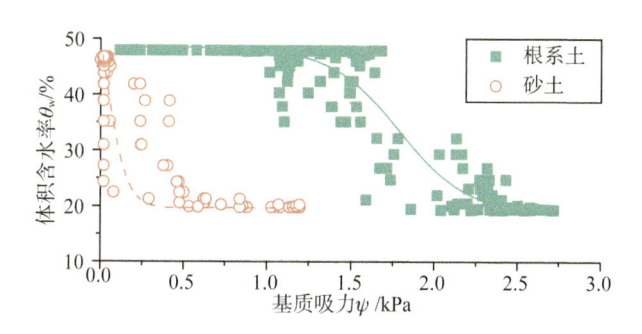

图4.46 基质吸力与体积含水率关系及其拟合曲线

综上所述,植物根系有利于提高土体基质吸力,保持较高的吸力值。然而,利用土水特征曲线关系经典模型[2-5]拟合本次前锋型降雨试验下体积含水率与基质吸力关系的相关系数R^2小于0.50,经多次比选,选择与指数函数相关的S型函数拟合该关系[式(4-3)、式(4-4)和图4.46]。

根系土:
$$\theta_w = 0.187 + \frac{0.486 - 0.187}{1 + e^{\frac{\psi - 1.787}{0.208}}} \tag{4-3}$$
$$R^2 = 0.9634$$

砂土:
$$\theta_w = 0.196 + \frac{0.666 - 0.196}{1 + e^{\frac{\psi - 0.081}{0.201}}} \tag{4-4}$$
$$R^2 = 0.9899$$

假设四季青+百喜草根系土的基质吸力仅由土体自身的基质吸力和植物根系吸力构成,四季青+百喜草根系吸力和含水率θ_w的关系可由式(4-5)表示。该关系式可广泛应用于植物根系与土体相互作用分析等。

$$\psi = 0.208\ln\left(\frac{0.299}{\theta_w - 0.187} - 1\right) - 0.201\ln\left(\frac{0.470}{\theta_w - 0.196} - 1\right) + 1.706 \tag{4-5}$$

4.4 本章小结

本章主要开展了砂土岸坡和植生岸坡的降雨试验,获取不同雨型下砂土岸坡和植生岸坡的变形失稳规律,分析植物根系作用及建立相关表达式等,得到以下主要结论:

(1) 均匀型降雨下,砂土岸坡的侵蚀破坏的诱发因素为坡脚位置软化坍塌。短历时强降雨会在坡体表面形成暂态饱和区,阻止雨水的入渗,导致表层土体在雨水的溯源侵蚀下被冲携至坡脚。岸坡不同深度、不同位置的土体体积含水率、孔隙水压力与时间呈正相关,而温度变化与时间呈负相关,且土体含水率越高降温速率越快,土体的最终温度也越低。其中孔隙水压力、温度响应较体积含水率存在一定的滞后性,且坡体坡比和测点环境温度变化与土体含水率变化的滞后性呈正相关,而雨强变化对此影响较小。

(2) 岸坡坡比与雨强的改变会导致坡面各区域土体累计位移量变化规律改变。坡脚处表层土体位移较大,即砂土岸坡降雨冲刷作用下侵蚀破坏的诱发因素为坡脚位置软化坍塌。降雨强度为 100 mm/h、坡比为 1∶1.5～1∶2.5 时,坡面表层土体位移表现出"缓慢变形阶段—快速滑动阶段—下部停止滑动上部剪出阶段"的三阶段变化过程,且岸坡坡比和雨强的增大,会导致坡面表层土体位移的响应时间以及变化速率的提高。降雨强度为 150 mm/h、坡比为 1∶1.5 时,坡面各区域土体位移变化规律较之其余四组工况有明显不同,坡面土体位移始于坡面最不利位置处且出现沟槽,且土体累计位移量明显大于其余四组工况,最大累计位移量可达 2 200 mm。

(3) 变雨强作用下岸坡侵蚀破坏模式为坡脚软化—拉裂—滑移型破坏。150 mm/h 雨强、1∶1 坡比砂土岸坡侵蚀破坏模式为坡面冲沟—拉裂—剪断型破坏。前锋型降雨下,砂土岸坡和植生岸坡的破坏类型均为冲蚀型、流土型、滑移型破坏组成的复合型破坏。前锋型降雨下,砂土岸坡先发生坡面溅蚀、片蚀、沟蚀,已形成的冲沟不断拓宽、加深、汇集,形成连续完整的滑动面,该滑动面在前锋型降雨下变化较小。前锋型降雨下,植生岸坡先发生溅蚀、片蚀和沟蚀,已形成的冲沟继而相互连接,根系土松动,沿顺坡向向下移动。

(4) 前锋型降雨下,砂土和根系土的体积含水率随孔隙水压力先快速增大后缓慢增大,随基质吸力先缓慢变化、后快速减小再缓慢变化,故采用与指数函数相关的解析式分别分析砂土和根系土体积含水率与孔隙水压力、基质吸力的关系,继而根据根系土、砂土体积含水率与基质吸力关系获取植物根系吸力表达式。上述表达式可用于分析岸坡应力场、应变场、渗流场变化规律,为稳定性分析中砂土、根系土以及植物根系水力性质参数选择提供理论支撑。

参考文献

[1] 徐俊杰,杨志勇,高希超,等. 长江流域典型城市暴雨雨型特征分析[J]. 中国水利水电科学研究院学报(中英文),2023,21(1):1-9+22.

[2] Brooks R H, Corey A T. Properties of porous media affecting fluid flow[J]. Journal of the Irrigation and Drainage Division, 1966, 92(2): 61-88.

[3] Gardner W R, Hillel D, Benyamini Y. Post-irrigation movement of soil water: 1. Redistribution[J]. Water Resources Research, 1970, 6(3): 851-861.

[4] Van Genuchten M T. A closed-form equation for predicting the hydraulic conductivity of unsaturated soils[J]. Soil Science Society of America Journal, 1980, 44(5): 892-898.

[5] Russo D. Determining soil hydraulic properties by parameter estimation: On the selection of a model for the hydraulic properties[J]. Water Resources Research, 1988, 24(3): 453-459.

第5章

河流冲刷作用下生态岸坡抗冲性能试验

河道水流冲刷作用下岸坡破坏主要发生在岸坡的中下部或坡脚，其显著降低岸坡的整体稳定性。本章开展土质岸坡和生态岸坡的水流冲刷试验，利用高速水流测试装置设置多种冲刷流速，通过对比土质岸坡、纯植被防护岸坡和三维土工网垫加筋生态岸坡结构的抗冲效应，借助高清摄像机记录岸坡最大破坏高度、最厚冲蚀深度和岸坡破坏过程，同时采用多设备、多点位地对岸坡破坏过程中孔隙水压力、加筋岸坡土体冲蚀量进行全过程监测，研究不同流速、岸坡类型和冲刷历时等因素影响下岸坡的变形破坏过程，揭示土质岸坡、纯植被防护岸坡、三维土工网垫生态加筋岸坡抗冲刷能力变化规律，为合理分析加筋生态岸坡抗冲特性与稳定性研究提供分析方法。

5.1 试验装置

本试验仍依托南京水利科学研究院当涂试验基地引调水工程安全保障试验厅的地质灾害大型物理模型试验平台，主要采用的设备是平台中的水流循环系统、模型土坡和回水槽[图5.1(a)]。该水流循环系统配备自动调节水位或提供稳定流量的水位控制系统，其通过电机转动频率调节水流流速[图5.1(b)]。

5.2 监测设备

水流冲刷试验用监测设备为孔隙水压力采集系统、图像采集系统、Stalker Ⅱ SVR 电波流速仪、冲蚀量收集系统。其中，孔隙水压力采集系统和图像采集系统如4.1.2节所述。

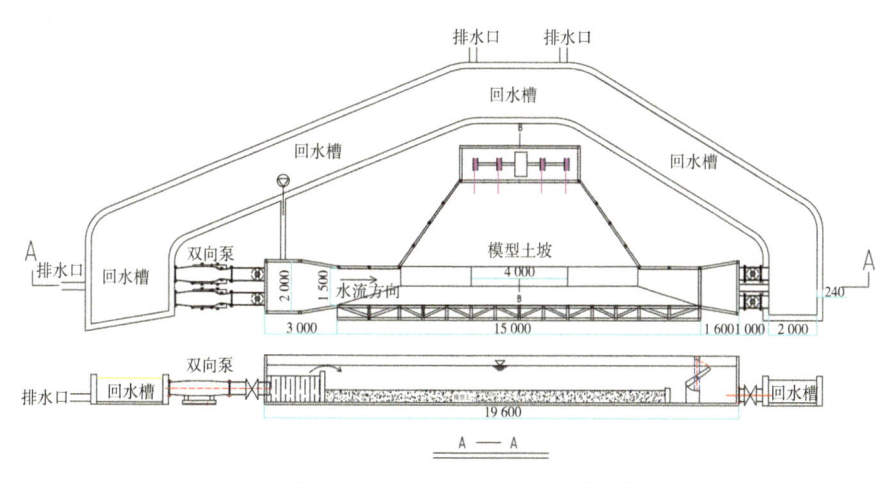

第 5 章 河流冲刷作用下生态岸坡抗冲性能试验

(a) 地质灾害物理模型水流冲刷试验平台设计图(单位:mm)

(b) 泵与水流循环控制系统

图 5.1 水流冲刷试验用地质灾害大型物理模型试验平台

1. Stalker Ⅱ SVR 电波流速仪

Stalker Ⅱ SVR 电波流速仪由美国 ACI(Applied Concept Inc)公司生产,其专门开发的智能水面回波频谱分析算法,可适应各种复杂波浪环境,有效排除与水面流速无关的干扰信号,通过专用高速 DSP 芯片处理水面回波,流速测量精度达到厘米级,计时分辨率为 0.1 s,符合水文测验规范。试验中,可通过手持的方式获取试验过程中水流表面瞬时流速和任意时间段的水面平均流速(图 5.2)。

图 5.2 Stalker Ⅱ SVR 电波流速仪组成及使用示意图

2. 冲蚀量收集系统

采用光电测沙仪(图5.3)记录各类型岸坡土体冲蚀量随时间变化的规律。光电测沙仪由测沙仪和中继盒两部分组成,可通过USB将数据记录传输到电脑上。根据泥沙浓度具有不同散射值和吸收值的定律,可将强弱不同的光信号转换计算为实时的泥沙浓度,因此试验前先对泥沙浓度进行标定(图5.4)

图5.3　测沙仪组成及使用示意图

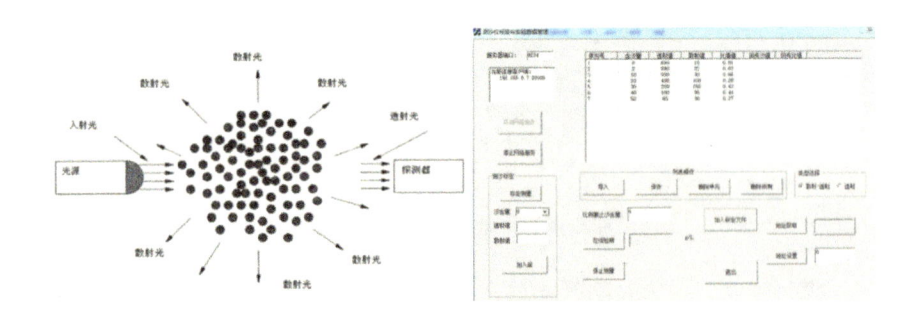

图5.4　光电测沙仪原理及标定示意图

将试验黏土放入烘箱(105℃)烘干,配制不同浓度的溶液梯度,搅拌均匀后进行测量标定。该测沙仪精度为0.01 kg/m^3,量程为0~15 kg/m^3。本试验用钢架和扎带绑扎的方式固定测沙仪,试验时使末端光信号传感器完全淹没在水流液面以下。为确保试验数据准确可靠,本书在平行试验的基础上每次使用两个测沙仪同时进行测量。

试验结束后,通过均匀采样、收集、混合搅拌取样和105℃烘干等步骤,依据水量计算不同工况下岸坡土体冲蚀量。观察冲刷过程中冲蚀量变化规律,比较不同条件下岸坡冲蚀模数的大小,揭示不同类型生态加筋黏土岸坡抗冲蚀能力规律。

5.3 试验材料

根据水文、地质、气候要求,选择种植 12 个月、密度为 30 g/m² 的香根草开展岸坡高速水流冲刷物理模型试验。种植 12 个月、密度为 30 g/m² 的香根草茎叶普遍高于 1 m(图 5.5)。冲刷试验用黏土为长江下游等地常见黏土,其粒径分布曲线见图 5.6,根据《土工试验方法标准》(GB/T 50123—2019)可知,试验用土属黏土。根据击实试验结果,所选黏土的最大干密度为 1.64 g/cm³,所需压实度为 92%,可求得压实后的黏土干密度为 1.51 g/cm³。

(a) 香根草茎叶部分

(b) 香根草根系部分

图 5.5 种植 12 个月的 30 g/m² 香根草

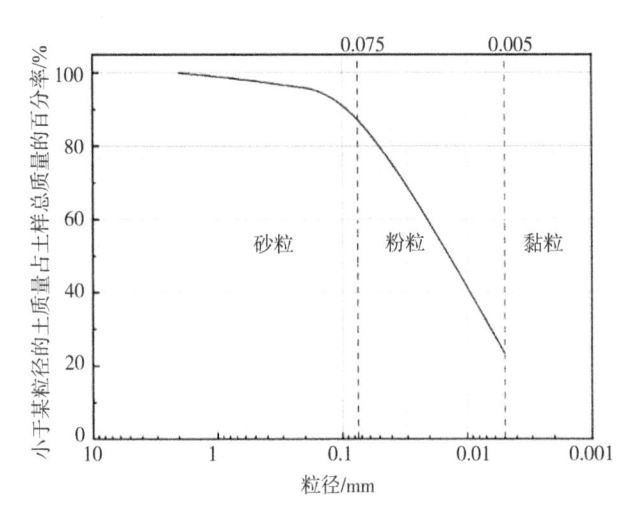

图 5.6 粒径分布曲线

5.4 试验方案

5.4.1 试验段布置

本次水流冲刷试验段全长 12 m,岸坡进水段和出水段表层采用水泥浇筑的硬质护岸,避免冲刷过程中边际效应对顺直河道段岸坡的影响。试验观测主体为中间 4 m 顺直河道。河道的一侧为岸坡,一侧为玻璃幕墙,通过水流循环系统进行冲刷试验。室内岸坡坡高 $H=0.58$ m,坡比 m 为 $1:2.5=0.4$,断面呈三角形,试验段布置详见图 5.7。通过经验值可知,玻璃幕墙糙率 n 值约是 0.01,水泥浆抹光的混凝土渠的糙率 n 值为 0.01。比对计算流速与实测流速,差值大部分在 $0.04\sim0.08$ m/s 之间。观测流速和计算流速的反推结论表明模型试验糙率取值正确,模型糙率符合设计标准。

试验段辅助设施为高清摄像仪和手机组成的变形记录系统以及冲蚀量收集系统。试验段的土质岸坡部分采用人工重建的办法,选用长江下游地区常见的黏土建成岸坡并人工夯实至密度 1.51 g/cm³。

(a) 试验段仪器布置示意图

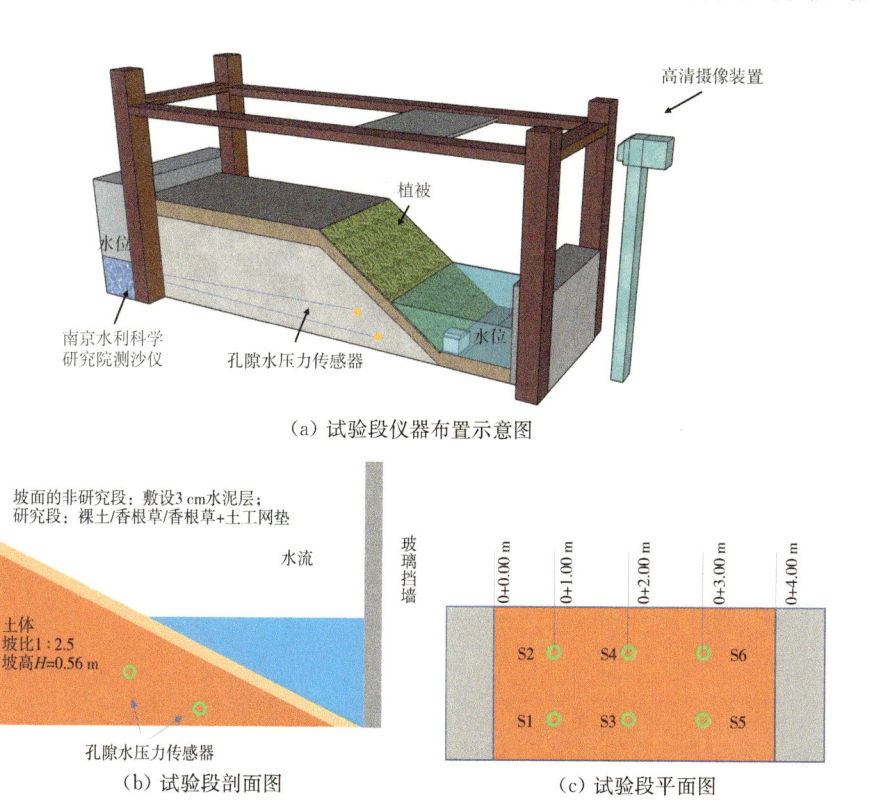

(b) 试验段剖面图

(c) 试验段平面图

图 5.7　孔隙水压力感应器组成及埋设位置图

5.4.2　岸坡坡度的选择

实际工程中，人工开挖岸坡常用坡比多为 1∶1.5～1∶2.5，对应坡度为 21.8°～33.69°。自然界中河流岸坡大多为缓坡，兼顾陡坡情况下结合水流特性的差异和试验条件，选择 1∶2.5 的坡比（坡度 21.8°）进行试验。

5.4.3　河流冲刷流速的设置

1. 抗冲临界流速 u_c

根据《堤防工程手册》可知本书堆筑的土质岸坡（密度 1.51 t/m³）为中等密实的岸坡，等效粒径 d 为 2 cm。已知土质岸坡抗冲临界流速 u_c：

$$u_c = 1.51\sqrt{(s-1)gd}\,(h/d)^{1/6} \tag{5-1}$$

式中：u_c 为抗冲临界流速；s 为土粒比重，$s=2.72$；h 为水深，岸坡被加高 30 cm，所以水渠水深 0.71 m，岸坡水深 $h=0.71-0.3=0.41$ m；d 为等效粒径，$d=0.02$ m。计算可知，本书中土质岸坡抗冲临界流速 $u_c=0.647$ m/s。

2. 最小流速 $u_{0.1h}$

根据河流动力学基本理论,在天然河道明渠中,水流流速垂线分布一般符合指数型分布规律,总体呈现"上大、下小"的分布特征,其中最小的是近底流速。近底流速指 $0.1h$(h 为水深)处的流速。水流流速垂线分布公式如下:

$$u = u_{\max}\left(\frac{y}{h}\right)^n \tag{5-2}$$

式中:$u_{\max}$ 为水面处的最大流速;u 为水深为 y 时的流速;h 为水深;n 为常数,明渠中通常取 1/8。

根据公式(5-2),水下 $0.1h$ 处即 $y=0.1h$ 时,计算得到近底 $0.1h$ 处流速 $u_{0.1h}$ 为:

$$u_{0.1h} = 0.75 u_{\max} \tag{5-3}$$

可知岸坡受到的河流冲刷流速处于 $0.75u_{\max} \sim u_{\max}$。

3. 流速设置

结合长江下游流速分布情况,本书土质岸坡在预试验中采取 0.7 m/s 的冲刷流速。当 $u_{\max}=0.7$ m/s 时,根据式(5-3),可知岸坡受到的河流冲刷流速处于 0.525~0.7 m/s,土质岸坡在此冲刷流速下会发生较低程度的破坏。同时,由于循环水渠水量及水泵功率限制,试验装置提供的最大冲刷流速为 2 m/s,据此情况和预试验结果合理设置纯植被防护岸坡和三维土工网垫加筋生态岸坡冲刷流速梯度(表 5.1)。

表 5.1 预试验组次及试验详细控制参数设置

序号	试验组次	岸坡类型	工况	流速/(m/s)	冲刷历时/min	水位高度/cm
1	A₁	土质岸坡	裸土工况一	1.1	10	41.0
2	A₁	土质岸坡	裸土工况二	0.7	240	41.0
3	A₁	土质岸坡	裸土工况三	1.4	120	41.0
4	A₂	纯植被防护岸坡	植被防护工况一	1.5	120	41.0

注:坡比均为 1:2.5。

A_1 组为土质岸坡不同流速冲刷对比试验,A_2 组为纯植被防护岸坡不同流速冲刷对比试验。

根据预试验的试验结果,明确土质岸坡无法抵抗流速 1.4 m/s 的河流冲刷,因此对正式试验的试验条件进行调整(表 5.2)。裸土工况二与植被防护工况一的组合可研究同一流速下纯植被防护岸坡结构相对于土质岸坡抗冲效应的变化。

表 5.2 正式试验组次及试验详细控制参数设置

序号	试验组次	岸坡类型	工况	流速/(m/s)	冲刷历时/min	水位高度/cm
1	A_1	土质岸坡	裸土工况一	0.7	120	41.0
2			裸土工况二	1.1	120	41.0
3	A_2	纯植被防护岸坡	植被防护工况一	1.1	120	41.0
4			植被防护工况二	1.5	120	41.0

注：坡比均为 1∶2.5。

5.4.4 试验步骤

1. 试验前

考虑到实际渠道中水位对渠坡土体强度造成的影响，冲刷试验开始之前向渠道内注水至一定深度（30 cm）并浸泡 24 h，使表层土体充分浸润达到饱和状态。

2. 试验过程中

调节水泵电机功率，通过 Stalker Ⅱ SVR 电波流速仪和河流库岸坡大型框架式物理模型试验系统的调速装置控制水流流速，冲刷阶段按照 A_1、A_2 组水流条件对应实施。纯植被防护岸坡冲刷方法和步骤同土质岸坡一致。每种岸坡类型各有 2 种工况，每组设置 2 次平行试验，共计进行 8 次生态岸坡冲刷试验，每次冲刷试验持续时间为 2 h。试验期间采用测沙仪记录岸坡土体冲蚀量参数，观察冲刷过程中冲蚀量变化规律。

3. 试验后冲蚀量的收集

将循环水渠面积均分为 8 份，共设置 8 个采样点，确保均匀采样。采样后，收集到水桶中，用搅拌机混合搅拌，然后取样、静置、澄清和 105℃烘干，并根据水量计算不同工况下岸坡土体冲蚀量（图 5.8）。比较不同工况下总冲蚀量的大小，揭示不同类型生态加筋黏土岸坡抗冲刷侵蚀能力变化规律。

图 5.8 冲蚀量的收集过程

4. 土质岸坡试验结束后移栽香根草

图 5.9 为香根草在室内模型种植生长过程示意图。室内模型是沿岸坡方向划定尺寸为 4 m×1 m 的矩形断面,向下挖深 30 cm[图 5.9(a)]。为确保根系完整,提前一天将地面以上植株高度修剪为 30 cm 并浇水润湿土地,第二天整片挖取根-土层厚度为 25 cm 的根-土复合体[图 5.9(b)]。将其移栽到室内模型岸坡上后[图 5.9(c)],架设植物补光灯[图 5.9(d)],每天采用 4 个紫外光植物补光灯照射 10 h[图 5.9(e)]并定期浇水以满足香根草生长所需的光源条件和水源条件[图 5.9(f)]。通过图 5.9(b)、图 5.9(c)和图 5.9(f)的对比可以看出,移栽后香根草在室内模型中的生长情况良好。

(a) 下挖土方　　(b) 挖取根-土复合体　　(c) 移栽

(d) 架设植物补光灯　　(e) 照射补光　　(f) 浇水和补光后生长情况

图 5.9　香根草在室内模型种植生长过程

5.5　岸坡抗冲特性研究预试验

2022 年 6 月上旬至 2022 年 9 月下旬,除室外香根草养护种植试验外,主要开展河流冲刷岸坡抗冲特性研究预试验,共计 4 个工况 8 组试验,探究冲刷条件和冲刷历时合理性,并初步得出土质岸坡和纯植被防护岸坡在河流冲刷作用下的变形破坏规律。

在试验过程中,用高清摄像机对每个工况不同时间段的河流冲刷的演变过程进行了实时动态观测,综合记录岸坡失稳破坏过程中岸坡状态。

5.5.1 土质岸坡抗冲特性试验结果及分析

1. 土质岸坡抗冲预试验工况一

打开水泵调节电机频率,以 1.1 m/s 的流速冲刷未浸泡的土质岸坡(图 5.10)。开始冲刷土体后,土体起动,水体逐渐浑浊。2 min 后坡脚淘蚀严重,逐渐演变为局部垮塌。随着裂缝延长、加深,崩滑体滑落,破坏面呈向内凹的弧形断面。10 min 后岸坡发生完全垮塌,岸坡上端裂缝发育。2 次平行试验均证明 15 min 内岸坡发生完全垮塌,表明未浸泡达到饱和的土质岸坡抗冲特性极差。

(a) 岸坡局部垮塌　　(b) 整体垮塌　　(c) 破坏断面图

(d) 10 min 后岸坡形态

图 5.10　未浸泡的土质岸坡抗冲情况

以 1.1 m/s 的流速冲刷土质岸坡,未经浸泡的土质岸坡 10 min 后已发生完全破坏,而浸泡 24 h 的土质岸坡在冲刷 120 min 处于局部失稳阶段未到完全破坏,可得出结论,未经浸泡饱和的土质岸坡抗冲性极差。

2. 土质岸坡抗冲预试验工况二

土质岸坡抗冲预试验工况二以流速 0.7 m/s 冲刷土质岸坡。冲刷 90 min

时暂停冲刷，可观察到坡脚已完全破坏。图 5.11 为冲刷流速 0.7 m/s、冲刷历时 240 min 后土质岸坡的整体情况，由于模型较为狭长，故采用照片拼接的方式呈现。坡面整体损失 1~2 cm，进水段和尾水段破坏严重，中间顺直河段岸坡大部分处于坡脚破坏阶段，仅有一处出现凹形断面，处于部分垮塌状态，破坏断面呈向内的凹形，岸坡横向破坏宽度最大可达 37.8 cm，纵向长度为 67.5 cm，最大破坏高度 38.6 cm。整体来看，岸坡远未达到完全垮塌状态，证明黏土岸坡能抵御 0.7 m/s 的河流冲刷。

(a) 进水段　　　　　(b) 中间段　　　　　(c) 尾水段

图 5.11　冲刷流速 0.7 m/s、历时 240 min 的土质岸坡形态

3. 土质岸坡抗冲预试验工况三

土质岸坡抗冲预试验工况三以冲刷流速 1.4 m/s 冲刷 120 min 后，坡脚破坏（图 5.12），岸坡整体后移约 35 cm。冲刷破坏 A 处为局部失稳，破坏断面横向破坏宽度最大可达 45.8 cm，纵向破坏长度为 92.0 cm。冲刷破坏 B 处为坡脚破坏，破坏断面为弧形，弯曲曲率比 A 处大，横向破坏宽度最大可达 10.3 cm，破坏面纵向长度为 101.2 cm，最大破坏高度为 15.1 cm。

由于模型尺寸较小、进水段水流为紊流动能大，土质岸坡抗冲特性研究试验及香根草护坡结构抗冲特性研究试验均表现为进水段和出水段最先破坏的现象。边际效应极大程度地影响了岸坡破坏过程，不利于试验观察。因此，除 4.0 m× 1.5 m 坡面的研究对象外，进水端和出水端采用混凝土铺设厚度为 3 cm 的硬质护岸。这样既避免了边界效应的影响，又减少了试验无关条件对试验结果的干扰。

(a) 冲刷前岸坡状态　(b) 进水段水流状态　(c) 整体冲刷破坏情况

(d) 冲刷细节　　(e) 冲刷破坏 A 处　　(f) 冲刷破坏 B 处

图 5.12　冲刷流速 1.4 m/s 时土质岸坡抗冲特性研究试验记录

5.5.2　纯植被护岸结构抗冲特性试验结果及分析

纯植被护岸结构主要进行了 1.5 m/s 冲刷流速、120 min 冲刷历时的抗冲特性试验。由于草皮面积有限,岸坡未能实现植被防护全覆盖,导致在岸坡上端的土质岸坡也遭受河流冲刷破坏。图 5.13 为土质岸坡破坏记录,图 5.14 为纯植被防护岸坡破坏记录。对比两图可得出:土质岸坡淘刷明显,而纯植被防护岸坡草皮完整性较好,坡脚土体和部分草皮被冲毁。

(a) 冲刷前岸坡状态　　(b) 冲刷 70 min　　(c) 冲刷 120 min

图 5.13　冲刷流速 1.5 m/s 时土质岸坡抗冲特性试验过程

(a) 冲刷前岸坡状态　　(b) 冲刷 70 min　　(c) 冲刷 90 min

(d) 冲刷100 min　(e) 冲刷110 min　(f) 冲刷120 min

图 5.14　冲刷流速 1.5 m/s 时纯植被岸坡抗冲特性试验过程

根据图 5.15~图 5.18,仔细观察冲刷过程,纯植被防护岸坡通过"植被倾倒(图 5.15)—植株茎叶和腐殖质层覆盖遮挡,隐藏冲刷土体并增加糙率、降低冲刷能量(图 5.16)—根系裸露(图 5.17)—坡脚根-土复合体稳定性降低被水流冲走(图 5.18)—大片植被破坏(局部垮塌)—完全垮塌"的方式导致岸坡失稳。

图 5.15　植被倾倒

图 5.16　植被覆土

图 5.17 根系裸露

图 5.18 坡脚根-土复合体稳定性降低被水流冲走

5.5.3 预冲刷试验总结

（1）改善试验条件：①确认岸坡浸泡土体饱和的必要性。以同样的流速冲刷土质岸坡，浸泡后土质岸坡的抗冲效应明显高于未浸泡岸坡的抗冲效应。同时在筑坡过程中调节岸坡含水率，确保土体密实度。②构筑硬质护岸。除 4.0 m× 1.5 m 坡面的研究对象外，进水端和出水端采用混凝土敷设厚度为 3 cm 的硬质护岸（图 5.19）。混凝土硬化后，每天用水养护，养护一周后进行正式试验。③将试验时间由 240 min 调整为 120 min。

（2）土质岸坡以"坡脚破坏—局部垮塌—完全垮塌"的形式发生失稳破坏。纯植被防护岸坡通过"植被倾倒—植株茎叶和腐殖质层覆盖遮挡，隐藏冲刷土体并增加糙率、降低冲刷能量—坡脚根-土复合体稳定性降低被水流冲走—大片植被破坏（局部垮塌）—完全垮塌"的方式导致岸坡失稳。土质岸坡在 1.4 m/s 水流下抗冲刷性能较弱，香根草纯植被护岸结构在 1.4 m/s 水流下抗冲刷性能较强，足见香根草纯植被护岸结构抗冲效果优于土质护岸结构。

图 5.19　模型试验模型河段进口和出口处的硬质护岸

5.6　土质岸坡抗冲特性研究试验结果及分析

在河流冲刷过程中,用高清摄像机对每个工况不同时间段的河流冲刷的变形破坏过程进行实时动态观测,并通过孔隙水压力传感器记录岸坡 30 cm 处的孔压变化。为方便观察,将 4 m 顺直河道冲刷试验段划分为三部分进行观察:①起始段为自土质岸坡与水泥浇筑的硬质岸坡分界线至顺直河道 0+1.0 m 处;②中间段为顺直河道 0+1.0 m～0+3.0 m 处;③尾段为沿着水流方向顺直河道 0+3.0 m～0+4.0 m 位置。

5.6.1　变形破坏规律

1. 整体情况

图 5.20～图 5.22 为不同冲刷流速下土质岸坡的冲刷变形过程。观察土质岸坡工况一(图 5.20 和图 5.21),可发现:①土质岸坡在流速为 0.7 m/s 的水流冲刷 120 min 后破坏程度不明显,表明黏土岸坡的抗冲性较强,可以抵御 0.7 m/s 的冲刷流速。②岸坡坡脚有轻微淘蚀现象,岸坡中段坡脚破坏稍严重,向坡体内成下凹的弧形。岸坡整体处于坡脚破坏阶段,坡脚后移距离为 3～5 cm。

观察对比土质岸坡工况二(图 5.20 和图 5.22),可发现:①土质岸坡在流速为 1.1 m/s 的水流冲刷 120 min 后,经历了坡脚破坏阶段,目前处于局部垮塌阶段。②最下端的坡脚由于冲刷堆积作用,破坏程度小,坡脚整体后移 8～10 cm。岸坡中段局部垮塌较为严重,向坡体内成下凹的弧形。

图 5.20　冲刷前的土质岸坡

图 5.21　土质岸坡以 0.7 m/s 的流速冲刷 120 min

图 5.22　土质岸坡以 1.1 m/s 的流速冲刷 120 min

根据以上现象和观测数据,整理归纳得到表 5.3。在不同冲刷流速条件下,土质岸坡均表现为尾段 0+3.0 m~0+4.0 m 处破坏程度最小,起始段 0+0.00 m~0+1.00 m 处居中,中间段 0+1.0 m~0+3.0 m 处破坏程度最大。

表 5.3　土质岸坡预试验冲刷破坏情况记录

工况	破坏状态	整体破坏情况			断面破坏情况		
^	^	横向破坏宽度/mm	最大破坏高度/mm	坡面最大冲蚀厚度/mm	0+0.0 m~0+1.0 m 处	0+1.0 m~0+3.0 m 处	0+3.0 m~0+4.0 m 处
一	坡脚破坏	30~50	520	63	破坏程度居中,坡脚后移距离为 8~12 cm。冲刷断面近似呈圆弧状并向下凹	破坏程度最大。坡面冲蚀厚度为 1~2 cm。冲刷断面近似呈圆弧状,向坡体内凹,沿坡面方向最大破坏高度为 52 cm	破坏程度最小,出现部分坡脚淘蚀破坏现象
二	局部破坏	80~100	650	225	坡脚被完全破坏,后移距离为 15~20 cm。冲刷断面近似呈圆弧状并向下凹,冲蚀厚度 5 cm	破坏程度最大。坡面冲蚀厚度为 1~3 cm。冲刷断面近似呈圆弧状,向坡体内凹,沿坡面方向最大破坏高度为 65 cm	破坏程度最小,处于坡脚破坏状态,未过渡到局部破坏状态

2. 综合对比分析

对比土质岸坡在 0.7 m/s 和 1.1 m/s 冲刷 120 min 后的冲刷效果(图 5.21、图 5.22),可得出以下结论:①相同冲刷时间作用下,河流冲刷流速越小,岸坡破坏程度越小;流速越大,岸坡破坏越剧烈,冲刷破坏面积越大,水流对岸坡冲刷破坏高度越大。②岸坡崩塌高度变化。试验过程中岸坡均出现局部垮塌现象,其崩塌区域主要集中在桩号 0+1.0 m~0+3.0 m 之间,最大崩塌高度发生在 0+2.0 m 桩号附近;最大冲蚀厚度在 0+2.0 m 桩号附近,深度分别为 63 mm、225 mm。③最先发生破坏的位置也是冲刷试验结束时破坏最严重的位置,均表现为中段向两侧方向加深、加大破坏。④土质岸坡通过"坡脚破坏,坡脚后移—

局部垮塌—完全垮塌"的形式导致岸坡失稳,发生崩岸(图 5.23)。⑤土质岸坡崩塌一般呈现为大块扰动,土体沿微弯曲滑裂面或斜平面滑动崩塌模式。坡度较缓的黏土岸坡一般在顺直河流中段破坏,随着冲刷历时的增加,逐渐沿着坡面发生圆弧滑动而失稳破坏,总体呈现向内凹陷的窝崩的破坏形态。

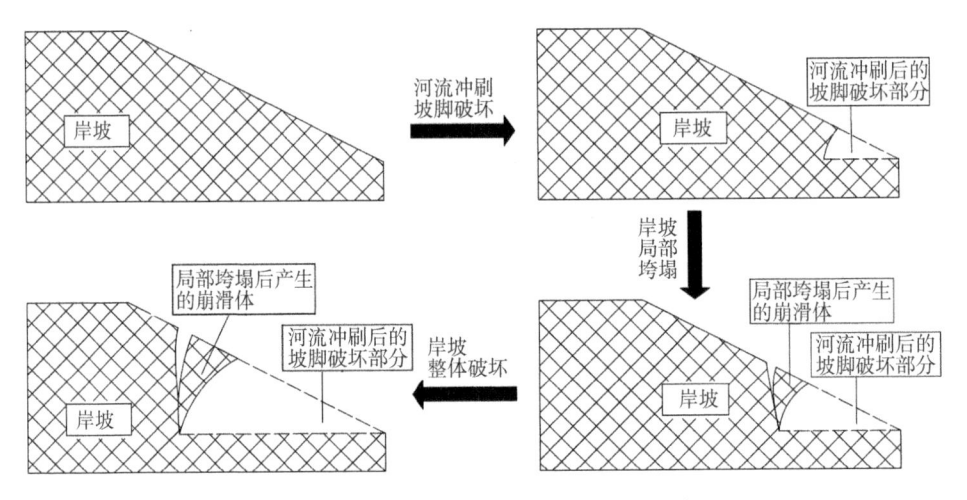

图 5.23　土质岸坡抗冲效应与破坏过程示意图

5.6.2　冲蚀量变化规律

5.6.2.1　冲刷过程中冲蚀量变化规律

将河流冲刷作用下岸坡变形破坏后损失收集的土体烘干后的质量定义为冲蚀总量 m_i,i 为试验序号。由于河流冲刷时循环水渠中测沙仪检测的冲蚀量浓度变化较小,因此以 30 min 为一个阶段,将 120 min 划分为 4 个阶段,观察冲蚀总量和冲蚀增量。

观察对比冲蚀总量及冲蚀增量(图 5.24 和图 5.25),可得出结论:①流速越大,冲蚀量越大。在相同水深及坡面条件下,流速为 0.7 m/s 时岸坡仅表现为坡脚破坏,破坏程度较小;流速为 1.1 m/s 时,岸坡由坡脚破坏状态过渡为局部破坏状态,破坏程度更深。②冲刷流速较小时,土质岸坡冲蚀增量呈减小趋势;冲刷流速较大时,岸坡经历了一段剧烈破坏之后,冲蚀增量呈先增后减的趋势。两种冲刷工况下,在第三、第四阶段(60~120 min)表现为冲蚀增量随时间增长而减少或基本不变。河流冲刷作用下土质岸坡变形破坏规律及冲蚀增量变化规律与窝崩变化相吻合。可从起动流速和破坏面对近岸流速的影响这两个方面分析冲蚀增量的变化规律。首先,当水流流经岸坡时,岸坡被水流浸泡、冲刷,冲蚀现象发生,由于岸坡为非均质土颗粒组成,当水流流速大于一部分粒径土颗粒的起动流速时,小于该粒径的土颗粒大部分被水流携走,而大于该粒径的土颗粒可能留在岸坡上或者积于坡脚,从而对岸坡的进一步破坏形成阻碍,减缓了岸坡破坏的趋势。其次,从破坏面对近岸流速的影响来讲,当破坏面形成后,凹陷以及部分坍塌的岸坡使破坏区域的水流流态变得复杂,消耗了水流能量,减缓了近岸流速,阻止了岸坡进一步破坏,从而减少了岸坡土体流失。

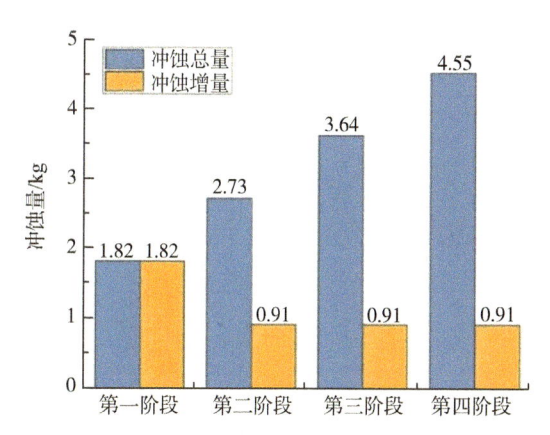

图 5.24 土质岸坡工况一冲蚀量变化柱状图

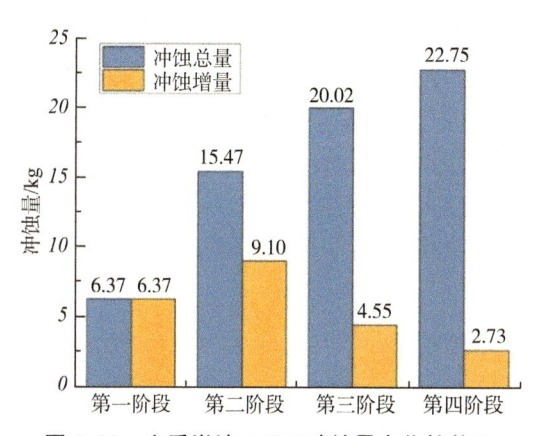

图 5.25 土质岸坡工况二冲蚀量变化柱状图

5.6.2.2 冲蚀模数

计算出一定水流条件下单位时间内单位面积的冲蚀量,即冲蚀模数:

$$R = \frac{M}{At} = \frac{\frac{\gamma_{饱和}}{g}}{At}V \tag{5-5}$$

式中：R 为冲蚀模数，$g/(m^2 \cdot h)$；M 为冲蚀量，g；A 为冲蚀面积，m^2；t 为冲刷时间，h；$\gamma_{饱和}$ 为土体的饱和容重，N/m^3；V 为冲蚀土体体积，m^3。

冲蚀模数越小，表明表层土体损失越少。由试验可得相关数据，见表 5.4。

表 5.4 土质岸坡冲刷数据记录

试验组次	岸坡类型	流速/(m/s)	冲刷历时/min	最大冲蚀厚度(mm)及位置(0+0.00 m)	冲蚀面积/m²	冲蚀模数/[g/(m²·h)]
A_1	土质岸坡	0.7	120	63 mm(0+1.82 m)	0.48	4.74×10⁴
		1.1	120	225 mm(0+2.14 m)	1.67	6.81×10⁴

由表 5.4 可知，流速越大，冲蚀模数越大，平均冲蚀厚度越大，整体冲刷破坏强度越大。

5.7 纯植被防护岸坡抗冲特性研究试验结果及分析

5.7.1 变形破坏规律

对比图 5.26、图 5.27 和图 5.28，在 1.1 m/s 流速与 1.5 m/s 流速这两种冲刷工况下，纯植被防护岸坡变形破坏都表现为 0+0.00 m～0+1.00 m 处植被被冲走，坡脚整体下切、破坏。如表 5.5 所示，冲刷 120 min 后，纯植被防护岸坡在 1.1 m/s 流速下冲蚀模数为 4.40×10^4 g/(m²·h)，在 1.5 m/s 流速下冲蚀模数为 5.46×10^4 g/(m²·h)。纯植被防护岸坡在 1.1 m/s 流速冲刷工况下，岸坡冲蚀面积较小，仅有 0.68 m²，且最大冲蚀厚度均明显低于 1.5 m/s 流速时的冲刷工况。纯植被防护岸坡结构可抵挡流速为 1.1 m/s 的河流冲刷，在 1.5 m/s 的侧向冲刷流速下，岸坡冲刷破坏较为明显。另外，水流对岸坡冲刷破坏程度越大，植被破坏面积越大，土体冲蚀厚度越大。建议通过植被与土工合成材料联合的方式提高岸坡抗冲特性，例如在河流冲刷流速为 1.5 m/s 的条件下开展三维土工网垫加筋生态岸坡防护的岸坡冲刷研究，对比其抗冲特性。

图5.26 冲刷前的纯植被防护岸坡

图5.27 纯植被防护岸坡以1.1 m/s的流速冲刷120 min

图5.28 纯植被防护岸坡以1.5 m/s的流速冲刷120 min

表5.5 纯植被护岸冲刷数据记录

试验组次	岸坡类型	流速/(m/s)	冲刷历时/min	水位高度/cm	最大冲蚀厚度/mm	冲蚀面积/m²	冲蚀模数/[g/(m²·h)]
A₂	纯植被护坡	1.1	120	41.0	32	0.68	4.40×10⁴
		1.5	120	41.0	84	1.19	5.46×10⁴

与预试验冲刷过程相似,纯植被防护结构通过"植被倾倒—植株茎叶和腐殖

169

质层覆盖遮挡—坡脚根-土复合体稳定性降低被水流冲走—大片植被破坏(局部垮塌)—完全垮塌"的方式导致岸坡失稳(图5.26~图5.28)。

另外,在纯植被防护岸坡试验工况二(图5.28)中,土质岸坡和纯植被防护交界处破坏严重,原因在于土质岸坡抗冲性差,在冲刷过程中土体流失形成凹槽,加快了香根草根系裸露的进程(图5.29),从而导致香根草防护区域与土质岸坡交界处破坏程度较大。

鉴于此次冲刷经验,未来岸坡植被防护结构的覆盖面积和覆盖宽度、高度等均要大于河流洪水位的作用范围,从而提高岸坡的整体稳定性。

图5.29　土质岸坡和纯植被防护交界处香根草的冲刷状态

5.7.2　冲蚀量变化规律

与土质岸坡研究方法一致,在纯植被防护岸坡冲蚀量变化规律分析中,以30 min为一个阶段,将120 min划分为4个阶段,观察冲蚀总量和冲蚀增量,研究冲蚀总量和冲蚀增量随时间变化的规律。

对比图5.30和图5.31,发现:在一定水流条件下,冲刷前期经历了一段剧烈破坏之后,岸坡的侧向侵蚀并不是无限发展的过程,而是在一段剧烈破坏之后,

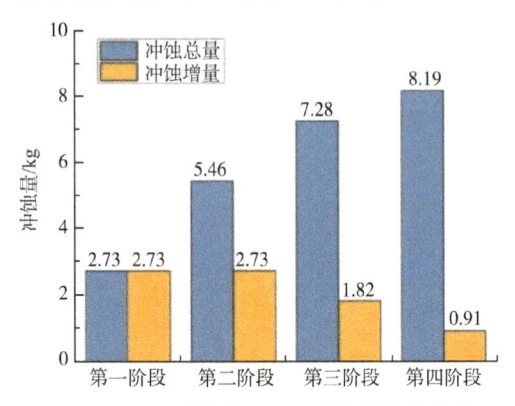

图5.30　纯植被护坡工况一冲蚀量变化柱状图

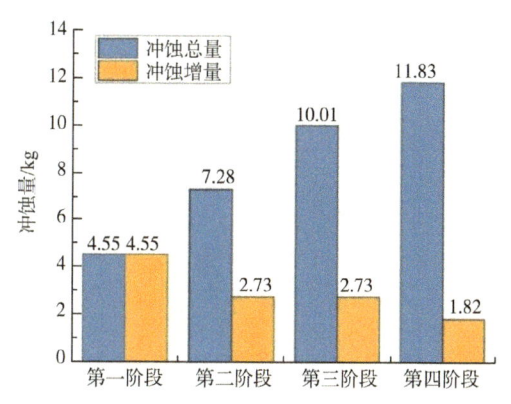

图 5.31 纯植被护坡工况二冲蚀量变化柱状图

破坏程度逐渐趋于减缓,冲蚀增量呈减小趋势。原因主要表现为相同水流及坡面条件下,冲刷初期根系上次表层土体稳定性差,最先被水流冲刷破坏。而冲刷后期,植被根系固土与茎叶倾倒覆土作用共同减少土体冲刷流失,因此岸坡冲蚀增量呈减小趋势。

5.7.3 相同冲刷流速条件下的冲刷试验与结果分析

土质岸坡的工况二和纯植被岸坡的工况一均以 1.1 m/s 的流速冲刷了 120 min。对比表 5.6 和图 5.32 中数据,土质岸坡的冲蚀模数为 $6.81×10^4$ g/(m²·h),大于纯植被防护岸坡的侵蚀模数 $4.40×10^4$ g/(m²·h),冲蚀模数降低了 35.4%。冲蚀模数越小,表明土体的平均冲蚀厚度越小,抗冲效应越佳。

1. 冲蚀总量对比

土质岸坡冲蚀总量 22.75 kg(图 5.25),而纯植被岸坡冲刷总量为 8.19 kg(图 5.30),冲蚀总量减少了 64.0%。以上均说明与土质岸坡相比,纯植被防护结构较大程度地提高了土质岸坡的抗冲效应。

表 5.6 冲刷数据记录表

试验组次	岸坡类型	流速/(m/s)	冲刷历时/min	水位高度/cm	冲蚀面积/m²	冲蚀模数/[g/(m²·h)]
A_1	土质岸坡	0.7	120	41.0	0.48	$4.74×10^4$
		1.1	120	41.0	1.67	$6.81×10^4$
A_2	纯植被防护岸坡	1.1	120	41.0	0.68	$4.40×10^4$
		1.5	120	41.0	1.19	$5.46×10^4$

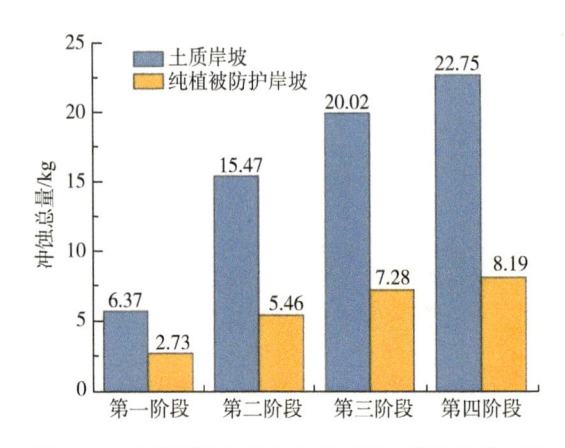

图 5.32　土质岸坡与纯植被防护岸坡冲蚀总量对比

分析原因,纯植被护岸对抗水流的冲刷作用主要体现在以下三个方面:

①植被的生长层(叶、茎)顺水流方向倒伏。根茎和叶片共同改变河道水流结构,并通过自身致密的覆盖作用减小高速水流对土体的直接接触面积,同时与水流产生摩擦起到增加糙率、降低冲刷破坏强度的作用。河流冲刷力的大小主要取决于水流的流量和流速。植被能够减少径流流量和降低流速,是控制径流冲蚀的关键。植被防护结构对河岸发挥着护挡作用,使近岸主流方向的平均流速由大于横向和垂向流速一个数量级逐渐变为同一数量级,避免岸坡表层土体直接遭受河流的冲刷,进而增强了岸坡土体的抗冲效应,从而减少土体的流失,抑制了河岸崩塌的发生。

②腐殖质层(包括落叶层与根茎交界面),为岸坡表层土体提供了一个保护层。

③根系层。土体中加入植被根系后,其生物化学作用可增大土体水稳性团聚体数量,同时植被根系的网络、缠绕、黏结固土作用形成抗冲形构型,通过提高复合体黏聚力从而提高土体抗剪强度,提供机械稳定作用。

2. 冲蚀增量对比

由图 5.33 可知,在相同水深、相同流速 1.1 m/s 的冲刷条件下,土质岸坡与纯植被防护岸坡的冲蚀增量整体表现为先剧烈破坏,之后破坏程度逐渐趋于减缓,冲蚀增量呈下降趋势,这点上文已作分析,在此不作描述。

在每一个阶段,纯植被防护岸坡的冲蚀增量均小于土质岸坡的增量。可见纯植被防护结构在冲刷过程中结构和稳定性较高,表明:①土体结构不同。土质岸坡中土体结构较松散,土体易流失,土质岸坡易遭受破坏。而纯植被防护岸坡

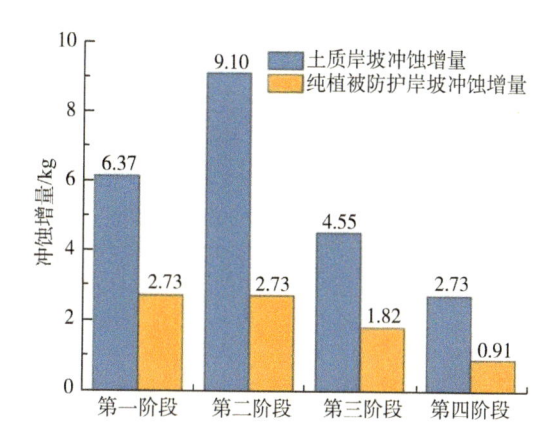

图 5.33 土质岸坡与纯植被防护岸坡冲蚀增量对比

通过植被根系的加筋固土作用保持土体的结构完整性,有助于减少破坏。②植被具有保护作用。纯植被防护岸坡通过植被倾倒覆土的保护作用,可以减少水流的直接作用,抵御水流的冲刷和冲蚀,同时可以减缓水流的速度和能量,有助于保护岸坡的稳定。相反,土质岸坡缺乏植被保护,容易受到水流的直接作用,进而导致破坏加剧。③初始稳定性不同。土质岸坡由于缺乏植被覆盖,表面直接受到河流冲刷的影响,使得初始稳定性较差,因此在冲刷过程中破坏程度较大。而纯植被防护岸坡由于有植被的保护,具有较好的初始稳定性,在冲刷过程中破坏程度相对较小。④纯植被防护岸坡的生态功能。纯植被防护岸坡除了具有防护作用外,还具有一定的生态功能,例如可以减少土体冲蚀、提高土体质量、增加水源涵养能力等。这些生态功能可以进一步促进岸坡的稳定,使得冲蚀增量呈下降趋势。

5.8 三维土工网垫加筋生态岸坡抗冲特性研究

由第 5.6 和 5.7 节试验结果可知,纯植被防护岸坡技术抗冲作用有限,不能抵抗流速 1.5 m/s 及以上的河流冲刷,而植被与土工合成材料相结合的生态加筋护坡结构可大大提高岸坡抗冲特性。因此,本小节重点研究三维土工网垫加筋生态岸坡结构的护岸原理,研究不同条件下三维土工网垫加筋生态护岸结构的抗冲效应和岸坡变形破坏规律。

5.8.1 护坡原理及抗冲特性

三维土工网垫又称三维植被网,代表种类为 EM 系列,原料为高强度热塑性树脂,有 EM2、EM3、EM4 和 EM5 四类。随着型号数字的增加,网垫的厚度、层数以及网格密度都相应提高。在国内,加筋生态护坡技术起步于 20 世纪 90 年代末。肖衡林等[1]定性、定量分析了不同强度、厚度、开口尺寸的网垫产品,在一定程度上解决了三维网垫设计指标的选择问题(表 5.7)。

表 5.7 三维网垫设计指标的选择

指标	测量方法		结论
网垫设计强度 T_d/(N/m)	$T_d \leqslant \dfrac{T_u}{2.32}$,$T_u$ 为材料极限抗拉强度		通过对径流剪切力、雨滴击溅力和坡面对网垫的支持力综合分析得出网垫强度
网垫厚度 d/mm	EM2 和 EM3	测量 200 g 压重时厚度	1. 网垫的厚度越大,与根系的结合效果越佳,但经济代价太大。 2. 优先考虑 20 mm 左右的产品
	EM4	测量 250 g 压重时厚度	
	具有三层挤出网的网垫产品	测量 300 g 压重时厚度	
开口尺寸/mm	测量三维土工网垫隆起网包的网格大小		1. 开口越小,保土性更好,但成本更大。 2. 建议三维土工网垫的开口尺寸为 3～4.5 mm

三维土工网垫的基本结构如图 5.34 所示,其与植被根系组成生态岸坡加筋结构如图 5.35 所示。该技术综合了三维土工网和植被护坡的优点,可有效抗风化及水流冲蚀。

在植被生长初期,三维土工网垫可以保护坡面不受风、雨冲蚀;在播撒草籽之后,其能够保护草籽免受风吹雨冲,使草籽均匀分布在岸坡土体内。对于利用三维土工网垫来防护生态岸坡的工程,主要通过以下三种手段来提高岸坡的稳定性:压密、压实网垫及填充在网垫中的香根草根-土复合体来增加防护系统与坡体之间的摩擦阻力;使用合适型号的铆钉来增加铆钉阻力;采用适宜强度三维土工网垫来缓解河流冲刷对岸坡稳定性的影响。当植被根系通过三维土工网垫的开放空间生长时,一方面,网包内覆土提供植被生长的营养和水分,提升植草覆盖率和根系的纤维密度。另一方面,网垫的高抗拉强度使植被根部加筋强度显著增加。盘根错节的根系与三维土工网垫紧密结合,在水平方向上形成一个板块结构,为浅表层岸坡提供水平加筋作用,在垂直方向形成纵向加筋结构。在较低的垂直应力作用下,三维土工网垫的加入可显著提高纯植被防护结构的抗剪强度[2]。因此,三维土工网垫与植被根系组成的生态岸坡加筋结构可大幅度提高岸坡稳定性和抗冲刷能力[3]。

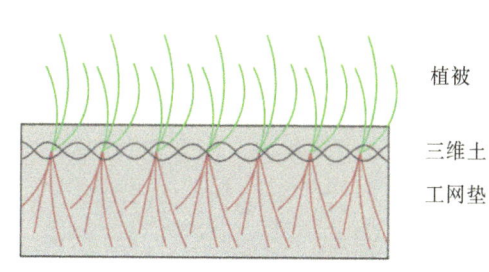

图 5.34　三维土工网垫基本结构　　图 5.35　三维土工网垫的加筋生态护坡结构

本次三维土工网垫生态加筋黏土岸坡的水流冲刷试验装置和监测设备如 5.1 和 5.2 节所述,但试验材料有所不同。

5.8.2　试验材料

5.8.2.1　草本植被的选择

根据水文、地质、气候要求,选择种植 12 个月、密度为 30 g/m² 的香根草与三维土工网垫根-土复合体(图 5.36)在室内进行岸坡高速水流冲刷试验。

图 5.36　香根草与三维土工网垫根-土复合体

5.8.2.2　三维土工网垫的选择

5.8.1 节介绍了三维土工网垫选择标准和试验要求,根据以下条件选择合适的三维土工网垫型号:

(1) 一般而言,在缓于 30°的坡面采用 EM2 和 EM3 是比较合理的;在坡度为 30°～45°时,采用 EM4;在坡度陡于 45°时应该采用高于 EM4 的产品。

(2) 网垫厚度应该和草种相匹配,草种颗粒尺寸较大时选择 14～20 mm 的网垫厚度,颗粒尺寸较小时选择 10～16 mm 的网垫厚度。

(3) 三维土工网垫的较优开口尺寸为 3 mm 到 4.5 mm。

本书研究坡度为 21.8°(坡比为 1:2.5),选用 EM3 型三维土工网垫。其性能指标如表 5.8 所示。

表 5.8 EM3 型三维土工网垫性能指标

检测项目	单位	技术标准	检测指标	单项评定
单位面积质量	g/m²	260	265	合格
厚度	mm	≥12	12.3	合格
每米拉伸	纵向/kN	≥1.6	1.65	合格
	横向/kN	≥1.6	1.63	合格
检测环境	室温/℃	20.1	检测依据	GB/T 17638—2008
	湿度/%	50		

5.8.3 试验方案

本书 5.7 节中纯植被防护岸坡在 1.5 m/s 的冲刷工况下破坏情况较为明显,三维土工网垫的加入会提高根-土复合体的抗剪强度和抗冲效应,所以将三维土工网垫加筋生态岸坡的冲刷流速设置为 1.5 m/s 和 2.0 m/s(表 5.9)。

表 5.9 冲刷试验组次及试验详细控制参数设置

序号	试验组次	岸坡类型	工况	流速/(m/s)	冲刷历时/min	水位高度/cm
1	A₃	三维土工网垫加筋生态护坡结构	植被+土工网垫工况一	1.5	120	41.0
2			植被+土工网垫工况二	2.0	120	41.0
3			植被+土工网垫工况三	2.0	360	41.0

注:坡比均为 1:2.5。

5.8.4 试验步骤

如图 5.37,挖取尺寸 100 m×1.00 m,土层深度为 30 cm 的根-土复合体,移栽到室内模型槽内。具体养护香根草和冲刷试验操作步骤同 5.4.4 节。

(a) 挖取三维土工网垫生态加筋结构

(b) 下挖土方　　　　　　　(c) 铺设三维土工网垫生态加筋结构

图 5.37　香根草与三维土工网垫结合的根-土复合体移栽过程

由 5.7 节可知,土质岸坡无法抵抗 1.5 m/s 流速的冲刷,为减小高速水流对植被防护结构上端的土质岸坡的破坏,遂用铆钉将三维土工网垫钉牢在植被防护结构上端的土质岸坡上(图 5.37)。

5.8.5　试验分析

5.8.5.1　变形破坏规律

1. 冲刷试验整体情况

图 5.38~图 5.41 为三维土工网垫生态加筋防护结构的冲刷全过程。从图中可以看出,三维土工网垫加筋生态岸坡主要为坡脚破坏。随着流速增大(图 5.39、图 5.40)、冲刷历时增加(图 5.40、图 5.41),香根草顺水流倾倒的程度增大。土质岸坡与三维土工网垫加筋生态岸坡交界处(最上端)土体稳定性较差,随流速增大、冲刷历时增长破坏程度加剧。随着冲刷历时的增加(图 5.40、图 5.41),三维土工网垫加筋生态岸坡的结构被破坏,顺水流方向整片结构卷起。

图 5.38　冲刷前三维土工网垫加筋生态岸坡形态

图 5.39　以 1.5 m/s 的流速冲刷 120 min 后三维土工网垫加筋生态岸坡形态

图 5.40　以 2.0 m/s 的流速冲刷 120 min 后三维土工网垫加筋生态岸坡形态

图 5.41　以 2.0 m/s 的流速冲刷 360 min 后三维土工网垫加筋生态岸坡形态

以三维土工网垫加筋生态岸坡结构进水段(图 5.42)为例,三种工况在不同流速、不同冲刷历时下呈现不同的破坏程度。工况一以 1.5 m/s 的流速冲刷 120 min 后,植被倾倒,植株茎叶和腐殖质层覆盖遮挡,隐藏冲刷土体并增加糙率、降低冲刷能量,维持岸坡稳定性;工况二以 2.0 m/s 的流速冲刷 120 min 后,植株茎叶和腐殖质层覆盖遮挡的三维土工网垫上层覆土被冲刷损失,香根草根系裸露;工况三以 2.0 m/s 的流速冲刷 360 min 后,三维土工网垫加筋生态护坡结构下层根系破坏,三维土工网垫结构卷起。

(a) 工况一　　　　　　　(b) 工况二　　　　　　　(c) 工况三

图 5.42　三维土工网垫加筋生态岸坡结构进水段变化

根据三个工况破坏过程,可归纳得出结论(图 5.43):三维土工网垫加筋生态岸坡通过"植被倾倒覆土—损失土工网垫上层覆土—植被根系裸露—根系破坏,三维土工网垫加筋生态护坡结构卷起"的形式导致岸坡失稳。

图 5.43　三维土工网垫加筋生态岸坡抗冲刷过程

5.8.5.2　冲蚀量变化规律

总结试验数据,得到三维土工网垫加筋生态岸坡冲刷数据记录表(表 5.10)。

表 5.10　三维土工网垫加筋生态岸坡冲刷数据记录表

试验组次	岸坡类型	流速 /(m/s)	冲刷历时 /min	水位高度 /cm	冲蚀面积 /m²	冲蚀模数 /[g/(m²·h)]
A₃	三维土工网垫加筋生态岸坡	1.5	120	41.0	0.86	2.90×10⁴
		2.0	120	41.0	1.10	3.18×10⁴
		2.0	360	41.0	1.32	1.26×10⁴

1. 不同流速下的三维土工网垫加筋生态护坡冲蚀量变化规律

对比图 5.44、图 5.45 的冲蚀量和表 5.10 中的冲蚀模数,可知相同冲刷时间、流速为 1.5 m/s 时,三维土工网垫加筋生态护坡冲蚀量(4.55 kg)低于流速

179

2.0 m/s 的冲蚀量(6.37 kg)，冲蚀量增加了 1.82 kg，即在相同冲刷时间作用下，流速越大，岸坡破坏越剧烈。

随着时间的推移，冲蚀增量逐渐减小，与前文"植株茎叶和腐殖质层覆盖遮挡的三维土工网垫上层覆土被冲刷损失，香根草根系裸露"的现象相符合。

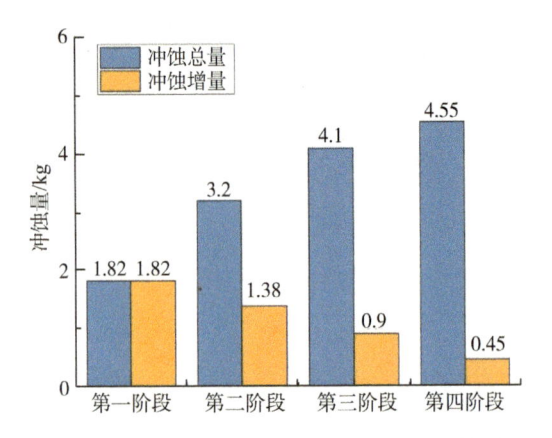

图5.44　三维土工网垫工况一冲蚀量变化柱状图

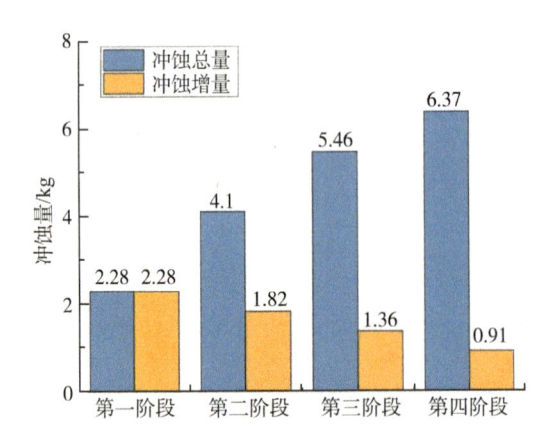

图5.45　三维土工网垫工况二冲蚀量变化柱状图

2. 同一流速下不同岸坡类型的冲蚀量变化规律

流速同为 1.5 m/s 时，三维土工网垫加筋生态护坡冲蚀量(4.55 kg)明显低于纯植被防护岸坡结构的冲蚀量(11.83 kg)，冲蚀量减少了 61.5%。冲蚀量越小，岸坡固土抗冲性越强、稳定性越高。纯植被防护岸坡的冲蚀模数为 5.46×10^4 g/(m²·h)，大于三维土工网垫加筋防护岸坡的冲蚀模数 2.90×10^4 g/(m²·h)，三维土工网垫加筋防护岸坡的冲蚀模数降低了 46.9%。冲蚀模数越小，表明土体的平均冲蚀厚度越小,土体损失越少,岸坡的抗冲性越佳。

这表明在同流速、同水深的条件下,三维土工网垫加筋生态护坡结构的抗冲性优于纯植被防护岸坡结构的抗冲性。分析原因:纯植被防护机理是通过单株或者几株草本植被起到固土抗冲的作用,而三维土工网垫加入产生联结作用,使植被形成了一个更为稳定的整体(图 5.46),大大提高了草本植被加筋结构的连续性,从而提高了岸坡抗冲特性。

图 5.46　三维土工网垫加筋生态护坡结构固土效果与纯植被加筋防护固土效果对比

3. 同一流速下不同冲刷历时的三维土工网垫加筋生态护坡结构冲蚀量变化规律

根据图 5.47 可知,三维土工网垫加筋生态护坡结构在第一阶段至第九阶段(即冲刷时间 0~270 min)的冲蚀增量逐渐减少,在第十至第十二阶段(即冲刷 270~360 min)冲蚀增量为 0。分析原因:在冲刷前期,三维土工网垫加筋生态岸坡结构表层覆土损失、植被根系逐渐裸露(图 5.43),冲蚀增量随时间推移逐渐减少。同时,由于设备精度及量程原因甚至在第十至第十二阶段(即冲刷 270~360 min)冲蚀增量较小,未能检测到增量变化。

由表 5.10 可知,冲刷 360 min 的三维土工网垫加筋生态岸坡冲蚀模数低于冲刷 120 min 时的冲蚀模数。分析原因:在河流冲刷 360 min 内,三维土工网垫加筋生态岸坡结构未发生大面积、整体性地卷起和破坏(图 5.40、图 5.41)。整个过程冲蚀量为三维土工网垫上层土体和植被-裸土冲蚀交界面上的土体质量。可见,在三维土工网垫加筋生态护坡结构未发生整体性破坏之前,随着冲刷历时的增加,三维土工网垫加筋生态岸坡的冲蚀模数逐渐减小。因此,可推断出在三维土工网垫加筋生态岸坡结构发生整体性破坏时,三维土工网垫加筋生态岸坡结构会携带大量土体,造成冲蚀量突增、冲蚀模数突增。

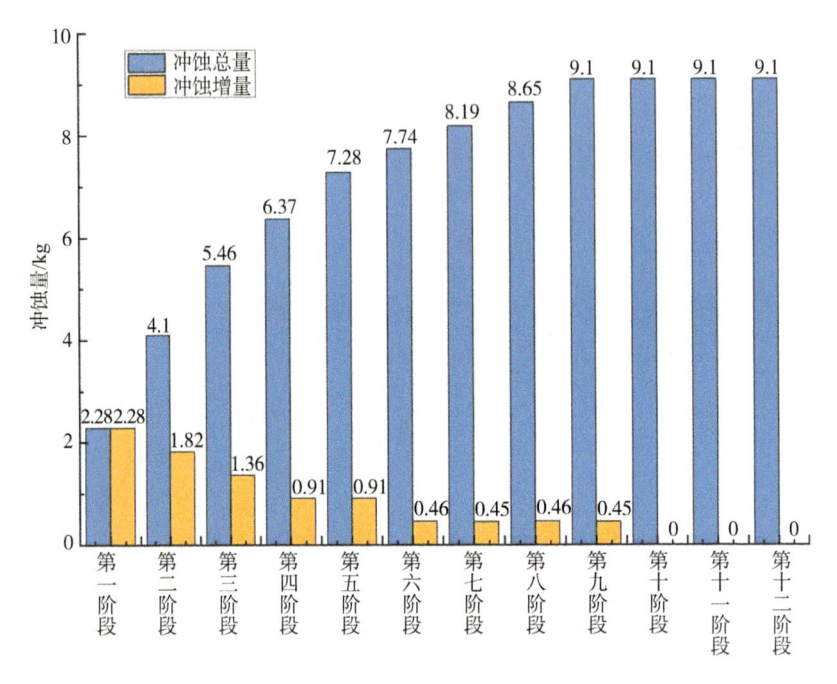

图 5.47　三维土工网垫工况三冲蚀量变化柱状图

5.9　本章小结

本章开展了土质岸坡、纯植被防护岸坡和三维土工网垫加筋生态岸坡的水流冲刷试验,对比分析了三种岸坡的冲蚀量、冲蚀增量、冲蚀模数和岸坡变形破坏规律,主要获得如下结论:

(1) 土质岸坡通过"坡脚破坏—局部垮塌—完全垮塌"的形式导致岸坡失稳,发生失稳破坏。纯植被防护岸坡通过"植被倾倒—植株茎叶和腐殖质层覆盖遮挡—坡脚根-土复合体稳定性降低,被水流冲走—大片植被破坏(局部垮塌)—完全垮塌"的方式导致岸坡失稳。三维土工网垫加筋生态岸坡通过"植被倾倒覆土—损失土工网垫上层覆土—植被根系裸露—根系破坏,三维土工网垫加筋生态护坡结构整片卷起"的形式导致岸坡失稳。

(2) 初步确定了土质岸坡、纯植被防护岸坡和三维土工网垫加筋生态岸坡的适用工况。土质岸坡可抵抗 1.1 m/s 以下的冲刷流速;纯植被防护岸坡可抵抗低于 1.5 m/s 流速的河流冲刷;三维土工网垫加筋防护岸坡可抵抗 2.0 m/s 流速连续 6 h 的水流冲刷。从抵抗河流冲刷流速和冲蚀模数角度来看,三维土工网垫加筋生态护坡结构抗冲性最佳,纯植被护坡结构次之,土质岸坡抗冲性最差。

（3）不同河流冲刷流速和不同冲刷历时条件下，土质岸坡、纯植被防护岸坡和三维土工网垫加筋生态岸坡冲蚀增量的变化规律：冲蚀增量随着作用时间的延长而逐渐减小。对于土质岸坡，岸坡在破坏后改变了水流流态、消耗水流能量，阻止自身进一步破坏。对于纯植被防护岸坡，植被根系固土与茎叶倾倒覆土作用共同减少土体冲刷流失。对于三维土工网垫加筋生态防护岸坡，在岸坡未发生完全破坏之前，冲蚀量为三维土工网垫上层土体和植被倾倒覆土的土体质量。随着冲刷历时的增加，三维土工网垫加筋生态岸坡的冲蚀增量和冲蚀模数均逐渐减小。

参考文献

[1] 肖衡林,王钊,张晋锋.三维土工网垫设计指标的研究[J].岩土力学,2004,25(11):1800-1804.

[2] Tan H, Chen F, Chen J, et al. Direct shear tests of shear strength of soils reinforced by geomats and plant roots[J]. Geotextiles and Geomembranes, 2019, 47(6): 780-791.

[3] 王晓春,王远明,张桂荣,等.粉砂土岸坡三维加筋生态护坡结构力学效应研究[J].岩土工程学报,2018,40(S2):91-95.

第6章

降雨作用下生态岸坡稳定性研究

本书第4章依托大型物理模型试验,实时观测了降雨作用下生态岸坡的物理力学性质变化规律。大型物理模型试验有利于直观反映降雨作用下生态岸坡的变形过程,但其涉及高昂的成本和较长的时间周期。因此,为减少模型试验的成本和风险,数值模拟方法常用于降雨作用下生态岸坡的稳定性研究中。本章通过数值模拟方法建立砂土岸坡、生态岸坡和土工-生态结构联合防护岸坡的数值模型,获取岸坡含水率、孔隙水压力、位移和应变变化规律;提出某一降雨时刻岸坡稳定安全系数计算方法,分析时空效应对岸坡稳定性的影响。

6.1 降雨作用下砂土岸坡变形过程研究

本书选取第4章物理模型试验所用岸坡,结合长江下游河段典型砂土岸坡,通过有限元软件建立三维数值模型,模拟上述模型试验工况对降雨冲刷作用下的砂土岸坡侵蚀破坏过程,分析岸坡侵蚀破坏过程的渗流场变化、土体水力特性、塑性区分布情况等。

6.1.1 有限元模型建立

岸坡数值模型坡高4 m、长6 m、宽2 m,初始坡比设为1∶2.5,所采用的土水特征曲线模型为Van-Genuchten模型,土体采用莫尔-库仑(Mohr-Coulomb)屈服准则的弹塑性本构模型。本书采用的单位体系是国际单位制:长度采用m,密度采用kg/m^3,应力、压强单位采用kPa,流速单位采用m/h,重力加速度为9.8 m/s^2,土体参数如表6.1所示。

表 6.1　砂土岸坡各层土体参数

材料参数	渗透系数/(m/s)	黏聚力/kPa	内摩擦角/(°)	密度/(kg/m³)	弹性模量/kPa	泊松比
砂土	3.6×10^{-5}	8.7	27.6	1.6	39 000	0.3
黏土	8×10^{-7}	25	20	2.1	25 000	0.25

岸坡三维模型采用八结点六面体 C3D8P 网格单元,模型网格共划分 5 841 个单元,网格节点共计 6 902 个,岸坡网格划分及三维模型如图 6.1 所示。

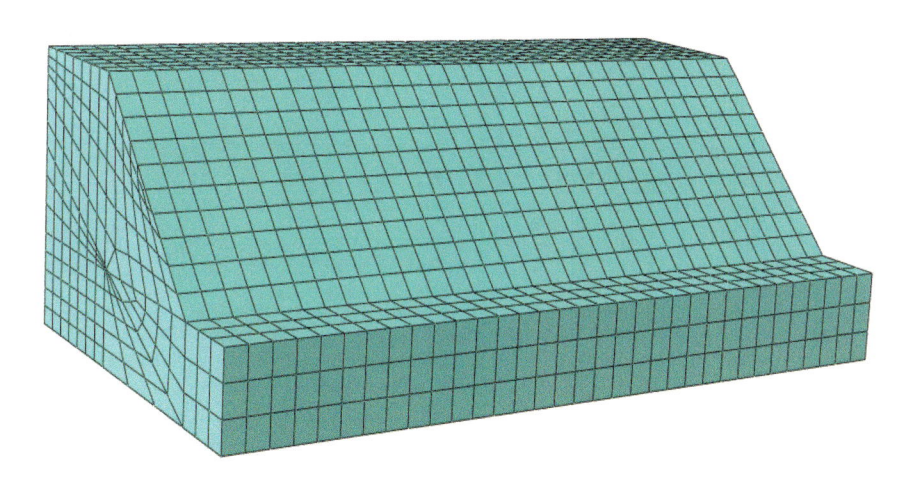

图 6.1　砂土岸坡三维数值模型示意图(以 1∶1 坡比为例)

模型的边界条件设置底部和竖向边界限为位移边界,竖向边界约束竖向变形,底边界约束横向、竖向变形。坡体初始含水率即为天然含水率,坡体内、外均无水头,降雨边界条件按照单元流量在坡顶面和坡面进行设置。降雨强度的设定参照模型试验的降雨强度,为模拟工程现场的实际情况,并对极端恶劣情况进行分析,同时验证上述模型试验中砂土岸坡的两种侵蚀破坏模式,本书选取降雨强度为 150 mm/h、岸坡坡比分别为 1∶2.5 和 1∶1 的条件进行数值模拟计算,分别记为模拟工况 1、模拟工况 2。

按照上述所设定的降雨工况来进行数值模拟计算,计算流程如图 6.2 所示。

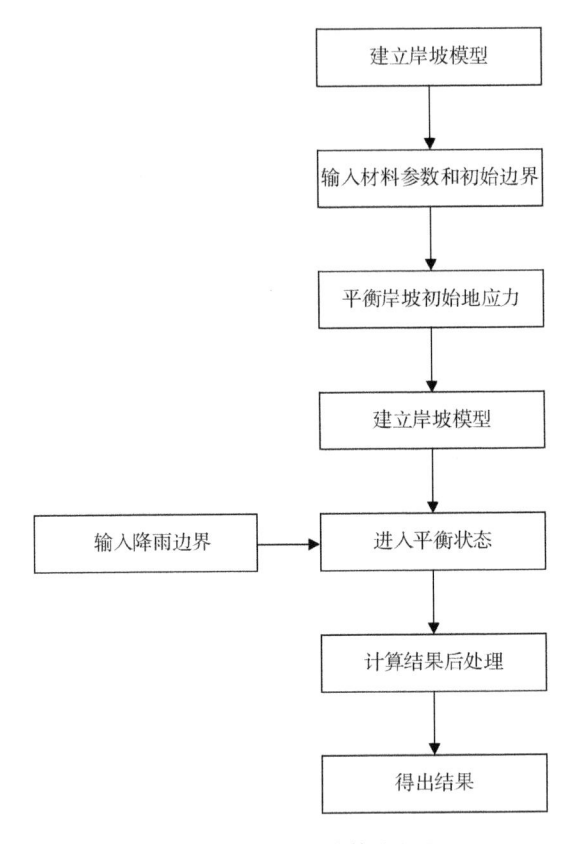

```
          建立岸坡模型
              ↓
     输入材料参数和初始边界
              ↓
       平衡岸坡初始地应力
              ↓
          建立岸坡模型
              ↓
输入降雨边界 →  进入平衡状态
              ↓
         计算结果后处理
              ↓
           得出结果
```

图 6.2 数值模拟计算流程图

6.1.2 有限元模型分析结果

为了更加详细地了解降雨冲刷对砂土岸坡稳定性的影响,本章在特大雨强(150 mm/h)下,对两种坡比(1∶1,1∶2.5)的砂土岸坡进行数值模拟,通过模拟一定时间内坡体的含水率、孔隙水压力、位移等数据变化及塑性贯通区发展,将两者与模型试验结果进行对比分析,以验证模型试验结果的正确性。本书模型试验的数据监测以关键点位数据变化为主,数值模拟试验以区域性土体数据变化为主。鉴于时间和成本等因素,下文对模型试验和数值模拟试验中含水率、孔隙水压力、位移的变化规律进行重点分析。

6.1.2.1 降雨后坡体含水率变化云图分析

模拟工况 1 中岸坡坡比为原始坡比,即 1∶2.5,降雨过程中坡体饱和度变化如图 6.3 所示。饱和度是用来描述土中水充满孔隙程度的变量,根据饱和度的变化可以推出土体含水率的变化,同一种砂土下,土体含水率与饱和度呈正比。根据含水率变化云图可以看出,岸坡底部与坡脚处土体的含水率在降雨前期迅速升高。这是由于降雨前期阶段,坡脚处出现明显的积水且水位随降雨进行逐渐升高,加之坡脚土体软化,该处土体迅速达到饱和。随着降雨持续,含水率的增大由坡脚处土体逐渐上移,岸坡不同区域土体含水率响应时间出现明显的阶段性。云图显示坡体深层土体最终趋于饱和状态,这与试验过程中雨水入渗至黏土层,导致黏土层与砂土层交界处的水分计(C-1、C-2)测试数据迅速增大的试验现象相符合。

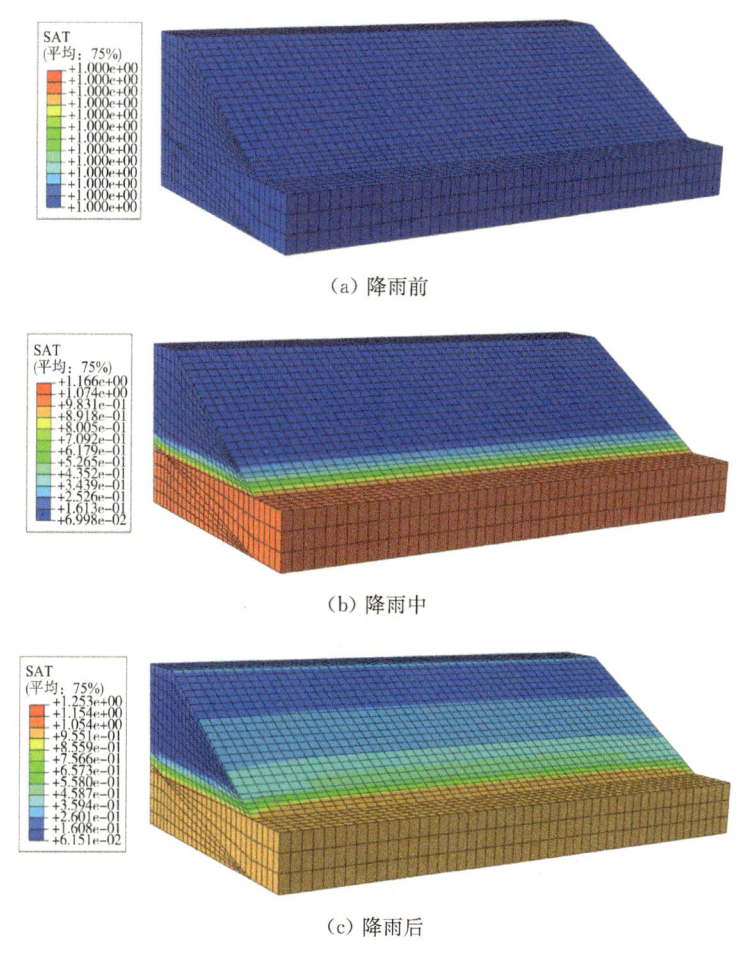

(a) 降雨前

(b) 降雨中

(c) 降雨后

图 6.3 模拟工况 1 坡体饱和度变化云图

模拟工况 2 较之模拟工况 1,岸坡坡比的增大导致坡体各部位含水率变化出现明显差异性,降雨过程中坡体饱和度变化如图 6.4 所示。可以看出,降雨初期含水率迅速上升均出现在岸坡坡脚处，与试验现象相符。降雨过程中，坡面土体含水率增大并未出现模拟工况 1 中的由坡脚处土体逐渐上移的规律。观察试验现象可知，在坡面径流的冲刷淘蚀以及强降雨下雨滴对土体的溅蚀作用下，岸坡土体出现节隙裂缝，体积含水率变化呈现出"同一断面不同位置体积含水率增长不同步，同一位置不同深度体积含水率增长同步"的趋势。不同剖面的土体其深层含水率变化差异明显，这是因为节隙裂缝的产生具有一定的随机性，雨水通过裂缝可以迅速入渗至深层土体，进而导致深层土体含水率迅速增加。降雨后期，坡顶与坡脚处土体含水率均达到饱和状态，且坡体各区域、各深度土体含水率变化速率及峰值较模拟工况 1 均有较大提高。

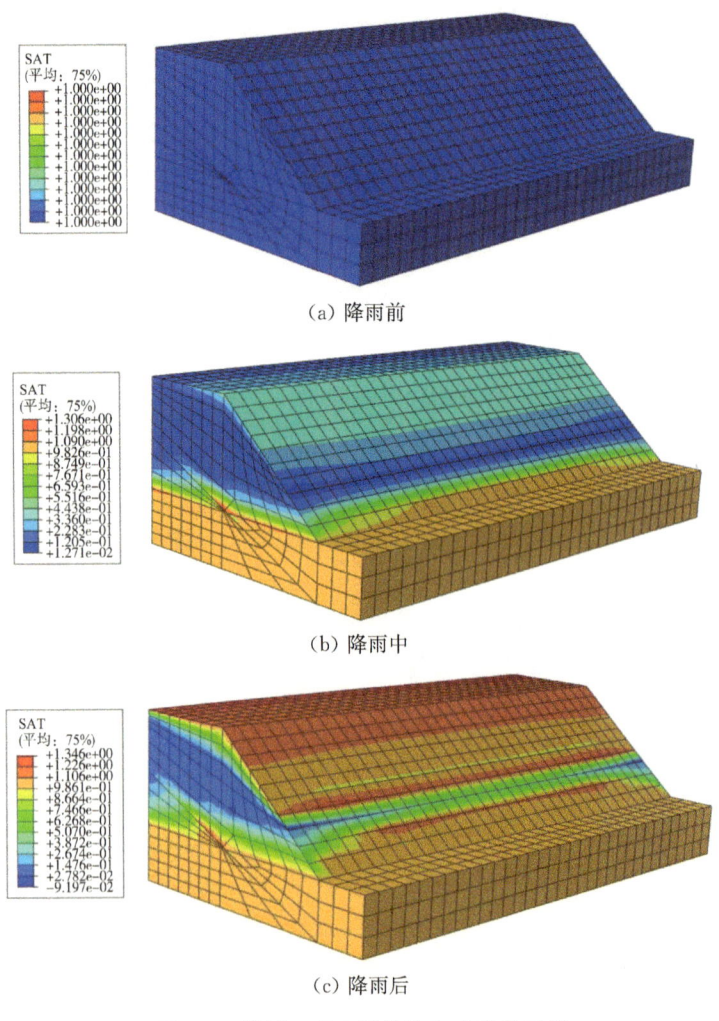

(a) 降雨前

(b) 降雨中

(c) 降雨后

图 6.4　模拟工况 2 坡体饱和度变化云图

6.1.2.2 降雨后坡体孔压变化云图分析

坡体孔隙水压力变化受土体含水率变化影响,模拟工况 1 下坡体孔隙水压力变化如图 6.5 所示。降雨过程中孔隙水压力变化与试验现象和监测数据变化规律整体保持一致,岸坡不同深度、不同位置的孔隙水压力与时间呈正相关,孔隙水压力总体变化为随时间延长而递增。而坡体中部、顶部土体孔隙水压力变化均滞后于坡脚,雨水的入渗路径并非垂直入渗,即孔隙水压力的变化速率从坡脚到坡顶呈减小趋势,且浅层土体孔隙水压力的提高均早于深层土体。较之于模型试验结果,土体孔隙水压力响应与体积含水率基本同步,并未出现明显的滞后性。

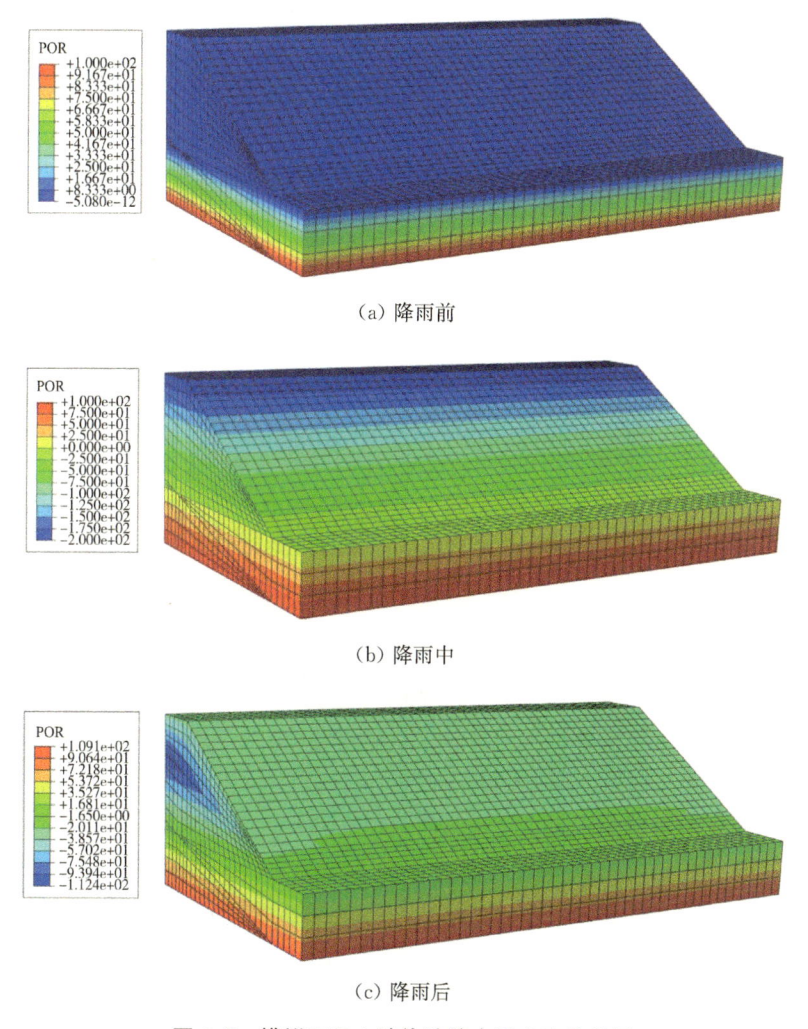

(a) 降雨前

(b) 降雨中

(c) 降雨后

图 6.5 模拟工况 1 坡体孔隙水压力变化云图

模拟工况 2 下坡体孔隙水压力变化如图 6.6 所示,数值模拟试验较好地弥补了模型试验工况五中由于坡面冲沟贯穿导致的部分监测点位数据缺失的情况。根据云图可以看出,孔隙水压力的变化速率在坡脚处最大,并自坡脚到坡顶逐渐减小。同时,孔隙水压力与含水率的变化表现为同步增大,与模型试验结果相符。结合坡面土体位移数据可以发现,土体孔隙水压力陡增的区域与对应坡体区域的范围基本一致,说明随着孔隙水压力的急剧增大,土体有效应力骤然减

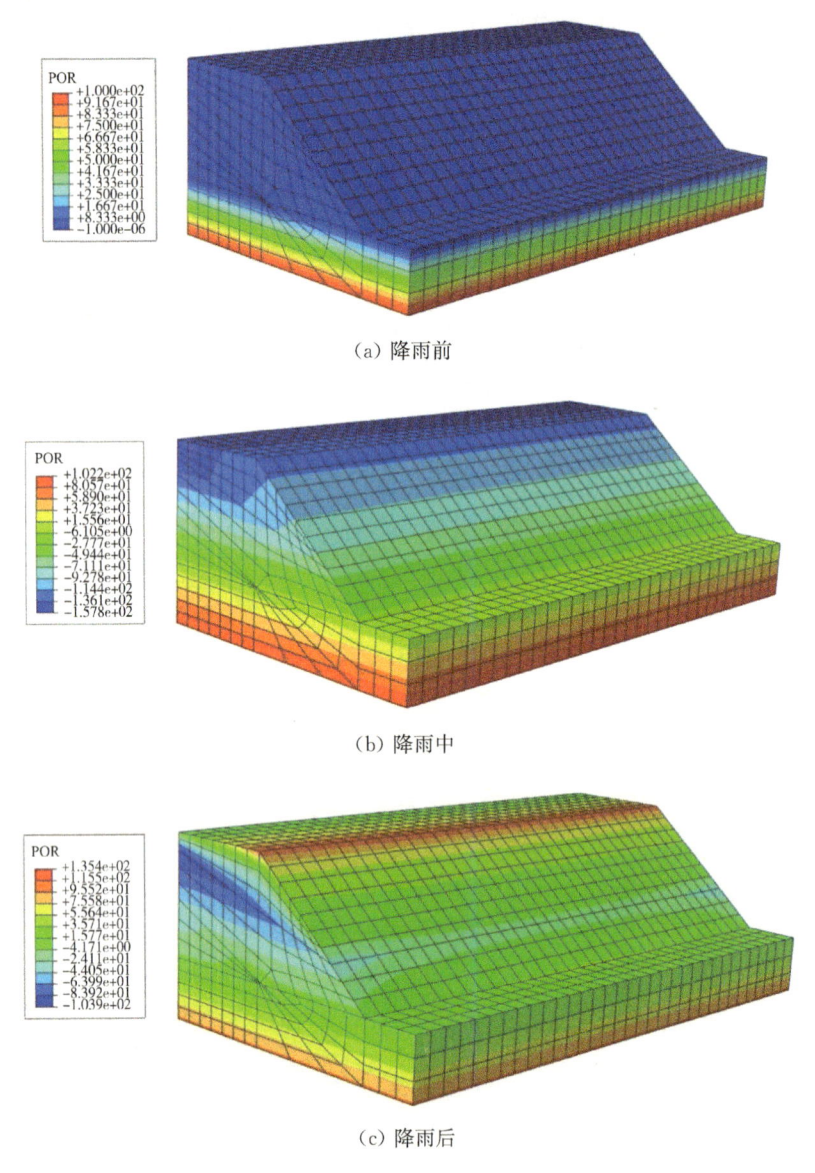

(a) 降雨前

(b) 降雨中

(c) 降雨后

图 6.6 模拟工况 2 坡体孔隙水压力变化云图

小,导致土体抗剪强度减弱,从而发生大面积的土体塌落。较之于模拟试验,数值模拟试验中坡体各区域孔隙水压力均略小于模型试验结果,这是因为模型试验孔隙水压力测量是基于各测点得出的单点位孔压,而数值模拟试验孔隙水压力为区域土体的孔压。就规律性而言,数值模拟试验过程中,模拟工况 1 和 2 下孔隙水压力的变化规律与模型试验结果相符。

6.1.2.3 降雨后坡体位移变化云图分析

根据数值模拟试验结果可以看出,岸坡土体位移变化规律与模型试验现象、位移监测数据变化规律相符。但两者在数值上存在一定差异,这是由于两者对位移的计量存在差异,模型试验中位移数据为累计位移量,即计量监测点位在降雨开始至结束的累计位移,而数值模拟试验计量的位移量为区域土体的整体位移量,这会导致两者位移数值出现差异。因此,下文对数值模拟试验得出的岸坡土体位移变化规律进行分析,以验证模型试验的准确性。

模拟工况 1 下坡体土体位移变化如图 6.7 所示。从图中可以看出,岸坡各区域土体位移变化规律与模型试验结果基本一致,表现为坡顶、坡中、坡脚三个区域的土体位移变化存在明显差异性,其中坡脚处土体位移最大,且位移响应时间早于坡中和坡顶处土体。坡体位移主要发生在浅表层,深层土体未出现大变形。同时,岸坡同一区域的土体位移变化规律呈对称性,且坡面中心区域土体位移量略大于坡面两侧土体位移量。降雨结束时,坡顶区域土体位移极小,表示模拟工况 1 下岸坡坡顶处未出现明显的侵蚀破坏,与模型试验结果一致。较之模型试验结果,土体塌落与位移响应时间保持同步,并无明显的滞后性。

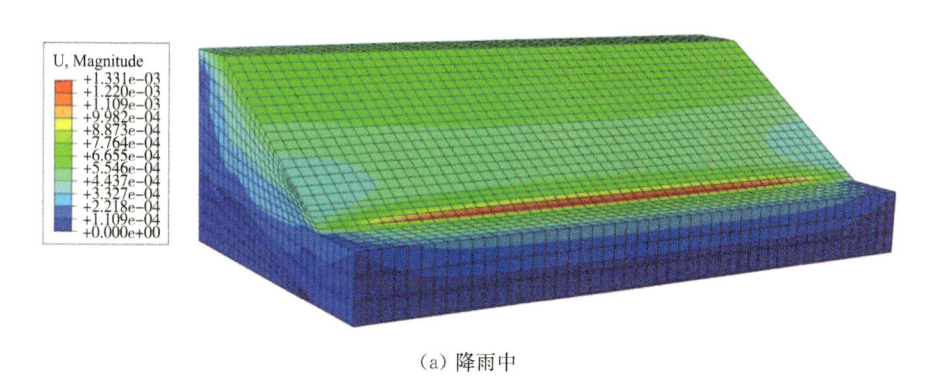

(a) 降雨中

(b) 降雨后

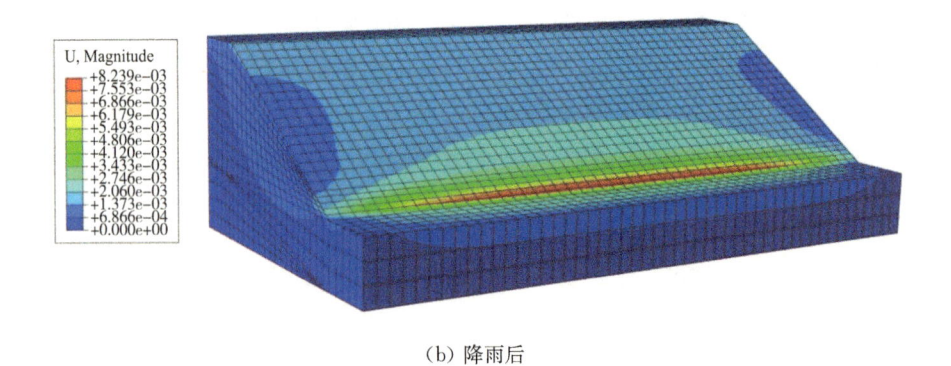

图 6.7　模拟工况 1 坡体位移(U 方向)变化云图

为进一步观察降雨过程中岸坡土体的位移规律,选取坡体 U2 方向,绘制坡体位移云图如图 6.8 所示。图 6.8 中箭头覆盖区域即为土体塌落滑移的主要区域和方向,可以看出降雨过程中岸坡土体位移主要集中在坡脚处,即砂土岸坡降雨冲刷作用下侵蚀破坏的诱发因素为坡脚位置软化坍塌,表现为与模型试验一致的"坡脚软化—拉裂—滑移型破坏"侵蚀破坏模式。

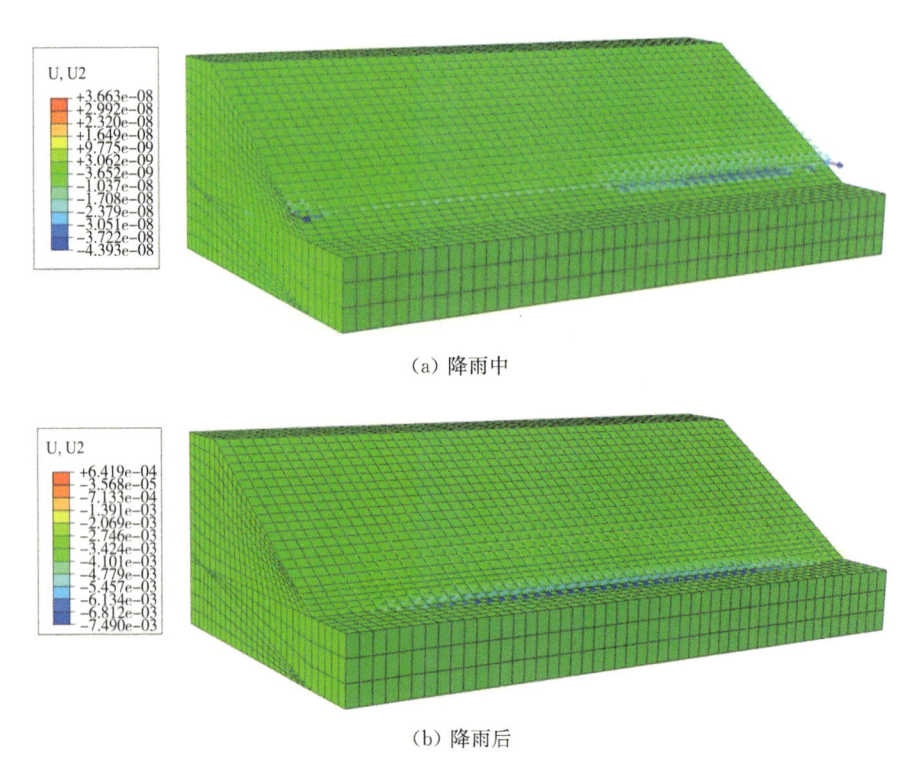

(a) 降雨中

(b) 降雨后

图 6.8　模拟工况 1 坡体位移(U2 方向)变化云图

模拟工况 2 坡体土体位移变化如图 6.9 所示。从图中可以看出,降雨初期,坡脚处土体受到暴雨雨强的击打和径流冲刷作用,坡脚中心区域出现较大变形,土体位移量迅速增大。较之模拟工况 1,模拟工况 2 中坡顶处土体响应时间早,且最终位移量较大,说明坡顶处土体出现明显的侵蚀破坏,与模型试验现象一致。坡体各区域土体位移呈坡中、坡顶、坡脚处位移量依次递增的变化规律,与模型试验结果一致。

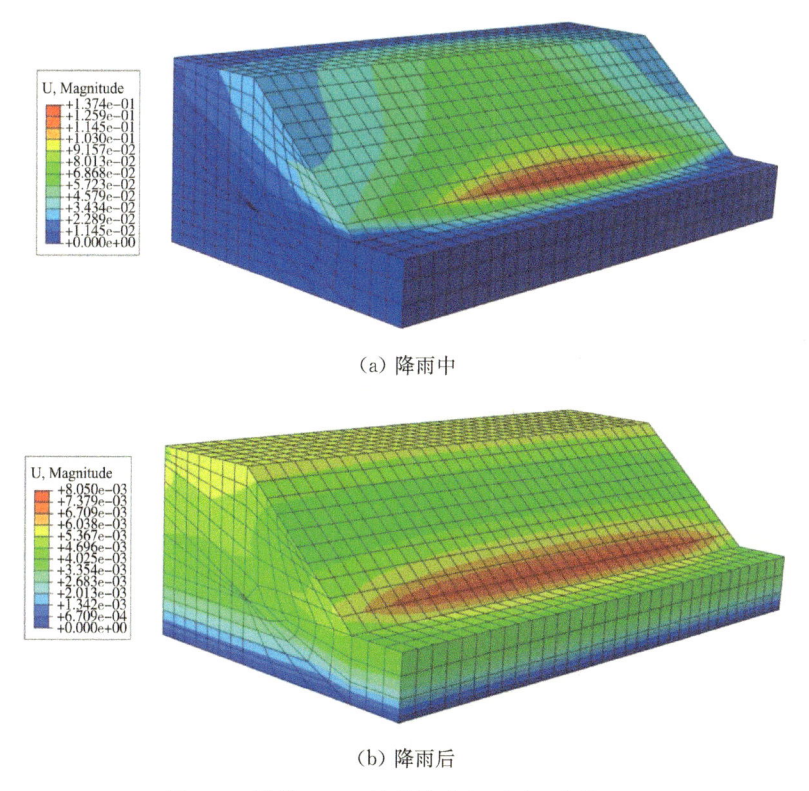

(a) 降雨中

(b) 降雨后

图 6.9　模拟工况 2 坡体位移(U 方向)变化云图

模拟工况 2 中坡体 U2 方向位移云图如图 6.10 所示。从图中可以看出,坡脚处土体开始出现塌落滑移时,坡顶处土体位移量也随之增大,但降雨前期坡顶处土体位移量小于坡脚处。坡面两侧区域随着降雨持续,出现不同程度的塌落滑移,说明此时坡面沟槽以及横向裂隙进一步发展,导致各区域发生局部整体性坍塌,与模型试验中岸坡侵蚀破坏形态保持一致,表现为与模型试验一致的"坡面冲沟—拉裂—剪断型破坏"侵蚀破坏模式。

(a) 降雨中

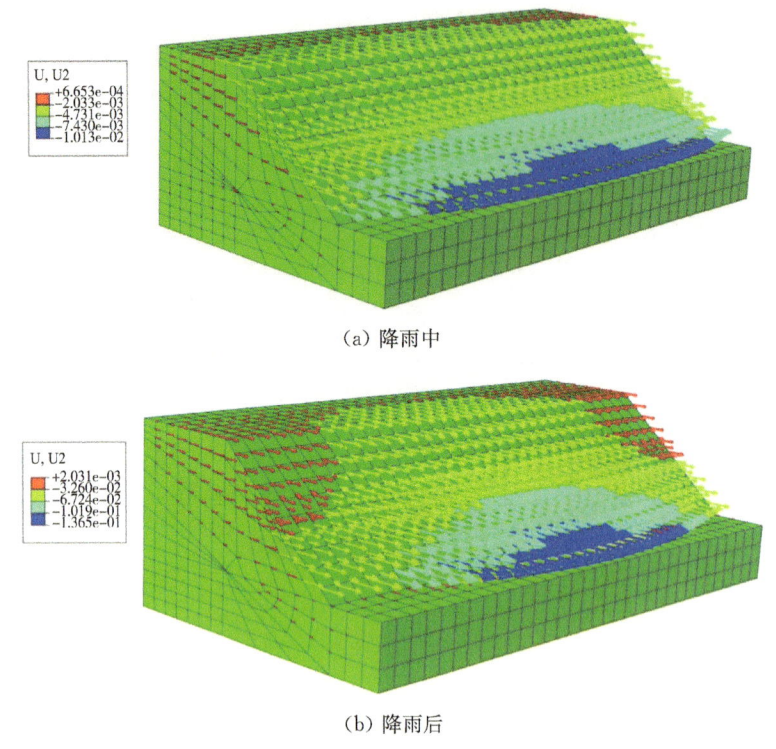

(b) 降雨后

图 6.10　模拟工况 2 坡体位移（U2 方向）变化云图

6.1.2.4　降雨后坡体塑性贯通区云图分析

根据模拟降雨过程中各分析步的 PEMAG（塑性应变量值）绘制云图，可以直观地看出岸坡侵蚀破坏过程以及坡体塑性贯通区位置。从图 6.11 可以看出，模拟工况 1 中，持续降雨后的岸坡是从坡脚开始出现塑性区，最终坡脚处出现连续的塑性贯通区，与模型试验工况三中岸坡侵蚀破坏的结果一致，均为坡脚处土体软化坍塌诱发岸坡整体侵蚀破坏。

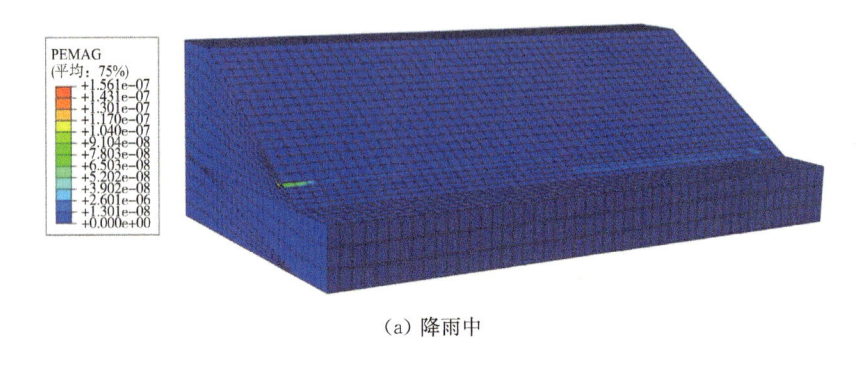

(a) 降雨中

(b) 降雨后

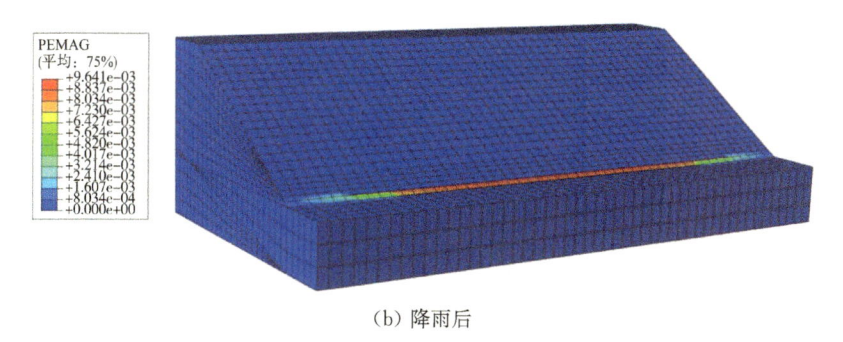

图 6.11　模拟工况 1 坡体塑性贯通区变化云图

模拟工况 2 坡体塑性贯通区变化如图 6.12 所示。从图中可以看出，模拟工况 1 与模拟工况 2 中，塑性贯通区均出现在坡脚处，而模拟工况 2 中塑性贯通区表现为向深层土体发展，塑性贯通区范围进一步扩大。结合模型试验现象及结果可以发现，降雨冲刷下砂土岸坡侵蚀破坏的两种模式均起动于坡脚处土体的软化坍塌，而在临界坡比和暴雨工况作用下，坡脚处土体出现大范围的侵蚀破坏，导致坡面上部土体以及深层土体迅速失去支撑，局部出现土块塌落的现象，能够证明模型试验结果的准确性。

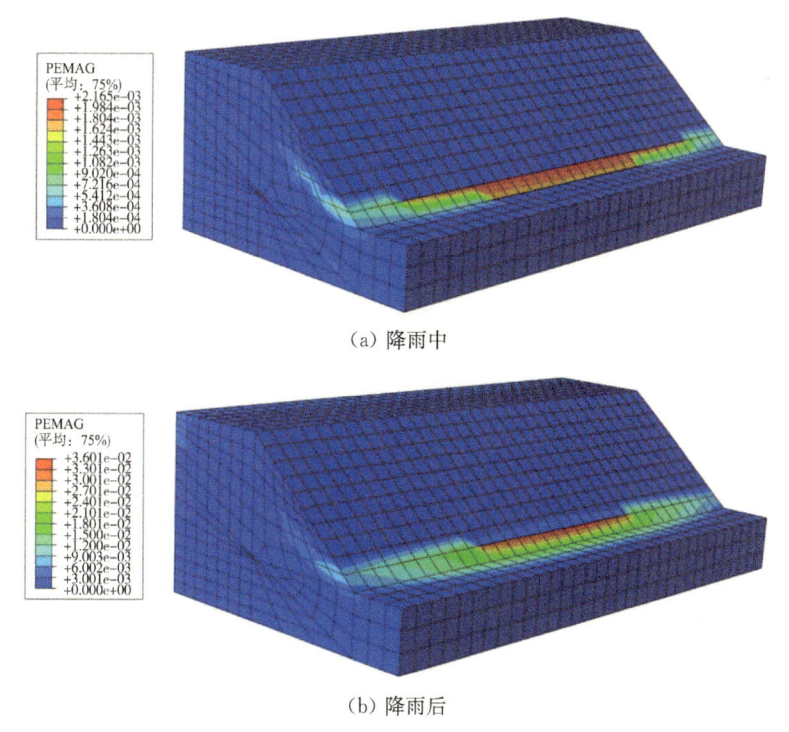

(a) 降雨中

(b) 降雨后

图 6.12　模拟工况 2 坡体塑性贯通区变化云图

6.2 降雨作用下土工-生态结构联合防护岸坡稳定性分析

本节应用有限元分析方法和强度折减方法模拟降雨荷载下裸土岸坡与土工-生态防护岸坡位移场、应力场、渗流场的变化过程,研究植被根系、三维土工网垫、土工格室对岸坡弹塑性变形量、岸坡塑性区扩展过程的影响,探索植被与三维土工网垫、土工格室结构联合护坡措施的协调变形与相互作用机制及其固土护坡机理。

6.2.1 有限元模型建立

6.2.1.1 岸坡模型与边界条件

岸坡模型采用三维模型,岸坡高度 5 m,坡比为 1∶1.4,若岸坡高度为 H,坡脚距离同侧计算边界大于 $1.5H$、坡顶距离同侧计算边界大于 $2H$ 时可满足工程精度需求,因而模型整体几何尺寸如图 6.13 所示。数值模拟中根系直径取 1 mm,主根长 30 cm,侧根长 15 cm,主侧根夹角 45°。三维土工网垫规格为 EM2,厚度为 14 mm。土工格室规格为 TGLG-PP-100-600-1.2,格室片材高度为 100 mm,焊距 600 mm,厚度为 1.2 mm。

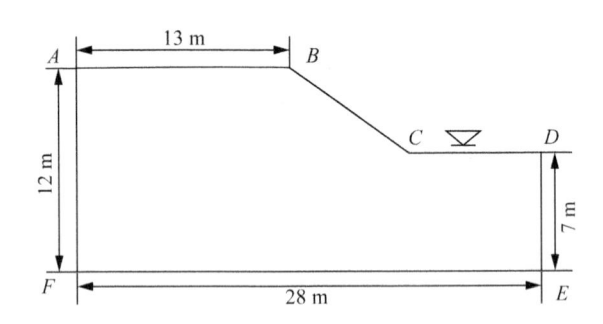

图 6.13 岸坡模型尺寸图

限制模型前后左右四个侧面的法向位移,模型限制底面三个方向的位移。地下水位位于岸坡坡脚处。参考大暴雨及特大暴雨的降水量,设置 10 mm/h、15 mm/h 两种不同降雨强度。降雨总时长设为 72 h,为接近自然降雨过程,降雨幅值图如图 6.14 所示,0~24 h 降雨强度为从 0 线性增加至最大降雨强度,24~48 h 降雨保持最大强度,48~72 h 降雨强度线性减小至 0。

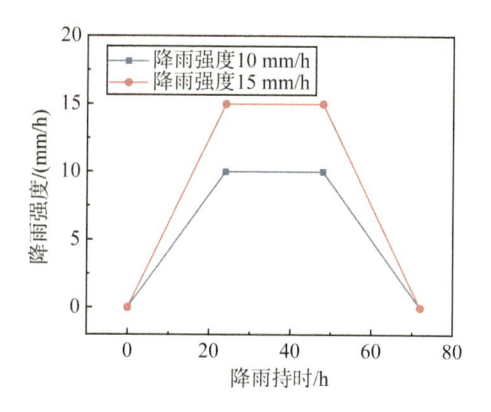

图 6.14　数值模拟降雨幅值图

6.2.1.2　模拟参数

1. 网格划分及单元类型

岸坡计算模型网格选用 C3D8P 单元，根系模型选用 T3D2 单元，土工格室和三维土工网垫选用 S4R 单元，网格划分如图 6.15 所示。

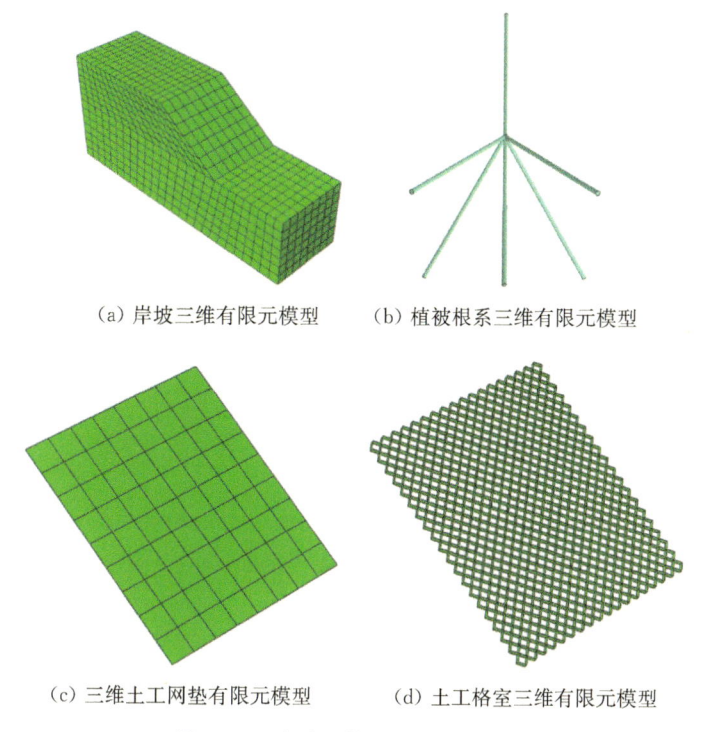

(a) 岸坡三维有限元模型　　(b) 植被根系三维有限元模型

(c) 三维土工网垫有限元模型　　(d) 土工格室三维有限元模型

图 6.15　岸坡计算模型网格划分图

2. 接触及本构模型

岸坡土体采用莫尔-库仑弹塑性本构模型。考虑到植被根系、土工格室和三维土工网垫只能承受拉应力,故采用线弹性本构模型。植被根系、土工格室、三维土工网垫与岸坡土体之间选择嵌入接触。

3. 岸坡材料参数

岸坡土体及护坡材料的基本物理力学参数见表6.2,采用饱和土体(含水率27.5%)的抗剪强度指标,渗透系数等参数由室内试验测得。

表6.2 土体及护坡材料物理力学参数

材料	密度/(g/cm³)	黏聚力/kPa	内摩擦角/(°)	弹性模量/MPa	泊松比	渗透系数/(m/s)
岸坡土体	1.62	31.23	19.53	15	0.35	2.3×10^{-7}
根系加筋土	1.63	45.81	21.83	18	0.32	1.48×10^{-7}
三维土工网垫加筋土	1.84	46.58	19.78	23	0.32	1.43×10^{-7}
联合加筋土	1.85	47.81	21.93	25	0.30	1.35×10^{-7}
植被根系	1.00	—	—	50	0.30	—
三维土工网垫	0.22	—	—	150	0.25	—
土工格室	0.95	—	—	380	0.25	—

4. 降雨强度及护坡措施

本章针对两种降雨强度下的五种护坡模式进行数值模拟研究(表6.3),探讨植被根系的合理布置间距。同时,对植被、三维土工网垫和三维土工网垫植草三种防护措施采用岸坡表层土体取对应加筋土抗剪强度指标、加筋材料作为独立部件与土体间设置约束两种方式进行模拟,以选择更安全的模拟结果数据进行后续分析。

表6.3 岸坡数值模拟工况

工况编号	降雨强度	护坡措施	工况编号	降雨强度	护坡措施
1	10 mm/h	植被	6	15 mm/h	植被
2		三维土工网垫	7		三维土工网垫
3		三维土工网垫植草	8		三维土工网垫植草
4		土工格室	9		土工格室
5		土工格室植草	10		土工格室植草

6.2.2 有限元模型分析结果

6.2.2.1 合理植株间距选取

为探讨经济合理的植被种植密度,并应用于后续计算中,根据6.2.1节中所采用的植被根系的主、侧根长度,在坡面土体内设置30 cm、50 cm、70 cm和90 cm四种不同植株间距,通过分析不同间距布置后岸坡的坡脚最大塑性应变、位移、稳定性系数,来确定植株的合理间距。

以15 mm/h雨强为例,布置四种不同间距植株根系后,降雨结束时岸坡的最大位移、最大塑性应变和稳定性系数见表6.4。由表中数据可知,随根系布置密度的增大,岸坡的最大位移、最大塑性应变不断减小,稳定性系数逐渐增大,所以采取较小种植间距可更好发挥植被根系的护坡作用。比较间距30 cm与50 cm两种工况下的计算结果,发现间距取30 cm时岸坡位移、应变以及稳定性系数的改变量较小,尤其是稳定性系数的增大量很不明显,因此,本次模拟中植株间距取50 cm。

表6.4 不同间距植株防护效果对比表

植株间距/cm	最大位移/cm	最大塑性应变	稳定性系数
30	4.37	2.23×10^{-2}	1.347
50	4.44	2.34×10^{-2}	1.344
70	4.52	2.46×10^{-2}	1.331
90	4.77	2.61×10^{-2}	1.309

6.2.2.2 岸坡渗流场变化规律

降雨入渗会使岩土体饱和度提高、基质吸力消散、孔隙水压力(简称"孔压")上升,岸坡孔压在降雨作用下会出现明显增长和波动,这使得土体有效应力减小,岸坡稳定性减小。岸坡土体中加入草本植被根系后,土体渗透性会降低。对比岸坡的孔压和饱和度(图6.16、图6.17、图6.18和图6.19)可知,降雨入渗过程中,雨水需率先渗入坡面根系土层,再向坡内、坡脚处扩散。由于根系土的渗透系数小于素土,相当于在坡面形成了防渗层,雨水由坡面中部向坡体内部的渗流受到了阻碍,岸坡的含水率降低,渗流场得到调控。

15 mm/h雨强下,取坡脚处节点为特征点,分析孔压随降雨变化的规律,在整个降雨过程中,岸坡特征点的孔压先缓慢上升,降雨20 h之后增长速度变大,降雨 48 h 左右达到峰值,而后开始下降。比较采用植被防护前后岸坡坡脚处的孔压变化曲线,发现植被防护岸坡的孔压最大值为 41.35 kPa,裸土岸坡的孔压最大值为 45.58 kPa,最大孔压减小了 9.28%,且植被防护岸坡降雨后期的孔压波动也较小。这表明坡面较薄的根土复合层发挥了调控岸坡渗流场的作用,能够减小孔压并减缓降雨后期的孔压波动(图 6.20)。

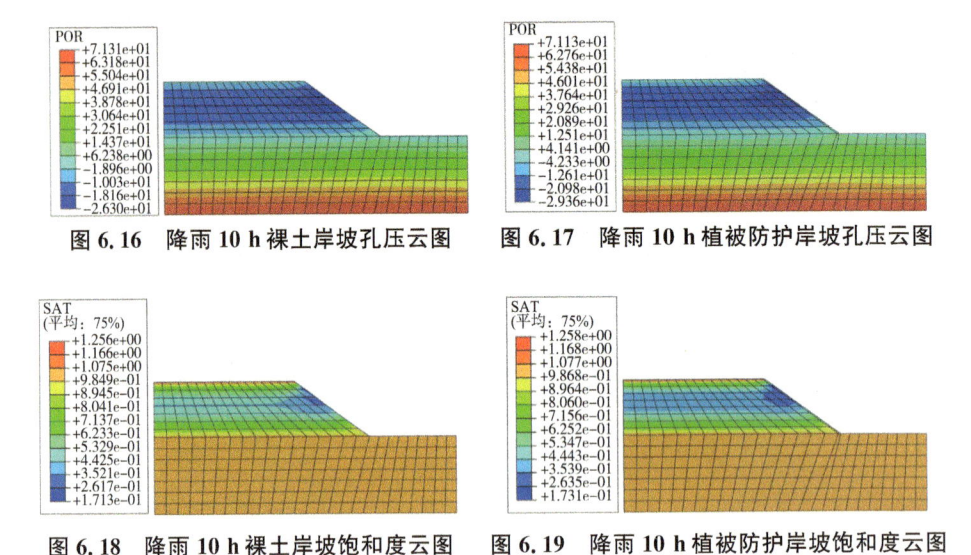

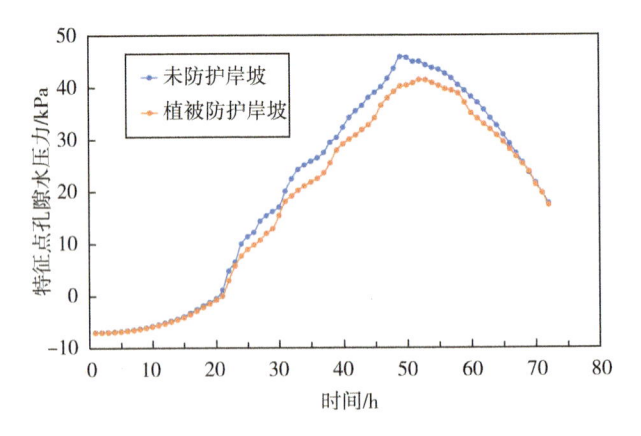

图 6.16　降雨 10 h 裸土岸坡孔压云图　　图 6.17　降雨 10 h 植被防护岸坡孔压云图

图 6.18　降雨 10 h 裸土岸坡饱和度云图　图 6.19　降雨 10 h 植被防护岸坡饱和度云图

图 6.20　特征点孔压随降雨时间变化图(降雨强度 15 mm/h)

6.2.2.3　生态防护岸坡有限元计算模拟方式对比

对坡面铺设根系、三维土工网垫等柔性防护措施的岸坡进行稳定性数值模拟分析时,坡面复合土体的合理离散方式是模拟计算的基础。目前模拟研究中对复合土体常用两种方法进行有限元简化计算：

（1）将复合土体看作均质材料，采用复合土体的抗剪强度指标进行计算。

（2）将根系、三维土工网垫和土体设置为不同类型的单元，分别使用不同的本构模型，在土体与根系、三维土工网垫间采用约束单元或接触连接，即离散模型。

本节分别采用以上两种方法对植被、三维土工网垫、三维土工网垫植草三种护坡措施下的岸坡进行模拟计算，其中选用复合土体模拟法计算时，加筋土的厚度取 20 cm，两种模拟方法的计算结果分别见表 6.5 及表 6.6。

表6.5 复合土体模拟法计算结果

工况编号	最大位移/cm	最大塑性应变	稳定性系数
1	1.98	1.21×10^{-3}	1.438
2	1.86	0	1.445
3	1.83	0	1.449
6	4.22	1.04×10^{-2}	1.346
7	4.18	8.87×10^{-3}	1.392
8	3.79	7.46×10^{-3}	1.395

表6.6 离散模型模拟法计算结果

工况编号	最大位移/cm	最大塑性应变	稳定性系数
1	1.95	1.49×10^{-3}	1.432
2	1.91	0	1.439
3	1.81	0	1.451
6	4.44	2.17×10^{-2}	1.344
7	4.36	9.24×10^{-3}	1.385
8	3.78	8.34×10^{-3}	1.399

取岸坡坡脚处作为特征点，通过对比两种模拟方法得到的降雨结束后特征点最大位移、岸坡最大塑性应变、岸坡稳定性系数等结果，选择合理模拟方法及对应数据进行后续分析。

表中数据显示，复合土体模拟法所得三种防护岸坡特征点最大位移整体略小于离散模型模拟法，最大相差 0.22 cm，较为接近，两种模拟方法所得岸坡稳定性系数也基本一致。但采用复合土体模拟法计算所得降雨结束后岸坡的最大塑性应变远小于离散模型模拟法，前者得出的植被防护岸坡最大塑性应变在较高雨强下仅为后者的47.93%。这是因为复合土体模拟法不考虑根系的形状、分布及根-土相互作用，认为根系均匀分布到坡面中，使用加筋土抗剪强度指标进行模拟，虽然极大地简化了模型的建立及计算，但如此考虑后，坡面土体强度整体偏高，无法准确反映土体的塑性变形。

两种模拟方法所得特征点最大位移和稳定性系数基本一致，但复合土体模拟法无法准确反映整体岸坡的塑性变形，也无法模拟计算根系、三维土工网垫的受力情况，以及土体与根系、三维土工网垫间的相互作用，同时离散模型模拟法所得数值偏安全。故本章在进行岸坡位移场、塑性应变场、稳定性系数变化和护坡结构机理分析时，采用离散模型进行数值模拟。

6.2.2.4 岸坡位移场变化规律

数值模拟结果表明岸坡位移最大处通常位于坡面中下部，呈现出以该区域为中心向四周开始逐渐减小的特征，图6.21为裸土岸坡在降雨入渗过程中的整体位移发展。

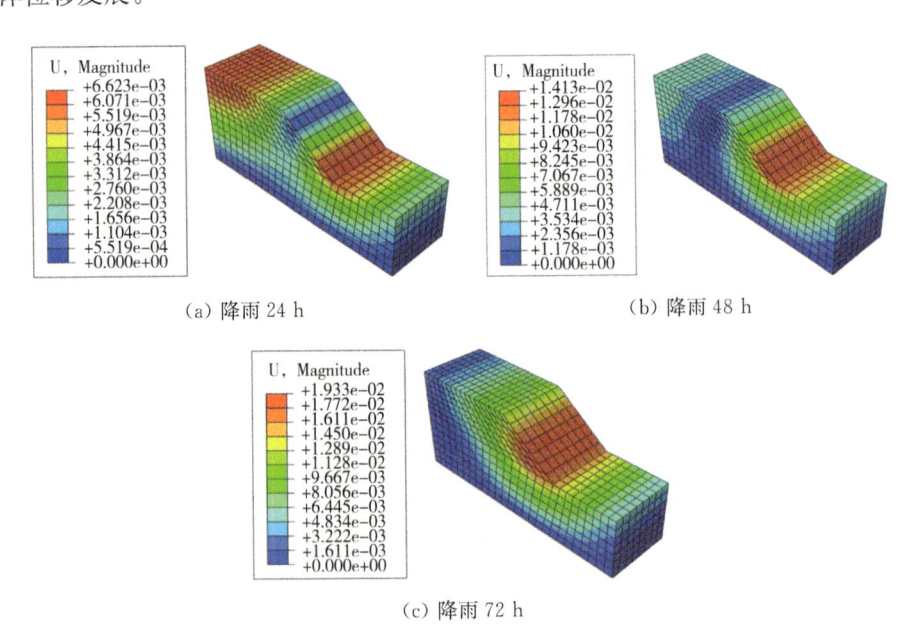

(a) 降雨 24 h

(b) 降雨 48 h

(c) 降雨 72 h

图6.21 岸坡整体位移随降雨时间变化图（以裸土岸坡为例）

以坡脚处节点为特征点来观察降雨作用下的岸坡位移变化，两种降雨强度下，不同防护岸坡在该点位移随时间的变化如图6.22所示。由图中数据可知，五种防护措施下坡脚处的位移均随降雨的持续而增大，采用防护措施后的岸坡位移均小于裸土岸坡,各生态护坡措施对岸坡的宏观位移变形存在不同程度的抑制作用。

降雨强度为 10 mm/h 时,由于降雨结束时裸土岸坡的最大位移仅为 2.13 cm,采用五种防护措施后,岸坡特征点位移减小量为 0.20~0.55 cm,最多减小至原来的 74.2%,区分度不大,防护措施的作用并不明显。当雨强增大后,即降雨强度为 15 mm/h 时,裸土岸坡特征点最大位移增长为 5.08 cm,这说明雨水入渗使得土体膨胀,自重增大,岸坡出现较大宏观变形。采用植被防护后该点最大位移减少至 4.44 cm,为裸土岸坡的 87.40%;三维土工网垫和土工格室防护下,特征点最大位移分别为 4.36 cm 和 3.64 cm,分别为裸土岸坡的 85.83% 和 71.65%,防护效果明显优于单纯植被防护岸坡;与植被根系联用后岸坡位移进一步减小,特征点最大位移可减至 3.78 cm 和 3.31 cm,分别为裸土岸坡的 74.41% 和 65.16%。同时,两种降雨强度下,各防护措施对岸坡宏观位移变形的抑制作用从弱到强依次为:植被、三维土工网垫、三维土工网垫植草、土工格室、土工格室植草。由此可见,相较于植被或单一加筋结构,土工-生态联合防护结构能有效抑制降雨作用下的岸坡位移。

(a) 降雨强度 10 mm/h　　(b) 降雨强度 15 mm/h

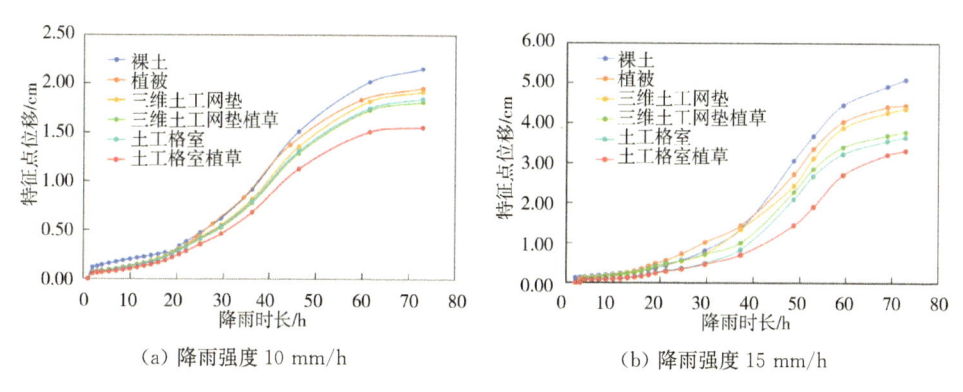

图 6.22　岸坡特征点位移-降雨时长图

6.2.2.5　岸坡塑性应变场变化规律

土体作为松散介质,受力后颗粒位置出现调整,在荷载卸除后,会产生不可恢复的塑性变形,岸坡土体在降雨荷载下除了发生位移变化,也会因为应力状态的变化发生屈服和破坏,在宏观层面则会表现为岸坡塑性区的产生与发展,因此岸坡的塑性应变也是反映岸坡强度和稳定性的重要指标。

降雨结束后,由于坡脚处压应力最大,该处土体率先发生屈服,所以岸坡塑性应变最先发生在坡脚,并随屈服土体的增多逐渐向岸坡顶部延伸,直至出现塑性贯通区,如图 6.23 所示。

(a) 坡脚塑性屈服　　　　　　(b) 塑性区扩展

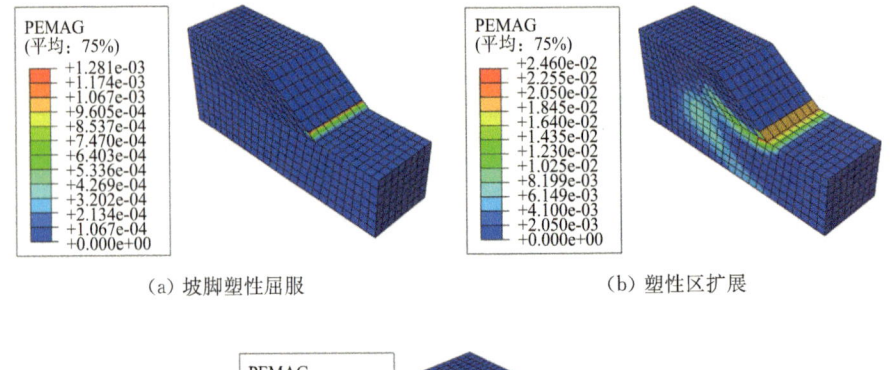

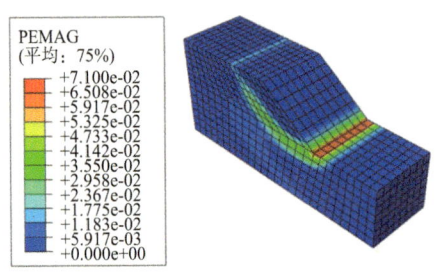

(c) 塑性区贯通

图 6.23　岸坡塑性区扩展变化图

表 6.7 为降雨结束后坡脚处的塑性应变最大值。在 10 mm/h 雨强时,裸土岸坡塑性应变最大值为 4.66×10^{-3},采用植被防护后最大塑性应变值为 1.49×10^{-3},减小了 68.03%,其余防护措施下岸坡塑性应变量均减小为 0。15 mm/h 雨强下,裸土岸坡塑性应变最大值为 2.43×10^{-2},植被防护岸坡的最大塑性应变为 2.17×10^{-2},仅减小了 10.70%;采用三维土工网垫和土工格室防护后,坡脚的最大塑性应变则减小了 61.98% 和 70.25%,与植被联用后坡脚的最大塑性应变则减小了 65.68% 和 75.06%。以上数据说明,五种生态防护措施均能减小土体的塑性应变,抑制土体屈服,但植被根系在强降雨下对土体塑性应变的减小有限,相同降雨条件下三维土工网垫和土工格室对岸坡塑性应变的抑制作用均明显强于植被根系,与植被根系联用形成生态加筋结构后可以发挥更强的作用,延缓塑性区扩展。

表 6.7　不同防护措施下岸坡塑性应变最大值

降雨强度 /(mm/h)	无防护	植被	三维土工网垫	三维土工网垫植草	土工格室	土工格室植草
10	4.66×10^{-3}	1.49×10^{-3}	0	0	0	0
15	2.43×10^{-2}	2.17×10^{-2}	9.24×10^{-3}	8.34×10^{-3}	7.23×10^{-3}	6.06×10^{-3}

6.2.2.6 岸坡稳定性变化

岸坡稳定性系数指土体沿滑移面的抗剪强度与滑移面的实际剪应力之比，其大小变化与土体强度、外力荷载、防护措施等相关。当稳定性系数大于1.0时，认为岸坡存在安全储备，较为稳定；等于1.0时，岸坡处于临界状态；小于1.0时，岸坡则处于破坏失稳状态。表6.8为采用不同防护措施后岸坡在两种降雨强度下的稳定性系数。

表6.8 不同防护措施下岸坡稳定性系数

降雨强度 /(mm/h)	无防护	植被	三维土工 网垫	三维土工 网垫植草	土工格室	土工格室 植草
10	1.357	1.432	1.439	1.451	1.464	1.518
15	1.294	1.344	1.385	1.399	1.418	1.481

无防护、未降雨条件下，裸土岸坡的稳定性系数为1.537，在两种雨强下，经72h降雨后，岸坡稳定性系数分别减小至1.357、1.294。分析表6.8中数据可知，采用单一防护措施时，植被防护岸坡稳定性系数最低，三维土工网垫防护岸坡次之，土工格室防护岸坡的稳定性系数最高，岸坡稳定性系数平均增大4.69%、6.54%和8.73%。采用三维土工网垫植草和土工格室植草防护后，稳定性系数进一步提高，较裸土岸坡平均增大7.52%和13.16%。以上结果表明，采用草本植被单一防护措施对岸坡稳定性贡献有限，尤其是在雨强较高时，稳定性系数仅增大3.86%，考虑岸坡安全，宜与三维土工网垫或土工格室等强度更高的材料联用，形成土工-生态结构，进行联合固土护坡。

6.2.3 土工-生态结构联合护坡机理分析

6.2.3.1 植被根系护坡机理

岸坡中植被根系的应力云图如图6.24所示，位于坡面下部的根系所受应力最大，单根植被根系所受的拉应力主要集中于竖直方向的主根，应力沿根径向下逐渐增大，同时平行于x向的侧根较y向的侧根承担了更多拉应力，这与岸坡下滑分力的方向一致。

植被根系的固土护坡机理可以从两个层面分析。首先，从根系与土体的相互作用来看，如图6.25所示，由于根系的抗拉强度远高于土体，在岸坡表层受到下滑力时，根系所在土体会发生相对位移，此时根系可以承担土体错动面上的剪应力,同时根系可以将剪切力转化为拉力,受到拉力的根系有被拔出原来位置的趋势,因而会与周围土体产生摩擦力,使得错动面上下两部分土体彼此靠拢,即联结周围的土体,进一步减小土体的相对位移。此外,对于岸坡整体而言,密布于岸坡表层的所有植被根系相当于纤维等筋材,由于"加筋"材料的存在,土体的抗剪强度得到提高,在更高应力下才会产生屈服,所以相同外力下的岸坡塑性区扩展得到抑制,但由于植被根系长度和强度等因素的影响,只有坡脚附近的根系可以穿过潜在滑移面,并且只能对表层进行加筋,因此植被护坡作用的整体性不强,因而对岸坡稳定性的贡献有限。

(a) 降雨强度 10 mm/h　　(b) 降雨强度 15 mm/h

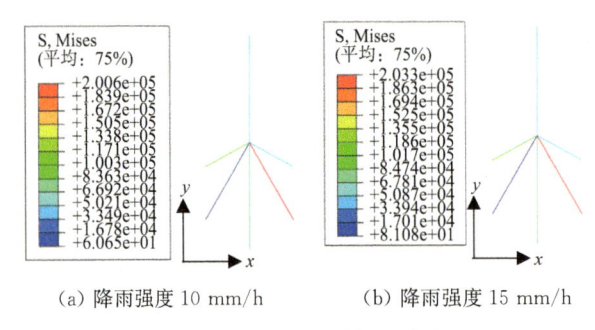

图 6.24　降雨后植被根系应力云图

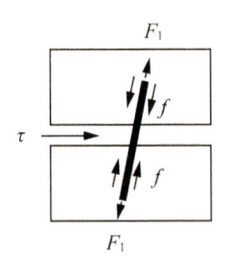

F_1—根系拉力;τ—根系土所受剪应力;f—根系与土体的摩擦力。

图 6.25　坡面根系受力机理

6.2.3.2　三维土工网垫护坡机理

三维土工网垫弹性模量和抗拉强度远高于土体,嵌入坡面后,一方面能增强土体的弹性,同时作为加筋材料层,延缓土体屈服变形;另一方面,三维土工网垫在坡面遍铺时,对网垫以下的土体有包裹作用,可以限制岸坡位移,并且还能通过与上下层面土体间的摩擦作用,承受较强拉力(图 6.26),抵抗岸坡的下滑分力,增强岸坡稳定性。

由于三维土工网垫厚度仅为 1.4 cm,与根系联用时,根系可穿过网垫,将其进一步与土体锚固,帮助网垫与岸坡土体更紧密地结合,两者共同作用,对岸坡进行联合加筋。三维土工网垫被根系锚固于土层中,在表层土体发生下滑时,能提高三维土工网垫与周围土体协调变形而在界面产生的摩擦力,结合根系对土体的联结作用共同抵抗下滑分力,限制土体变形。因此,相同降雨强度作用下,三维土工网垫植草结构相比单纯三维土工网垫可以承担更高的拉应力(图 6.27),对岸坡位移和应变的抑制作用更强,岸坡的安全储备得到进一步提高。

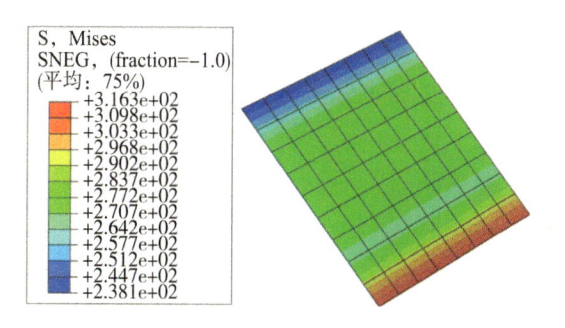

图 6.26 单独防护时三维土工网垫应力云图

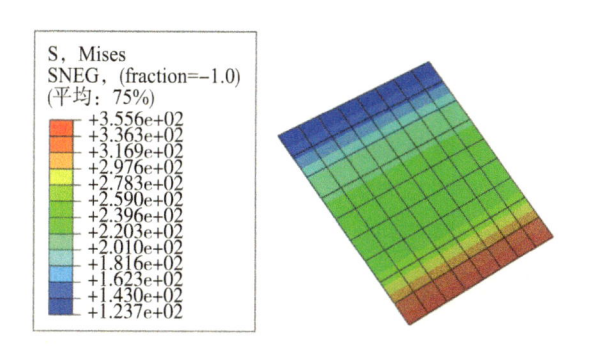

图 6.27 与植被根系联用时三维土工网垫应力云图

6.2.3.3 土工格室护坡机理

土工格室材料强度高于植被根系与三维土工网垫,且格室高度大于三维土工网垫厚度,单独使用时能承受更大的应力,土体填入到土工格室后,两者结合成柔性加筋层,该加筋层具有一定的抗拉强度与压缩性,能明显增强边坡土体的整体性,其通过调整岸坡表层土体的应力分布,减少岸坡整体滑移,提高岸坡稳定性(图 6.28 和图 6.29)。

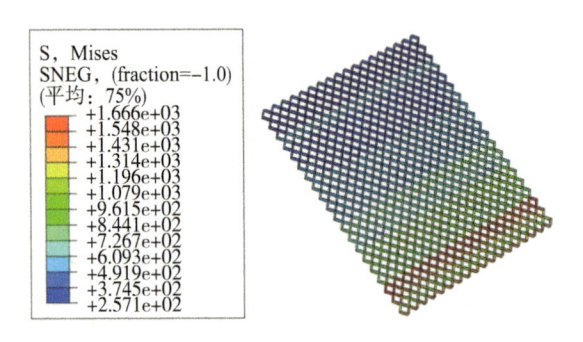

图 6.28　降雨 10 mm/h 土工格室拉应力云图

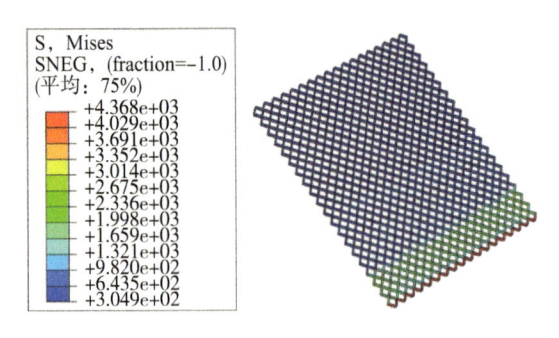

图 6.29　降雨 15 mm/h 土工格室拉应力云图

土工格室与土体之间存在摩阻和箍束两种作用。格室与土体的摩擦力分为沿格室壁的竖向摩擦和沿格室上下表面的水平摩擦。受到竖向荷载时，土工格室与土体的竖向摩擦阻力可以阻碍土体向下运动，减少填料沉降；水平荷载作用下，土工格室填土层能够增大上下表面的阻力，阻止土体侧向位移的产生。作为弹性材料，格室侧壁的张拉力可以约束雨水入渗后土体的膨胀变形，并将坡面土体箍束于格室片材内，约束水平荷载作用下填土的侧向位移。如图 6.30 所示，

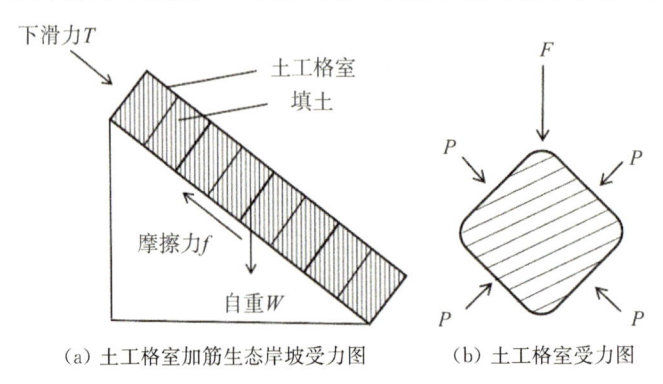

(a) 土工格室加筋生态岸坡受力图　　(b) 土工格室受力图

图 6.30　土工格室固土护坡机理

当土体下滑时,会产生作用于格室侧壁上的法向力 F,由于格室材料只能承受拉力,在法向力的作用下格室会发生变形,挤压内部土体,格室内部土体受到垂直侧壁的压力 P,这对内部土体有类似于增大围压的作用,因此布置格室部分的岸坡土体强度得到提高,岸坡稳定性增强。

与植被联用时,一方面土工格室和植被根系能共同发挥加筋-侧限作用,另一方面格室侧壁的压力也会增大植被根系受拉时与土体界面的摩擦阻力,两者共同作用可以提高土体抗剪强度,因此对坡脚处塑性应变的抑制作用更强,岸坡稳定性明显提高。

6.3 降雨作用下岸坡稳定性计算模型

6.3.1 岸坡稳定性分析模型

极限平衡法(Limit Equilibrium Method,LEM)常用于分析无限岸坡的稳定性,并采用稳定安全系数 F_S 作为评价岸坡稳定性的指标。稳定安全系数可由滑动面上岸坡抗滑力与岸坡下滑力的比值计算获得。某一降雨时刻岸坡稳定安全系数 F_S 计算需参照土体基质吸力和孔压的变化规律,因为该变化规律极易影响土体抗剪强度[式(6-1)]。

$$\tau = c + (\sigma - u_a)\tan\varphi + (u_a - u_w)\left[\tan\varphi\left(\frac{\theta_w - \theta_r}{\theta_{sat} - \theta_r}\right)\right] \quad (6-1)$$

式中:τ 为土体抗剪强度,kPa;c 为土体黏聚力,kPa;σ 为土体法向应力,kPa;u_a 为孔隙气压力,kPa;φ 为土体内摩擦角,(°);u_w 为孔隙水压力,kPa;基质吸力 $\psi = u_a - u_w$,kPa;θ_w 为土体体积含水率;θ_r 为土体残余体积含水率;θ_{sat} 为土体饱和体积含水率。

结合式(6-1)及无限岸坡滑动面受力图(图6.31),某一时刻前锋型降雨下岸坡的稳定安全系数 F_S 可由式(6-2)计算。式(6-2)中体积含水率主要由降雨时间 t 和深度 z 控制,孔隙气压力 u_a 和基质吸力 ψ 均可由与体积含水率 θ_w 相关的表达式[式(4-1)、式(4-2)、式(4-3)和式(4-4)]计算。

$$F_S = \frac{R_s}{S} =$$

$$\frac{(c+c_r)/\cos\alpha + \left[\left(\int_0^z \gamma_s z \mathrm{d}z + \int_0^z \gamma_w z \theta_w(t,z)\mathrm{d}z\right)\cos\alpha - \int_0^z u_a(\theta_w(t,z))\mathrm{d}z/\cos\alpha\right]\tan\varphi + \left(\int_0^z \psi(\theta_w(t,z))\mathrm{d}z/\cos\alpha\right)\tan\varphi}{\left(\int_0^z \gamma_s z \mathrm{d}z + \int_0^z \gamma_w z \theta_w(t,z)\mathrm{d}z\right)\sin\alpha}$$

$$= \frac{\tan\varphi}{\tan\alpha} + \frac{c + c_r - \int_0^z u_a(\theta_w(t,z))\mathrm{d}z\tan\varphi + \int_0^z \psi(\theta_w(t,z))\mathrm{d}z\tan\varphi}{\left(\int_0^z \gamma_s z \mathrm{d}z + \int_0^z \gamma_w z \theta_w(t,z)\mathrm{d}z\right)\sin\alpha\cos\alpha} \quad (6-2)$$

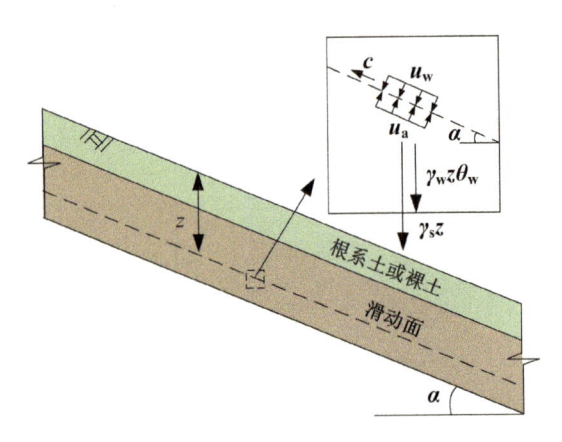

图 6.31　无限岸坡滑动面受力图

式中：R_s 为岸坡滑动面抗滑力，N；S 为岸坡滑动面下滑力，N；c 为土体黏聚力，kPa；c_r 为根系黏聚力，kPa；t 为降雨时间，min；z 为岸坡滑动面深度，cm；$\theta_w(t,z)$ 为降雨 t 时刻 z 深度处土体含水率；$u_a(\theta_w(t,z))$ 为降雨 t 时刻 z 深度处土体孔隙气压力，kPa；$\psi(\theta_w(t,z))$ 为降雨 t 时刻 z 深度处土体基质吸力，kPa；γ_s 为土体重度，N/m³；γ_w 为水的重度，N/m³；α 为岸坡坡度，(°)；其余符号意义同前。

6.3.2　前锋型降雨下岸坡稳定性计算参数

本书 4.1.4 节和 4.2 节中前锋型降雨中岸坡坡比为 1∶2.5、坡高为 160 cm。本次前锋型降雨下岸坡稳定性分析采用饱和砂土、饱和(10+10)g/m² 四季青+百喜草根系土抗剪强度指标。砂土和根系土饱和体积含水率 θ_{sat} 及残余体积含水率 θ_r 可由体积含水率和基质吸力关系获取（图 4.46）。本次稳定性分析用砂土和根系土物理力学性质参数详见表 6.9。

表 6.9　砂土和根系土物理力学性质参数

土体性质	砂土	根系土
重度 γ_s/(N/m³)	1 410	1 410
内摩擦角 φ/(°)	27.8	26.4
黏聚力 c/kPa	0	16.2
饱和体积含水率 θ_{sat}/%	48.0	48.0
残余体积含水率 θ_r/%	19.8	19.3

砂土和根系土含水率变化规律与降雨时间 t 和深度 z 相关，且降雨时间 t 和

深度 z 相互独立。根据砂土和 $(10+10)\text{g/m}^2$ 四季青＋百喜草根系土体积含水率的变化规律(图4.34和图4.41)，获取体积含水率变化规律拟合式(表6.10)。

前锋型降雨下根系土和砂土孔压、基质吸力与降雨时间的关系可由表6.10、式(4-1)、式(4-2)、式(4-3)和式(4-4)计算获得。孔压、基质吸力与含水率随深度的变化规律，可参考降雨量394 mm时根系土和砂土基质吸力与深度的关系拟合式[图6.32(a)][1]。

表6.10　岸坡体积含水率变化规律拟合式

土体类型	表达式	相关系数 R^2
根系土	$\theta_w = 0.479 + \dfrac{0.193 - 0.479}{1+e^{\frac{t-39.590}{6.221}}}$	0.995 9
砂土	$\theta_w = 0.477 + \dfrac{0.198 - 0.477}{1+e^{\frac{t-33.528}{4.287}}}$	0.995 2

降雨45 min时，30 cm深度处根系土和砂土的基质吸力值分别为1.62 kPa和0.04 kPa。假设任意降雨量下，土体基质吸力值与394 mm降雨量下相同深度处土体基质吸力值[图6.32(a)]呈倍数关系，比如，前锋型降雨45 min时，降雨量为112.5 mm，该降雨量下砂土岸坡和植生岸坡基质吸力与深度的关系详见图6.32(b)。因深度高于30 cm的植生岸坡和砂土岸坡的土体均为砂土，深度超过30 cm时，土体的基质吸力最大值可取砂土的最大基质吸力值1.20 kPa。

假设30 cm深度处砂土和根系土基质吸力减小至最小值0.02 kPa后，岸坡基质吸力不再沿深度变化。基于式(4-1)、式(4-2)、式(4-3)和式(4-4)以及图6.32(b)，即可获得前锋型降雨45 min时砂土岸坡和植生岸坡体积含水率、孔压与深度的关系(图6.33)。

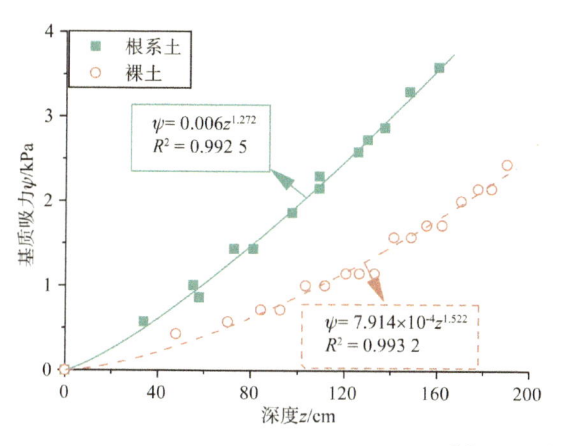

(a) 基质吸力 ψ 与深度 z 关系及其拟合式[1]

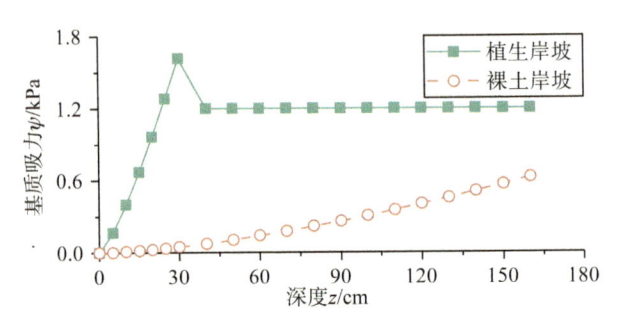

(b) 本次前锋型降雨 45 min 时土体基质吸力 ψ 与深度 z 的关系

图 6.32　基质吸力 ψ 与深度 z 关系

(a) 体积含水率 θ_w 与深度 z 的关系

(b) 孔隙水压力 u_w 与深度 z 的关系

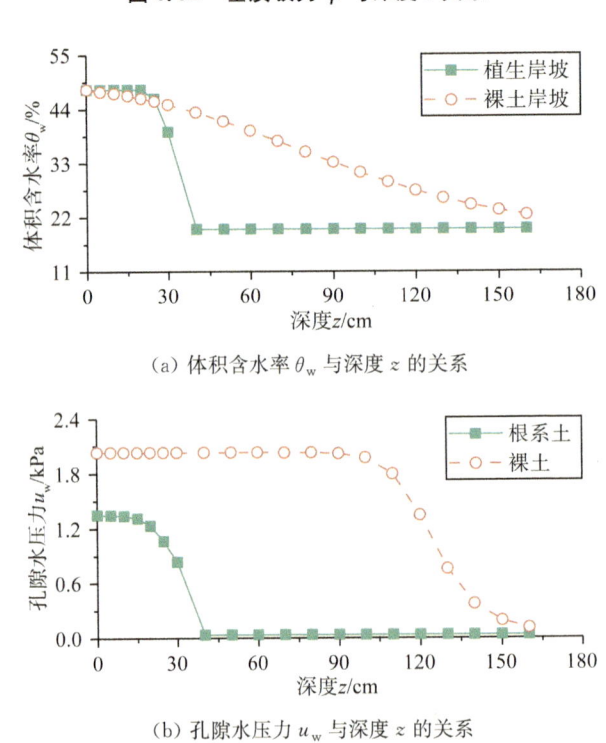

图 6.33　体积含水率 θ_w、孔隙水压力 u_w 与深度 z 的关系

6.3.3　前锋型降雨下岸坡稳定安全系数与深度的关系

降雨 45 min 和结束时,岸坡稳定安全系数 F_s 与深度 z 的关系如图 6.34 所示。降雨 45 min 时,砂土岸坡和植生岸坡的变形失稳深度分别为 0~120 cm 和 30.5~90 cm;植生岸坡含根区域的稳定安全系数大于 5.0,根土交界处稳定安全系数为 1.06。降雨结束时,砂土岸坡的变形失稳深度几乎不变,但植生岸坡

的变形失稳深度大于降雨 45 min 时,为 30.5～100 cm。降雨 45 min 后,降雨强度减小,砂土岸坡失稳深度基本不变,植生岸坡失稳深度增大 10 cm,但仍比砂土岸坡失稳深度小 20 cm。可见,植生岸坡的含根区域在前锋型降雨全过程中能够保持较高的稳定性,植物根系有利于减小岸坡的变形失稳深度。

降雨 45 min 和结束时,浅层含根区域土体的稳定安全系数均远高于砂土,在临近含根区域 30.5～100 cm 深度土层内,植生岸坡的稳定安全系数小于 1.0;深度大于 100 cm 的土层内,植生岸坡稳定安全系数与砂土岸坡的差值小于 0.14。35～60 cm 深度内植生岸坡的稳定安全系数甚至小于砂土岸坡。可见,植物根系能够显著提高浅层土体的稳定性,降低临近含根区域土层的稳定性,对深层土体的稳定性影响较小。为保证岸坡的整体稳定性,植物根系需配合其他工程结构,如土工格室、抗滑桩等共同作用以加固岸坡。

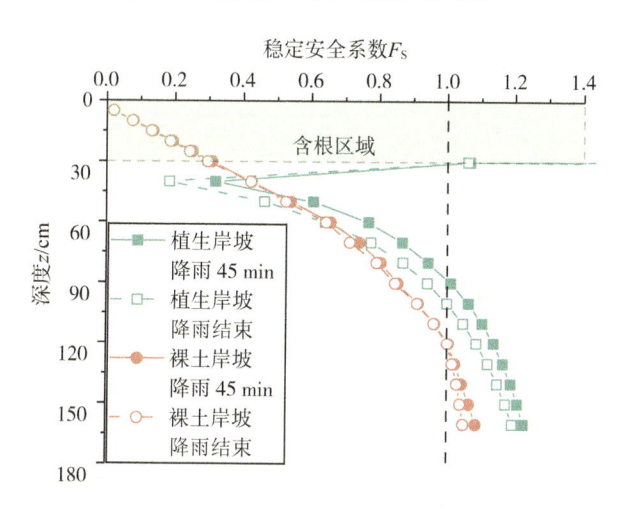

图 6.34 稳定安全系数 F_S 与深度 z 的关系

6.3.4 前锋型降雨下岸坡稳定安全系数与时间的关系

降雨 45 min 和降雨结束时岸坡稳定安全系数 F_S 与降雨时间 t 的关系如图 6.35 所示。植生岸坡和砂土岸坡稳定安全系数变化规律相近,均先缓慢减小,后快速减小至最小值后基本不变。

降雨 45 min 时,植生岸坡和砂土岸坡临界失稳($F_S=1.0$)的深度分别为 90 cm 和 120 cm。植生岸坡 90 cm 深度处的稳定安全系数在降雨 45 min 内均高于砂土岸坡 120 cm 深度处的稳定安全系数。降雨 45 min 时,砂土岸坡 120 cm 深度处的稳定安全系数已降低至最小值 1.0,且在降雨 45 min 后基本不变,但植生岸坡 90 cm 深度处的稳定安全系数继续减小,直至降低至 0.93 后,该稳定安全系数不再变化,该稳定安全系数对应的降雨时间为 105 min 至降雨结束。

降雨结束时,砂土岸坡处于临界失稳的深度与降雨 45 min 时相同,植生岸坡处于临界失稳的深度为 100 cm,该植生岸坡深度处稳定安全系数随降雨时间的变化规律与 90 cm 深度处相近,但稳定安全系数值至少是 90 cm 深度处的 1.10 倍。

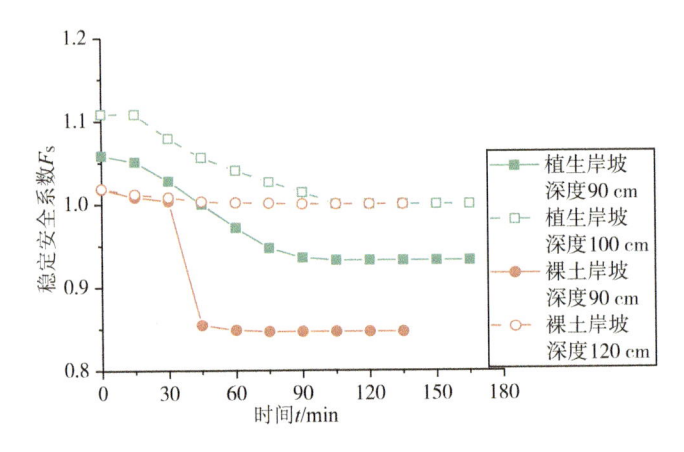

图 6.35 稳定安全系数 F_s 与时间 t 的关系

当深度均为 90 cm 时,在降雨全过程中,植生岸坡的稳定安全系数均高于砂土岸坡。降雨 30 min 内,植生岸坡和砂土岸坡的稳定安全系数减小值较低,但砂土岸坡的稳定安全系数在降雨 30～45 min 内骤减至 0.85。降雨 45 min 至结束时,砂土岸坡的稳定安全系数基本不变,植生岸坡的稳定安全系数略微减小 0.10。至降雨结束时,植生岸坡的稳定安全系数约是砂土岸坡的 1.10 倍。

综上所述,在前锋型降雨全过程中,植物根系均能提高土体的稳定性。降雨 30 min 内,植生岸坡和砂土岸坡的含水率、孔压和基质吸力减小值较低,植生岸坡和砂土岸坡的稳定安全系数减小值亦较低。降雨 30～45 min 内,植生岸坡和砂土岸坡的含水率、孔压快速增大至接近最大值,砂土基质吸力接近消失,但根系土仍保有一定吸力,故砂土岸坡稳定安全系数基本降低至最小值,但植生岸坡仍具有较高的稳定性。降雨 45 min 后,降雨强度已从 150 mm/h 降低至 100 mm/h,砂土岸坡的含水率、孔压和基质吸力基本不变,故降雨 45 min 后,砂土岸坡稳定安全系数基本不变。然而,降雨 45～90 min 内,植生岸坡含水率增大,植生岸坡虽保有一定的基质吸力,但该基质吸力值低于增大的孔压值,故植生岸坡稳定安全系数仍在减小。降雨 90 min 至结束时,降雨强度为 50 mm/h,植生岸坡的基质吸力逐渐消失,含水率和孔压接近最大值,植生岸坡稳定安全系数降低至最小值。可见,前锋型降雨下,植生岸坡的稳定性不易受后期低强度降雨影响。

6.4 本章小结

本章主要通过有限元分析方法建立砂土岸坡、生态岸坡和土工-生态结构联合防护岸坡的数值模型,获取岸坡含水率、孔隙水压力、位移和应变变化规律;提出某一降雨时刻岸坡稳定安全系数计算方法,分析时空效应对岸坡稳定性的影响,获得如下结论:

(1) 在强度为 150 mm/h、坡比为 1∶2.5 和 1∶1 的降雨作用下,砂土岸坡侵蚀破坏均启动于坡脚处土体的软化坍塌,坡脚处土体出现大范围的塌落破坏,导致坡面上部土体以及深层土体迅速失去支撑,局部出现土块塌落的现象。

(2) 草本植物根系能够改变坡面土体渗透系数,影响坡面降雨渗流路径,抑制岸坡孔压波动,调整岸坡渗流场;根系抗拉强度大于土体,周围土体的摩擦加筋延缓了土体开裂,减小了岸坡位移变形,提高了岸坡整体稳定性。

(3) 三维土工网垫加筋浅层土体,并对网垫下的土体有包裹作用,从而限制岸坡位移;与植被联用可发挥共同加筋作用,协调变形产生摩擦力,抵抗岸坡的下滑。土工格室与土体之间存在摩阻和箍束作用,能够限制土体侧向位移、增大围压,与植被联用发挥加筋-侧限作用,增大植被根系与土体界面的摩擦,提高岸坡稳定性。

(4) 前锋型降雨下,裸土岸坡的稳定性相较于植生岸坡更易受前期 150 mm/h 降雨的影响,其稳定安全系数在该强度降雨后已降低至接近最小值。植生岸坡在 150 mm/h 和 100 mm/h 降雨下能够保持较高的稳定性,后期 50 mm/h 降雨对植生岸坡的稳定性影响较小。

(5) 前锋型降雨下,草本植物根系提高了 30 cm 深度含根土层的稳定性,降低了临近含根区域 35~60 cm 土体的稳定性,对 100 cm 更深处土层稳定性的影响较小。草本植物根系有利于延长岸坡保持稳定的时间,减轻浅表层岸坡的破坏程度,发挥较好的水土保持效应。

参考文献

[1] Ni J J, Leung A K, Ng C W W, et al. Modelling hydro-mechanical reinforcements of plants to slope stability[J]. Computers and Geotechnics, 2018, 95: 99-109.